U0166671

国家科学技术学术著作出版基金资助出版

水文土壤学导论

Introduction to Hydropedology

李小雁　马育军　左烽林 等　著

科 学 出 版 社

北 京

内 容 简 介

  本书在广泛结合国内外最新研究进展和成果的基础上，较为系统地总结了水文土壤学的概念、形成背景与研究内容，展现了作为水文学和土壤学交叉学科的水文土壤学理论框架及核心知识体系，详细阐述了水文土壤学综合研究方法观测、制图和模型以及水文土壤学理论在生态环境研究中的应用。

  本书可供高等院校和科研院所水文学、生态学、地理学、环境科学及农林科学等领域的教学与科研人员参考，也可作为相关学科本科生和研究生参考用书。

图书在版编目（CIP）数据

水文土壤学导论/李小雁等著. —北京：科学出版社，2023.11
ISBN 978-7-03-074923-9

Ⅰ.①水… Ⅱ.①李… Ⅲ.①水文学-土壤学 Ⅳ.① P33 ② S15

中国国家版本馆 CIP 数据核字（2023）第 030029 号

责任编辑：周　杰/责任校对：高辰雷
责任印制：赵　博/封面设计：无极书装

科 学 出 版 社 出版
北京东黄城根北街 16 号
邮政编码：100717
http://www.sciencep.com

北京中科印刷有限公司印刷
科学出版社发行　各地新华书店经销
*

2023 年 11 月第 一 版　　开本：787×1092　1/16
2023 年 11 月第一次印刷　　印张：16 1/2
字数：400 000

定价：200.00 元
（如有印装质量问题，我社负责调换）

序

水文土壤学是以土壤发生学、土壤物理学和水文学为主的新兴交叉学科，它综合研究不同时空尺度土壤与水的相互作用关系，在地球表层系统科学综合集成研究中具有特殊地位和重要作用。水文土壤学旨在解决两个基本科学问题：一是土壤结构及土壤–景观格局在不同时空尺度如何主导和影响水文过程以及与其相关的生物地球化学循环和生态系统演变；二是景观系统水文过程如何影响土壤发育、演变、异质性及功能。水文土壤学强调不同圈层间的相互联系及其界面间的通量和动态变化，可实现不同学科、不同空间尺度和数据资料间的融合和应用，解决土壤孔隙–土体–流域–区域乃至全球的空间尺度转换问题，有助于深入认识和解决当前生态、环境、农业、地质和自然资源领域的相关重要科学问题，可广泛应用于流域水文循环与水管理、土地退化与生态修复、全球变化及其响应、生物地球化学循环、土壤污染和精准农业等领域。

水文土壤学自 2003 年提出以来，已在全球范围兴起并快速发展。围绕联合国可持续发展目标的土壤健康和水资源管理任务和我国生态文明建设的国家需求，水文土壤学作为一门新兴交叉学科将发挥重要作用，但其学科体系、理论与方法有待进一步深化、拓展和建设。一方面需要不断完善和确立水文土壤学学科理论知识体系和学科方向，拓展在不同领域的应用；另一方面也需要编写高质量的水文土壤学教材，在高等院校开设水文土壤学专业课程，大力推进相关人才的培养。因此，总结水文土壤学研究进展，集成已有理论、方法和实践应用成果，编写具有学科体系的教材，具有十分重要的战略意义。北京师范大学李小雁教授等经过多年的研究和研究生教学，撰写完成的《水文土壤学导论》专著，代表了水文土壤学发展的最新成果。

该书较为系统地介绍了水文土壤学概念与学科特色，展现了作为水文学和土壤学交叉学科的水文土壤学的理论框架及核心知识体系，详细阐述了水文土壤学综合研究方法及其在生态环境研究中的应用。该书有三方面的特色，一是系统总结了水文土壤学的形成背景和发展过程，凝练了核心概念、理论基础和关键科学问题，提出了研究展望，充分呈现了水文土壤学的基本特点和理论体系；二是全面介绍了水文土壤学的基本研究方法，包括地球物理技术、稳定同位素观测与实验方法、制图和模型，提出了不同时间和空间尺度的水文土壤特征及过程研究的技术应用和解决方案；三是详细介绍了水文土壤学理论在生物地球化学、生态水文学和土壤环境研究中的应用，为水文土壤学的广泛应用拓展了研究思路。

我相信该书的出版对进一步推动我国水文土壤学学科的发展和人才培养将发挥重要作用。

诚然，水文土壤学作为一门新兴交叉学科，其知识体系、理论架构与方法论等仍处于不断发展过程中。因此，我希望该书的作者和读者们以此书为起点，继续加强水文土壤学研究与应用，为推动我国水文土壤学学科发展而不懈努力。

中国科学院院士

2023 年 5 月 8 日

前　言

　　水文土壤学是一门有关土壤学与水文学的新兴交叉学科，它以景观–土壤–水系统为研究对象，综合研究不同时空尺度土壤与水的相互作用关系，揭示水分在土壤中的运动规律及其对土壤发育和功能的内在影响机理。在全球环境变化问题日益突出背景下，水土整合研究成为当前地球表层系统研究的迫切需求。水文土壤学为土壤发生学、土壤物理学和水文学的有效联结和资料的融合应用提供了桥梁纽带，为联结生态水文学、生物地球化学等学科和实现地球关键带的综合集成研究提供了理论支撑。

　　水文土壤学利用系统和集成的研究思路，从多尺度综合研究水与土壤的相互作用过程与机制，在过去二十年里取得了较快的发展，得到国际学术界的普遍认可与关注。然而，国内水文土壤学研究进展相对缓慢，2011年我们率先在国内北京师范大学开设《水文土壤学》研究生课程，并在我国干旱半干旱区开展了较为系统的水文土壤学野外观测与模型模拟研究。在国家自然科学基金重点项目"青海湖流域关键带碳水过程及其生态功能变化"等的支持下，我们全面总结国内外已有研究成果，组织撰写《水文土壤学导论》，尝试从学科体系角度归纳水文土壤学概念、理论、方法和在生态环境研究中的应用。

　　全书分为7章，第1章水文土壤学概念特点与研究特色，由李小雁执笔完成，介绍水文土壤学的形成背景与概念、学科与理论基础以及基础科学问题。第2章土壤形成演变及其定量化，由李小雁执笔完成，总结土壤及其地理意义、形成因素和成土过程定量化。第3章土壤构架的特征与形成，由马育军执笔完成，主要介绍土壤构架的内涵、不同尺度的特征和形成。第4章土壤优势流的特征与研究方法，由马育军执笔完成，重点阐述土壤优势流的内涵、运移路径和观测方法及模型研究。第5章水文土壤学综合研究方法，由左烽林、张午朝、魏俊奇、姚鸿云、胡广荣、王孺东、丁梦凯、李中恺、杨超、张树磊、蒋志云和吴华武等完成，主要阐述水文土壤学的观测、制图和模型的研究进展与应用。第6章水文土壤学在生态环境研究中的应用，由左烽林、吴婷韵、刘鑫和李舟等完成，主要介绍水文土壤学在生物地球化学、生态水文过程和土壤环境研究中的应用。第7章水文土壤学展望，由李小雁和左烽林撰写完成，主要阐述水文土壤学的研究态势、地球关键带的科学问题、研究进展与趋势、水文土壤学的挑战与展望。全书由李小雁、马育军和左烽林负责统稿，李小雁负责审定。

　　水文土壤学是一门正在蓬勃发展中的学科，本书各章节作者尽可能追踪国际上对于水文土壤学领域研究的前沿进展，相对系统地总结和凝练现阶段水文土壤学学科的理论体系和研究方法。但客观上，由于编写成员自身学识水平及对国际前沿领域掌握程度有限，书中不足之处在所难免，敬请相关领域的专家和广大读者给予批评与指导。

最后特别感谢水文土壤学的提出者 Henry Lin（林杭生）教授对本书的大纲和编写思路提出了指导性意见，他的去世是水文土壤学领域的巨大损失，本书的出版也是对他在水文土壤学领域卓越贡献的缅怀。本书的编写和出版得到国家自然科学基金重点项目（41730854）等的共同资助，在此一并表示感谢。同时，也感谢对本书的编写和出版给予大力支持、关心和帮助的所有师长、同仁和朋友。

著　者

2023 年 5 月于北京

目　　录

第1章 水文土壤学概念特点与研究特色

1.1 水土耦合研究的必要性

土壤和水作为地球表层系统的重要组成部分，前者为生物的生存发展提供了必要的养分、水分及适宜的物理条件，是连接各圈层的重要纽带，是许多生物物理化学过程进行的主要场所，后者是圈层间进行物质与能量交换的主要驱动力之一，是物质与能量的主要载体。研究水圈、土壤圈以及它们之间的相互作用对理解整个地球表层系统的生物地球化学循环及演变有重要意义。

土壤是地球表面的疏松表层，常称为地球的"皮肤"。土壤是气候、母质、生物、地形和时间（time）等自然因素和人类活动综合作用的历史自然体。早期土壤一直被认为是地壳表层能生长植物的疏松堆积物，并被赋予"土壤的本质是肥力"。以往对土壤的研究主要是从土壤自身的理化性质、土壤与生物的关系、土壤与农业的关系、土壤与地质的关系以及土壤与环境污染的关系单方面进行的，缺乏从地球系统科学的角度进行整体性研究。1938 年，瑞典科学家马特森根据物质循环特点提出土壤圈概念，认为土壤是岩石圈、大气圈、水圈及生物圈相互作用的产物，反过来土壤圈对这些圈层也产生影响（图 1-1）（Mattson，1938）。土壤圈是五大圈层的交汇区和核心区，构成了耦合（coupling）有机界与无机界，以及生命和非生命联系的中心环节。

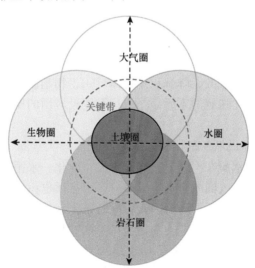

图 1-1　土壤圈与其他圈层的关系

在地球的表层系统中，土壤圈内各种土壤类型、特征、性质都是过去和现在大气圈、生物圈、岩石圈与水圈相互作用的记录及反映。土壤的形成过程是复杂的物质与能量迁移（translocation）和转化（transformation）的综合过程，土壤圈对各圈层的能量、物质流动及信息传递起着维系和调节作用。土壤是一个开放系统，也是一个能量转换器（图 1-2），即土壤圈是一个与其他圈层保持着复杂而密切的物质和能量交换，并不断处于运动中的开放系统。土壤圈的任何变化都会影响各圈层的演化和发展，乃至对全球变化产生重要作用（龚子同等，2015）。

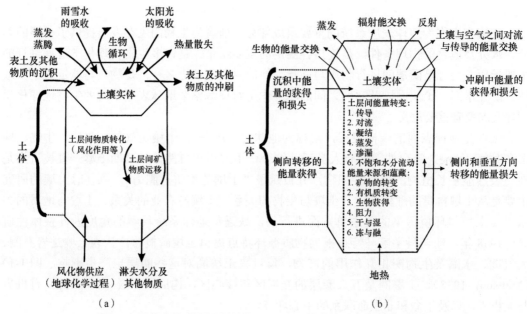

图 1-2　土壤中物质迁移与转化（a）和土壤中能量来源与转化（b）

土壤是人类赖以生存的最基本的自然资源，具有重要的功能和服务价值，包括生产功能、生态功能、环境功能和基因库功能等，具体为：①植物生长的介质；②水分储存和运移的载体；③污染物吸附、分散、降解和净化器；④生物基因库和种质资源库；⑤生物多样性的基础；⑥地质和文化遗迹的宝库；⑦工程和建设应用的原材料；⑧外星生物可能的栖息地（Lin et al.，2005）。

水是地球环境要素中最活跃的因子，水循环过程与大气圈、土壤圈、岩石圈及生物圈相互作用，使其水量和水质在不同时空尺度上发生变化。水循环是大气系统能量的主要传输、储存和转化者，是大气圈的有机组成部分；水循环也积极参与岩石圈中化学元素的迁移过程，成为地质大循环的主要动力因素；同时水作为生命活动的源泉，生物有机体的组成部分，全面参与生物大循环，成为沟通无机界和有机界联系的纽带（黄锡荃，1993）。水循环也参与土壤圈的水分吸收、储存、释放和调蓄过程。土壤在水循环中占有重要地位，到达地表的降水一部分通过下渗进入土壤，另一部分在地表汇集形成地表径流；下渗进入土壤中的水分补充到土壤水和地下水中，其中一部分形成壤中流和地下径流，另外一部分通过蒸发重新进入大气。因此,土壤不仅具有分割径流的功能,还对水循环起到调蓄作用。

土壤和水在不同时空尺度都具有重要的耦合作用关系,在土壤孔隙尺度上,孔隙结构影响水分的运移和植物根系吸水与利用,同时水分在气候和植物影响下会影响土壤结构(soil structure)和肥力;在剖面上,土壤发生层结构影响土壤水分和壤中流的分布与变化,同时水分的变化会影响土壤的淋溶、淀积及营养物质迁移;在流域和区域尺度上,由于受气候、地形、植被、土地利用和人类活动等多因素影响,水土作用关系更加复杂多变(图 1-3)。

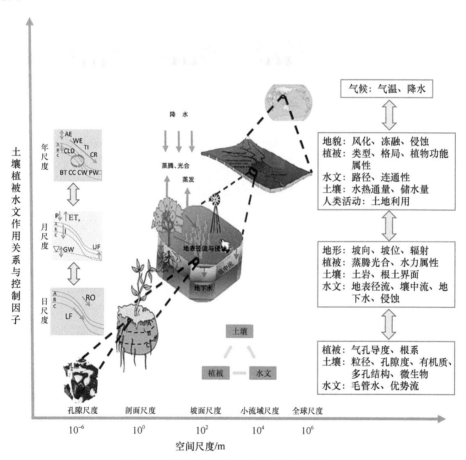

图 1-3 不同尺度土壤与水文耦合作用关系

A、B、C 分别代表腐殖质层、淋溶沉积层和母质层,P 代表降水,RO 代表地表径流,LF 代表地下径流,ET$_a$ 代表实际蒸散发,I 代表入渗,GW 代表地下水,UF 代表毛管上升水,AE 代表风蚀,WE 代表水蚀,TI 代表耕作,CR 代表蠕移过程,CLD 代表黏化过程,BT 代表动物扰动,CC 代表碳循环,CW 代表化学风化,PW 代表物理风化

具体来说,在孔隙尺度,土壤孔隙水运动与团聚体发育过程之间存在着相互作用,土壤水分运动通过黏粒运输与迁移、"干湿、冻融循环"等影响土壤团聚体(soil aggregate)的形成、连通性与稳定性(van der Meij et al.,2018)。团聚体构建的孔隙网络通过影响土

壤持水和导水性，控制着微观尺度水流的方向和速度（Alaoui et al., 2011）。剖面上，土壤水分运动通过参与土壤发育，在长时间尺度上（十年）影响着剖面土壤水力特征变化过程。受水控制的土壤形成过程主要包括脱碳作用、黏土迁移作用、灰化作用和潜育作用等（van der Meij et al., 2018）。反过来，剖面水力特征对土壤水分运动有着直接影响（Wang et al., 2020）。土壤剖面中的不同土层（发生层）常具有不同的质地与结构，因此显示出不同的水力特征。这些不同的水力特征可以促进或阻碍水的滞留及横向流动（Beven and Germann, 2013）。例如，粗质土壤下渗时一般有更高的渗透系数，而有机质富集层可以像海绵一样储存更多水分（Lin, 2006）；质地良好的土壤在经历干旱时，其表面经常会发育裂缝，表现出优先流特性；一个冻结的土层可以大幅地减少甚至阻止入渗，起到不透水层的作用（Hayashi et al., 2003）。在坡面尺度，土壤与水文过程间的耦合主要体现在坡面产流过程与坡面土壤侵蚀过程。土壤侵蚀（水蚀）是一个十分复杂的过程，它不仅受土壤内部因素如土壤均质程度、土壤质地、土壤含水量等的影响，还与外部条件如降水、植被、地形等精密相关。但一般情况下，地表径流量越大，土壤侵蚀（水蚀）效应越强（Gerwin et al., 2009）。坡面产流过程不仅仅包括地表径流，也包括地下的壤中流与基流。地下产流过程具有高度的非线性特征，降水特征、土壤质地、土壤前期含水量、土壤结构、地形、植被等都会对其产生影响，目前坡面壤中流产流机制还不完善。在流域和区域尺度，土壤空间分布特征对流域径流形成过程（包括径流路径、壤中流比例、传输时间等）、地表水与地下水之间的水力联系与相互转化等都有直接的影响（贺缠生等，2021）；而土壤水分状况也是土壤形成的重要驱动力，如一个地方在不同的历史气候期往往对应着不同的古土壤层（赵景波等，2015）。

　　土壤的水文特性（持水能力和输水能力）和水文状态（含水量及其分布）决定了地表径流和入渗的比值，又决定了土壤蓄水和地下水补给的比值，因此影响了地表水和地下水的情势，影响了水文循环和水热平衡。水文过程与土壤过程和地貌过程在时间尺度上存在很大差异，水文过程体现出快速和循环特征，如下渗、毛管水上升和蒸发的日变化，降水和地下水的季节性波动等。土壤过程和地貌过程则是个"慢"过程，一般在10万～100万年，气候、岩石风化和地形等影响侵蚀堆积过程与土壤结构，进而影响地表水热分配和植被分布格局（van der Meij et al., 2018）（图1-3）。尽管土壤和水在自然生态系统中密切联系且相互作用，但目前的学科体系都侧重于条块研究，主要从土壤学（soil science）和水文学（hydrology）各自领域对土壤或水文单要素进行纵深研究，缺乏交叉渗透研究，在研究方法、尺度和资料对接方面存在很大的鸿沟，严重限制了地球系统科学和当前重大生态环境问题的系统深入研究。水土耦合问题是土壤的生物地球化学循环（如碳、氮、磷营养物质和污染物循环）和目前许多环境问题如流域水管理、土壤侵蚀、土壤污染等的核心难点，需要加强多尺度水土耦合研究才能全面系统地理解地球表层结构、功能和演变，促进水土资源的可持续利用。

1.2 水文土壤学概念与研究特色

1.2.1 水文土壤学的形成背景与概念

水文土壤学（hydropedology）术语是由水文学（hydrology）和土壤发生学（pedology）两个英语词条组合而成。土壤发生学是研究土壤的形成演变过程及其与环境因子之间关系的科学，是理解土壤现状、历史演变和未来发展方向的基础。20 世纪 60 年代，捷克斯洛伐克学者 Kutilek（1966）认识到需要把土壤物理学理论和土壤发生学理论结合起来研究不同时空尺度的土壤–水分作用关系，并首次提出 hydropedology 术语，描述土壤水分及其运移过程的土壤发生学特性。水文土壤学与传统的土壤水文学（soil hydrology）在概念和内涵上有所不同。土壤水文学是对土壤或地表水文现象的物理解释（the physical interpretation of phenomena which govern hydrological events related to soil or the uppermost mantle of the earth's crust）（Miyazaki，1993；Kutilek and Nielsen，1994）。然而，水文土壤学被非常明确地定义为土壤学和水文学的交叉学科，是通过系统和集成的方法，研究不同时空尺度非饱和带的土壤与水文相互作用过程及特性的基础和应用研究（Lin et al.，2005）。

在全球环境变化问题日益突出的背景下，地球圈层和环境变化研究需要注重土壤与环境之间的多尺度联系以及不同时间尺度内土壤演变的定量描述，特别是人类活动对土壤变化的影响。土壤学科本身的纵向发展已经不能满足地球系统科学综合研究的需要，土壤学科与其他学科的联系越来越紧密，学科的交叉性与综合性成为一种发展趋势。土壤和水作为地球表层系统的重要组成部分，相互作用、相互联系。由于土壤演化驱动力与水分运移和循环密切相关，水土的整合研究成为当前地球表层系统研究的迫切需求，国际地球关键带研究促进了水文土壤学的产生和发展。

2003 年林杭生（Henry Lin）提出 hydropedology 为土壤学（soil science）和水文学（hydrology）的一门新兴交叉学科（Lin，2003），并定义为以景观–土壤–水系统为研究对象，以土壤结构的自然属性和水的驱动特性为基础，综合研究不同时间和空间尺度上的土壤与水相互作用的物理、化学和生物过程及其反馈机制，包括水分和化学物质运移，能量转化，以及土壤分布与水文过程和地貌过程的相互作用关系等，揭示水分在土壤中的运动规律及其对土壤发育和功能的内在影响机理（Lin et al.，2005；李小雁和马育军，2008）。

水文土壤学的研究区域在垂直方向上为地下水面以上的包气带，包括土壤层（根系层）和深层包气带；在水平方向上包括三个空间尺度，即微观尺度（土壤孔隙和团聚体）、中尺度 [土体或土链（catena）] 和宏观尺度（流域、区域或全球）；在时间尺度上，水文土壤学研究可以为秒（瞬时）、小时、月、年甚至地质时代（图 1-4）。

水文土壤学强调不同系统间的相互联系及其界面（interface）间的通量和动态变化，可实现不同学科、空间尺度和数据资料间的融合与应用，解决土壤孔隙–土体–流域–区域甚至全球尺度的空间转换问题，有助于深入认识与解决当前生态、环境、农业、地质和自然资源领域的重要科学问题，可广泛应用于流域水文循环与水管理、土地退化与生态修复、

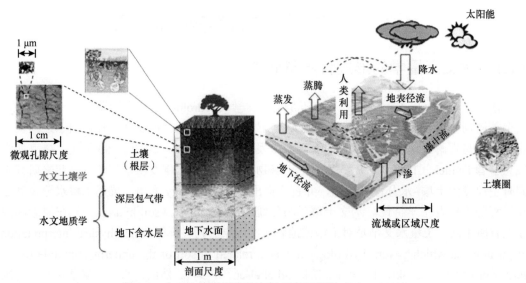

图 1-4　水文土壤学研究的空间尺度和范围（Lin，2003）

全球变化及其响应、养分循环、土壤污染和精准农业等领域。

　　水文土壤学自 2003 年提出以来，在理论和方法研究方面取得了较快的发展，2006～2018 年分别在 *Geoderma*、*Geophysical Research Letters*、*Catena*、*Hydrology and Earth System Science*、*Journal of Hydrology* 和 *Vadose Zone Journal* 国际期刊出版了有关水文土壤学的特刊论文 7 期。2016 年 8 月 16～19 日第三届水文土壤学国际会议在北京师范大学召开，会议吸引了来自美国、德国、澳大利亚、加拿大、新西兰等 18 个国家超过 150 名专家学者参加，会议围绕"土壤结构及优势流"、"土壤、坡面与流域水文"、"土壤水文观测"、"土壤生物物理与化学复杂系统"、"地球关键带科学的观测及模拟"和"水文土壤学与生态水文学耦合"等主题进行了研讨。在理论研究方面，Lin（2011a）利用物理学熵变理论提出了主导土壤时空演变的三个基本原理和土壤优势流空间网络结构理论。在流域尺度上，已开展了将土壤发生学分类体系结合水文响应单元构建流域水文土壤图的研究（Bouma et al.，2011）。在土壤微结构和水分运移研究方面，非接触性观测和多参数的同步定位测定技术已开始广泛应用于土壤孔隙、结构和优势流研究，如计算机断层扫描（computer tomography，CT）技术应用于土壤结构、孔隙的观测和结皮形成的研究，便携式 CT 技术已开始应用于田间土壤、水分和植物的观测研究。时域反射仪（time domain reflectometer，TDR）、频域反射计（frequency-domain reflectometer，FDR）、土壤时域透射法（time domain transmissometry，TDT）和热脉冲-TDR 等多功能探头实现了土壤含水量、电导率、温度、导热率、热容量的连续定位测定，并可间接获得土壤容重、孔隙度等特性的动态，为深入研究土壤中水、热和溶质的耦合机理提供了条件。

　　水文土壤学借助于国际地球关键带观测网络体系（critical zone observatory network）初步形成了水文土壤学监测与研究联盟。以美国国家科学基金会（National Science Foundation，NSF）和欧盟为主导的关键带观测站（critical zone observatories，CZO）主要分布在美国（10 个）、德国（TERENO，4 个）、瑞典（Damma Glacier，1 个）、希腊（Koiliaris River，1 个）、捷克斯洛伐克（Lysina，1 个）和澳大利亚（Fuchsenbigl，1 个）（李小雁，2012）。我国建立了比较完备的国家生态系统观测研究网络，但在不同尺度水文土壤学参数监测方面还远远不够。

1.2.2 水文土壤学的学科与理论基础

近代土壤科学是在 19 世纪中后期植物营养学说和土壤发生与地理学科兴起的基础上发展起来的。经过近 170 年的发展并随着地球科学、生命科学和技术科学的进步，土壤学形成了以物质形态、性质和功能为中心的独特理论与研究方法，成为 20 世纪以来资源、环境和生态科学的支撑性基础科学。按照中华人民共和国学科分类标准《学科分类与代码》（GB/T 13745—2009），土壤学属于农学类的一级学科，包括 13 个二级学科，即土壤物理学、土壤化学、土壤地理学、土壤生物学、土壤生态学、土壤耕作学、土壤改良学、土壤肥料学、土壤分类学、土壤环境学、土壤调查与评价、土壤修复、土壤学其他学科。水文学是地球科学的一个重要组成部分，与土壤科学、大气科学、地质学、地理学密切相关。水文学是研究地球上水的性质、分布、循环、运动变化规律及其与地理环境、人类社会之间相互关系的科学。在新的学科分类体系中，它属于地球科学类的一级学科。水文学的二级学科包括水文物理学、水文化学、水文地理学、水文气象学、水文测量、水文图学、湖沼学、河流学与河口水文学、地下水文学、区域水文学、生态水文学和水文学其他学科。在以上学科分类体系中，土壤物理学是与水、土研究最密切的学科，主要研究土壤中固体、液体、气体三相体系的物理现象及其变化规律，内容包括土壤水分的保持和运移及其对植物的有效性，土壤空气的组成与交换，热的传导与转化，土壤固相的组成与排列，土壤的力学性质和电、磁性质等。

土壤学把土壤看作自然实体，认为土壤具有空间异质性，但对于土壤性质以定性描述为主，缺乏定量化。土壤学借助于野外土壤剖面的观察和描述探究土壤的形成、分类、分布特征和土壤制图等。单个土体通常深 1～2 m，面积在 1～10 m²。传统土壤描述的信息采集设备简陋，无法充分反映土壤在空间上的连续变异特征，描述结果受描述者个人经验所限，其适用性和实用性受到了一定程度的限制（张甘霖等，2020）。土壤地理研究中尽管通过土壤制图描绘景观与土壤分布关系，但土壤采样深度大多限于地表下的 2 m 内，没有更好地反映深层土壤结构特征。对于土壤属性而言，在时间尺度上，许多成土特征依据深层土壤长时期形成的静态特点，而且大部分土壤调查数据在时间上是间断的，缺乏精确的动态的土壤调查数据（图 1-5）。

传统土壤物理学主要集中在微观实验研究方面，重点关注土壤物理性质，强调土壤中物质（尤其是水）和能量的状态及输送。土壤物理学家将土壤看作水、溶质、气体和热量能够通过的多孔介质，通过采取较小土壤样品（通常直径和高度在 0.05～0.3 m），而且常用研磨过的土样分析土壤物理性质，用数学模型和实验室模拟进行理论研究，通过土柱实验来证实理论发现，或者解释局地尺度上的水流和溶质运移过程。在时间尺度上，土壤物

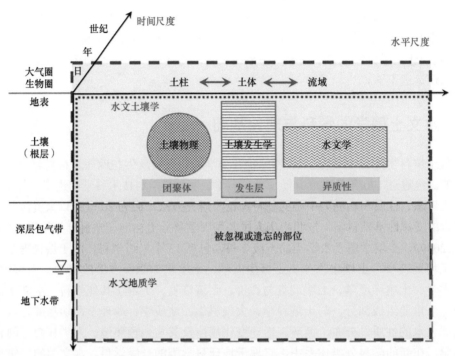

图 1-5 水文土壤学与土壤物理学、土壤发生学和水文学关系（Lin，2003）

理学研究大多集中在分钟、小时和日尺度（图 1-5）。近年来，土壤物理学关注的焦点从实验室和局地尺度过程转移到田间尺度上，重视流域尺度上水和化学物质的输送。然而，传统土壤物理学理论主要建立在土壤为均一渗透介质的假设上，由于田间物理因素的复杂性，如土壤土层结构异质性、冻融收缩膨胀性、根系和土壤动物影响等，往往土壤物理学理论过于简化，不能反映真实的土壤条件，而且土壤物理现有的水分运移理论常常忽视了温度梯度对于水分流动的影响。

水文学则主要关注区域或流域尺度水文过程与水量平衡，通过水文站定点观测、野外查勘和室内外实验等手段，获得水体时空分布和运动变化信息。在水文模型中常常假设土壤是一个均质层，土壤学中有关土壤异质性的定性化描述很难反映到水文模型中（图 1-5）。水文学研究的时间尺度可为单次降水事件、季节变化以及多年长期时间。过去的几十年，水文学开始逐渐关注空间异质性，在 20 世纪 60 年代和 70 年代关注径流产生过程的空间异质性，后来引入地理信息系统（geographical information system，GIS）和遥感（remote sensing，RS）技术进行流域或区域水文空间异质性解释。土壤异质性对水文过程的影响逐渐得到重视，现在普遍关注土壤水力特性的随机分布和在不同尺度上它们的空间相关性。在局地到全球尺度上，量化土系和制图单元内土壤水特性的时空异质性显得尤为重要。

综上所述，土壤学和水文学在研究尺度与方法方面都具有各自学科的特点，且侧重于各自领域纵深研究，缺乏综合交叉研究。在研究方法上，不同学科的研究尺度和资料互用方面存在很大缺陷，严重限制了地球系统科学和当前重大生态环境问题的系统深入研究

（图 1-5）（Lin，2003）。

新兴的水文土壤学是一级学科土壤学和水文学的交叉学科，它是以土壤学二级学科土壤发生学和土壤物理学为核心的综合交叉学科，还涉及土壤学、水文学、地理学和地质学的其他分支学科，如土壤化学、土壤生物学、土壤力学、水文气象学、水文地质学、生态水文学、地貌学和自然地理学等。根据 Lin（2003）水文土壤学学科体系图和我国学科分类标准《学科分类与代码》（GB/T 13745—2009），水文土壤学与其他学科的关系可以概化为图 1-6。

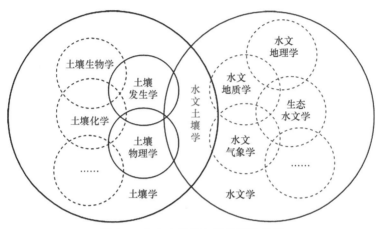

图 1-6　水文土壤学与其他学科关系

水文土壤学的核心理论基础是道库恰耶夫的土壤形成因素学说，认为土壤是在气候、生物、母质、地形和时间综合作用下形成的独立自然体。水文土壤学试图通过不同时空尺度土壤与水文相互作用过程和耦合机理进行集成研究，建立水土过程与环境因子及人类活动影响的定量关系。水文土壤学的科学思想表现在以下几个方面：①水文土壤学继承了土壤发生学思想，强调土壤的自然属性，认为土壤是具有一定土体结构、剖面形态和生命力的综合体（Lin，2010a，2010b）。传统的土壤研究方法（如土壤挖掘、筛分和研磨）破坏了已有土壤结构，很难代表土壤真实情况，Lin（2007）形象地比喻目前的土壤研究方法就像制作"牛排"一样，而真实的土壤是有生命的"牛"，因此水文土壤学需要改变传统土壤研究方法，建立相应的理论与方法体系。②水文土壤学是水文地质学和生态水文学的姊妹学科，研究土壤非饱和带（包气带）的土壤与水文过程之间的交互作用与特性，而水文地质学则研究土壤饱和带地下水与岩层的相互作用关系，生态水文学研究不同尺度植物与水分的作用关系（图 1-4）。传统的土壤学主要侧重于从地表到植物根层（一般在 0～2 m）土壤性质的变化，常常忽略了植物根层以下到地下水以上深层包气带部位，而且土壤中的水分和物质迁移研究大多是在没有考虑生物因素影响条件下进行的，水文土壤学弥补了土壤学在这方面研究的不足。③水文土壤学拓宽了土壤物理学研究范围，强调土壤空间异质性及其对水分运移的影响。由于土壤结构的非均质性、时空变异性以及土壤与环境因子之间的非线性关系，这些建立在传统均匀介质/有效介质假设基础上的土壤物理学理论难以描述土壤中各种复杂的物质、能量交换过程。例如，受土壤结构和理化性质、植被、地形、地质、地貌、土地利用等因素影响，土壤水分运动呈现空间异质性特征，传统土壤物理学的许多水分运移模型（如达西定律、霍顿产流理论、理查德方程）都假设土壤为均质介质，不能真实反映和准确解释水分在异质性土壤中的流动速度、路径和动态变化过程（如壤中流和优势流）。因此，土壤异质性及其水文参数定量表达是水文土壤学研究的一个重点。④水文土壤学为土壤发生学、土壤物理学、水文学的研究尺度有效对接和资料的融合应用提供桥梁纽带作用。通过实验监测、模型模拟和分类制图相联合的研究方法，在空间尺度上建立土壤孔隙–土体–坡面–流域、区域甚至全球的尺度转换理论和方法，实现土壤分类调查、土壤物理实验参数和水文测验资料的集成联合应用。⑤水文土壤学强调综合集成研究，在"地球关键带"研究中扮演重要角色。水和土壤是地球关键带的主要组成部分，在不同时空尺度上存在着复杂的相互作用关系。水文土壤学更多地联系了土壤与土壤水分以及水环境，可以连接生态水文学、生物地球化学等学科实现地球关键带的集成研究。

水文土壤学的主要特色表现为能够在学科、尺度和资料间进行有效联结。水文土壤学通过联结土壤学、土壤物理学和水文学可以把实验室的测定结果转化到田间、流域甚至区域和全球尺度。它可以根据土壤制图分级系统把景观尺度上的土类分布或土壤性状进行空间内插和聚合，进而进行尺度的上推（upscaling）与下推（downscaling）。另外，还可以通过土壤模型的分级结构与不同尺度的典型土壤过程建立关系进行尺度转化，如从土样到田块尺度，可以组合土壤结构信息构建表征单元体（representative elementary volume）；从田块到流域尺度，可以结合地形变化和土地利用构建表征单元区域（representative elementary area），这样就可以把实验室和田间测定的水力特性与流域尺度的水力特性有机融合进行空间尺度的转化。水文土壤学还可以通过土壤转换函数（pedo-transfer functions，PTFs）把常规土壤数据与土壤导水参数以及景观数据融合起来进行不同空间尺度的转化（李小雁和马育军，2008）。

1.2.3　水文土壤学的基础科学问题

水文土壤学旨在解决两个基本科学问题：①土壤构架（soil architecture）及土壤–景观分布格局在不同时空尺度如何主导和影响水文过程以及与其相关的生物地球化学循环和生态系统演变；②景观系统水文过程如何影响土壤发育、演变、异质性及功能。水文土壤学的基础科学问题主要表现在以下几个方面。

1. 土壤结构的定量化及其对土壤水分和溶质运移的影响

土壤结构是指土壤颗粒和孔隙的大小、形状及其空间排列。土壤是多孔体，土粒、土壤团聚体之间以及团聚体内部均有孔隙存在，影响了土壤中的水分溶质运移。孔隙的大小、连续性、连通性、方向性和不规则性的量化，能够更好地模拟土壤水运动和溶质运动。然而，目前土壤结构主要通过定性的方式描述，缺乏标准的方法和仪器进行定量化，在水分运移模型尺度转化中缺乏统一的表达方式。同时，在物理、化学、生物和人类活动影响以及不同空间尺度下土壤结构的反映特征缺乏应有理论支持。

土壤优势流是土壤溶质运移研究中的一个主要方面，它是土壤中普遍存在的现象，对于水和养分的可利用性以及污染物的迁移有很大影响。优势流受土壤形态、结构和大孔隙的影响较大,尽管许多模型和土壤空间变异理论应用于优势流研究,但大部分模型是在某些具体条件和专门目标下建立的,缺乏一般性指导意义。另外,不同空间尺度优势流与土壤结构的数量关系很难确定,不能准确预测优势流的流动速度、路径和动态过程。大孔隙定量化和优势流主导下的土壤水与溶质运移方程,现已成为一个研究热点。因此,土壤结构、土壤过程、水文过程和土壤微形态学的交互研究,对阐明团聚体、多孔隙性、孔隙构造和土壤水力特性的关系具有重要意义,可为土壤水分和溶质运移的准确模拟奠定基础。

2. 土壤-景观系统土壤过程与水文过程功能模式的识别与预测

土壤-景观系统在空间和时间上具有很大的复杂性和变异性,对其结构与功能在不同尺度上的表现形式进行识别及预测是土壤学和水文学当前面临的前沿难点问题,需要借助大量的地面实验观测和地统计学、遥感、地理信息系统与计算机建模等手段,识别不同尺度基本水文土壤功能单元,构建数学模型模拟和预测土壤形成/变化与水-土运移过程。土壤形态学在土壤水文过程的识别和预测方面具有独特作用,如土壤氧化还原特征、土壤孔隙和结构特征以及景观空间格局都有助于分析土壤的水分和溶质运移过程。目前需要加强研究土壤形态参数与水文过程的数量关系,建立以水文过程为基础的不同尺度土壤分类体系,预测不同土壤和基质下的水分运移过程。

3. 尺度转换问题

由于土壤和水文过程的非线性,尺度问题是水文学和土壤学研究中的热点与难点问题之一。土壤水文过程时空分异的主控因子随空间尺度的变化而变化。在样地尺度,土壤水文过程主要受微地形和植被的影响;在小流域尺度,土地利用类型和土壤理化性质的分布以及地形因素对土壤水文过程的时空异质性起着主导作用;在区域尺度,气候、土壤、土地利用管理等对土壤水文过程具有重要影响(彭新华等,2020)。尺度转换是将数据或信息从一个尺度转换到另一个尺度的过程,尺度转换包括尺度上推和尺度下推。土壤的空间异质性和水文的时空变异性是尺度问题中亟待解决的难点之一,目前还缺乏土壤信息上推和下推的单纯理论,主要是通过等级理论、分形理论和地统计相结合的方法来解决。在水文尺度转换研究中,空间异质性主要通过分布式的离散方法(如子流域离散法、网格离散法和山坡离散法)、分形理论和统计自相似性来解决尺度转换问题。在土壤尺度转换研究中,土壤学家常利用等级框架概念(hierarchy framework)来分析土壤形成过程和土壤分类。根据土壤系统要素的层次性、等级结构的多重性、不同等级水平之间的关联性则可以把土壤孔隙尺度和土壤圈尺度联结起来。就水文土壤学而言,Lin 和 Rathbun(2003)提出了以数据和过程为基础的两种等级框架方法进行尺度转换的想法(图 1-7)。其中,土壤图等级框架方法能反映不同景观尺度的土壤空间分布信息,包括 5 个级别的土壤图基本单元,构建景观和环境主导下的土壤制图系统进行尺度转换;土壤模型等级框架方法强调不同尺度的土壤形成过程,通过建立不同尺度土壤-水文关系的主导过程进行尺度转换。因此,尽管水文土壤学在尺度转换方面具有优越性,但还需要通过定点实验观测、地统计学和遥感等手段相结合进行深入研究。

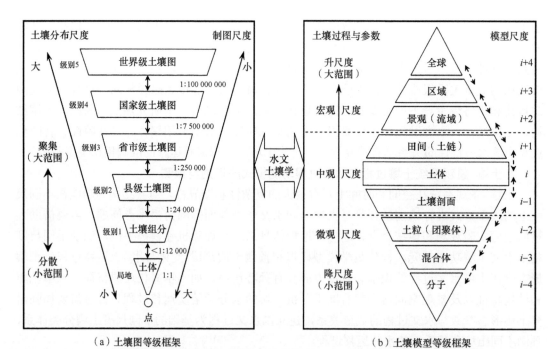

（a）土壤图等级框架　　　　　　（b）土壤模型等级框架

图 1-7　水文土壤学多尺度联结概念框架（Lin and Rathbun，2003）

4. 人类活动对土壤与水文过程的影响

土壤是一种空间和时间的连续体，人类活动（如耕作、管理、种植、土地利用、污染等措施）能改变土壤组成、结构、形态和水文特征，因此需要通过多尺度、多目的的土壤勘测、调查与建模来了解自然土壤在人类活动作用下的变化特征，建立人类活动影响下土壤性质变化与土壤水文参数的数量关系，为不同尺度的土壤–水作用关系提供理论基础。Droogers 和 Bouma（1997）提出 genoform 和 phenoform 概念，认为 genoform 代表受人类活动影响很小的土系（如森林土壤），而 phenoform 代表受人类活动作用较强的土系（如农田和城市用地）。在同一土壤类型中进行 genoform 和 phenoform 的区分有利于深入理解人类活动影响下土壤性质的动态变化，并与水文参数建立土壤转换函数，提高水文模型的精确度和预测能力。然而，人类活动对土壤与水文过程影响的定量化研究还很缺乏，需要继续深入研究。

5. 土壤数字制图、实验观测与模型模拟综合集成研究

随着多源、多平台传感器的发展以及土壤地理信息获取和处理技术的不断进步，以土壤发生学为理论基础，通过数字土壤制图、多尺度传感器网络实验观测、土壤–景观模型模拟综合研究方法可以实现水文土壤学不同时空尺度土壤时空变异、土壤与成土要素耦合关系研究。土壤调查与制图的目的是获取土壤属性特征和时空演变的过程信息，并以地图这种可视化的方式表达土壤的空间分布规律。土壤制图是对土壤–景观关系空间分布的描述，实验观测是对土壤和水文特征时间动态的记录，模型模拟则是对不同时空尺度土壤与水文之间物理、化学、生物过程相互作用的刻画，将三者结合可以有效地促进对土壤水文过程的理解（Ma et al.，2017）。

土壤制图既可以为样点观测的位置选择提供参考，也可以促进分布式模型的发展。野外调查与地球物理方法是土壤–景观关系制图的两种基本方法，而野外调查受地下土壤结构不可见的影响，只能获取地表或者浅层土壤的特征，而且这些特征多为静态信息。伴随地球物理方法的发展，对土壤–景观特征的三维和动态描述成为可能，常用的地球物理方法包括探地雷达、电导率仪、电阻成像仪等，这些方法可以对地层结构、优势流、地下水存储、地下水流动等的空间分布进行调查和制图。

数字土壤制图是利用环境协同变量预测目标土壤信息的预测性制图范式，能表征土壤环境空间变化的地理变量统称为"环境协同变量"，通常包括影响土壤形成的母质、气候、地形地貌、植被等因子（张甘霖等，2020）。进行数字土壤制图的方法主要包括数学统计、克里金插值、线性模型、模糊逻辑、专家知识方法等，还包括遗传算法、多元自适应回归样条法等，这些方法可以应用于土壤类型、土层深度、有机质含量、水文条件等研究。数字土壤制图正在向大尺度、高精度的方向发展，同时，结合土壤过程和转换函数，瞄准获取与土壤功能相关的非直接测定土壤信息，能够为服务多过程解译和多目标评价、模型模拟提供精准数据支撑（张甘霖等，2020）。数字土壤制图为模拟土壤水分保持、地表径流过程、地下径流动态等过程提供关键输入参数，观测为模型模拟的率定和验证提供了必要的数据支撑，而模型模拟则可以对土壤水文特征的变化进行预测。相对于地表水文过程观测和模拟的发展，对地下水文过程的研究仍然面临巨大挑战。目前，实验室内射线扫描以及野外染色示踪和地球物理探测是土壤水分运移研究的主要观测方法，而概念模型仍然是壤中流模拟的主要工具。对于土壤水分研究，样点观测、水文模型和遥感技术是最常用的三种方法，目前传感器网络和地球物理方法的应用则进一步促进了对土壤水分时空异质性的理解。

因此，通过多尺度数字土壤制图与时空变化预测，基于多传感器的土壤综合观测，进而建立生物地球化学和水文过程耦合模型，模拟多尺度水文过程、物质迁移转化过程和土壤演变过程，可以预测未来土壤和包气带的演变趋势，实现水文土壤学研究目标。

6. 土壤功能与水土资源可持续利用

水土作用过程是土壤功能的主要影响因素，联合国可持续发展目标（sustainable development goals，SDGs）中就有多个目标与土壤和水文过程相关，涉及粮食安全、土地安全、生态环境安全和水资源安全等方面，如土壤与水的相互作用影响地表水和地下水的数量及质量，并在很大程度上发挥过滤功能提供清洁水源。土壤的结构与组成影响水分和养分的迁移及转化，进而影响土壤功能，如母质风化提供土壤形成骨架，并向植物提供养分；植物生长和有机质积累将大气中温室气体 CO_2 转化为土壤碳汇（carbon sink），土壤形成和水分循环及物质转化过程促进碳、氮、磷等营养元素储存（朱永官等，2015）。由于土壤在地球关键带中具有多重功能，主要包括养分循环、水分保蓄、生物多样性和栖息地、物质储存、过滤、缓冲与转化，以及物质供应保障等，水文土壤学研究对于深入认识土壤功能和土壤安全及区域水土资源可持续利用具有重要意义。

第2章 土壤形成演变及其定量化

2.1 土壤及其地理意义

土壤是地球表层生物赖以生存的基础,被称为星球上最复杂的生物材料(biomaterials on the planet)(Young and Crawford,2004)。土壤是发育于地球陆地表面的具有肥力能够生长植物的疏松表层,是成土母质在一定水热条件和生物作用下,经一系列化学和物理作用而形成的独立的历史自然体。土壤是由矿物质、有机化合物和生命物质组成的,具有多孔性、吸附性和多层性的三维实体,在自然和人为因素影响下,处于不断发展变化中。从土壤的形成和历史演化来看,土壤是地理环境中各圈层物质综合作用的产物,因而土壤的发生、发展、演变受成土环境变化的影响,与地球表层系统的发展和演化密切相关,经历了漫长而复杂的地质历史过程。土壤圈形成发育大致始于寒武纪—志留纪,迄今已经经历了5个阶段:原始阶段、零星阶段、断续阶段、连续阶段和目前的多样化阶段(龚子同,2014)。虽然土壤发生是在地史时期就已存在的长期过程,但是在现代环境条件下,全球气候变暖、酸沉降严重、大气颗粒物增加、人类活动加剧等,土壤的发生和形成过程亦会发生变化,从而影响土壤资源的演变。因此,土壤的发生、形成和演变一直在地球系统科学研究中具有重要地位。

土壤是具有多尺度空间结构的表层地球系统,包含了分子—有机-无机复合体—团聚体—土层—单个土体—聚合土体—土链—区域土壤—土壤圈多尺度组分,这决定了土壤过程的多尺度性和高度复杂性,显示了土壤系统的高度非线性和可变性(龚子同,2014)。因此,需要深入研究土壤的时空变异性、不同尺度下的土壤分布模式和规律及其定量表达,揭示土壤形成机理,探讨土壤的历史演变规律并预测其未来趋势。

2.2 土壤形成因素

2.2.1 成土因素学说

成土因素学说即"土壤形成因素学说",是关于各种外在环境因素在土壤形成过程中所起作用的学说,是由土壤发生学的创始者——俄国著名科学家道库恰耶夫于19世纪末叶创立的。1883年,道库恰耶夫在多年研究俄国黑钙土的基础上,发表了经典著作《俄国黑钙土》,提出环境条件决定土壤发育的基本假说,认为土壤是一个独立的自然演化体,是气候、生物、地形、母质和时间五个基本因素综合作用的产物(图2-1),各成土因素是同等重要

的、不可相互替代的。土壤与成土因素函数关系式为

$$\Pi=f(K, O, \Gamma, P)T \tag{2-1}$$

式中，Π 为土壤；K 为气候因素；O 为生物因素；Γ 为岩石（母质）因素；P 为地形因素；T 为时间因素。

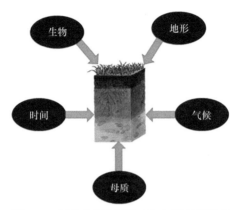

图 2-1　土壤形成过程的五个主要环境要素

道库恰耶夫成土因素学说奠定了把土壤作为一种自然现象研究的基础框架，道库恰耶夫、格林卡等按照土壤形成因素—土壤形成过程—土壤发生/发生特性的基本思路创建了土壤分类系统。然而由于当时的条件限制，成土因素学说还存在两个问题：①没有指出土壤形成过程中的主要因素；②没有指出人类活动在成土中的特殊作用。道库恰耶夫的学说得到了后来土壤学者的继承和发展。苏联杰出的土壤学家威廉斯提出了土壤形成的生物发生学观点，认为在土壤形成过程中，生物因素起着主导作用，还提出土壤是人类劳动的对象和劳动的产物的论点。

美国著名土壤学家汉斯·詹尼在广泛考察基础上，对土壤与成土因素进行了深入研究，认为把成土因素与土壤形成表达为简单的因果关系不足以从本质上描述土壤现象与土壤过程，成土因素不单纯是土壤形成的驱动因素，而是独立于土壤过程且相互独立的控制变量。1941 年汉斯·詹尼出版了著名论著《土壤形成因素》（*Factors of Soil Formation*），重新修订了成土因子方程，提出了著名的詹尼方程：

$$S=f(Cl, O, R, P, T, \cdots) \tag{2-2}$$

式中，S 为土壤；Cl 为气候因素；O 为生物因素；R 为地形因素；P 为母质因素；T 为时间因素；…为尚未确定的其他因素。

式（2-2）简称 clorpt 函数，为土壤形成的通用方程，是土壤发生学、土壤地理学领域最重要的概念模型之一，它以数学形式归纳和简化了各个成土因素之间复杂的相互关系，为从发生历史的视角解释土壤属性提供了概念平台。该方程补充发展了土壤形成过程中生物起主导作用的学说，认为生物作为主导因素，不是千篇一律的。在不同地区、不同类型的土壤上，往往起主导作用的因素不同。五大自然成土因素都可以成为主导因素。据各种成土因素的地区性组合，以及某一因素在土壤形成中所起的主导作用，詹尼又提出下列各

种函数式：

气候主导因素	$S=f(Cl, O, R, P, T, \cdots)$	(2-3)
生物主导因素	$S=f(O, Cl, R, P, T, \cdots)$	(2-4)
地形主导因素	$S=f(R, Cl, O, P, T, \cdots)$	(2-5)
母质主导因素	$S=f(P, Cl, O, R, T, \cdots)$	(2-6)
时间主导因素	$S=f(T, Cl, O, R, P, \cdots)$	(2-7)
未确定主导因素	$S=f(\cdots, Cl, O, R, P, T)$	(2-8)

詹尼用数学方程式表达了土壤形成因素学说原理，试图将土壤性质与状态因子融合于概念体系之中，并对各种因子进行重新定义，使其成为独立变量，以使上述函数式组成可解方程组，但这种方程事实上是概念模型，无法求解和定量化（海春兴和陈健飞，2016）。1980 年，詹尼为《生态研究》丛书编著了《土壤资源——起源与性状》（*Soil Resources—Origin and Behavior*）一书，把因子–函数概念扩大为生态系统特征与状态因子的函数关系，将土壤作为生态系统的组成部分，成土因素看作生态状态因子，系统特性与状态因子关系的函数式为

$$l, s, v, a=f(L_0, P_x, t) \tag{2-9}$$

式中，l 代表生态系统的任意特性；s 代表系统土壤特性；v 和 a 分别代表系统植被和动物特性；L_0 代表系统的起始状态（系指母质和地形）；P_x 代表系统的物质通量（系指气候和生物物质通量）；t 代表系统的时间。

由于在自然环境系统中，每一个成土因素是极其复杂多变的，它们不仅不是独立的，而且在时空上也是可变的，因子之间及因子与土壤之间时刻都处在作用–反馈之中，因此随着时代的发展，土壤形成因素学说的定量化仍然是国际土壤学的关键难点科学问题。

2.2.2　成土因素

成土因素相当复杂，包括气候、母质、生物、地形、时间、人为和水文因素等。

1. 气候因素

气候是影响土壤形成过程、决定土壤发生学性质的关键因素，主要通过水分与温度这两个基本要素影响土壤形成过程与土壤属性表达。气候决定着成土过程的水、热条件。水分和热量不仅直接参与母质的风化过程和物质的淋溶淀积过程，更为重要的是它们在很大程度上控制着植物生长、微生物活动，影响土壤有机物的积累和分解，决定着养分物质的生物小循环的速度和范围，进而影响土壤形成过程的方向和强度。气候因素是土壤系统发展变化的主要推动力，它是影响土壤地理分布的基本因素。

2. 母质因素

母质（岩）是指土层下伏的基岩、地表沉积等地质物质，是土壤发育的物质基础。母质的类型较多，按其形成原因常分为残积母质和运积母质两大类。残积母质是指岩石风化后，基本上未经动力搬运而残留在原地的风化物。运积母质是指在水、风、冰川和地心引力等作用下迁移到其他地区的母质。成土母质对土壤形成发育和土壤特性的影响，是在母

质被风化、侵蚀、搬运和堆积的过程中对成土过程施加影响的。母质一方面是构成土壤矿物质部分的基本材料，另一方面是植物矿质养分元素的来源。母质对土壤形成的影响首先表现在它的矿物组成和化学组成能直接影响土壤的矿物组成和土壤粒径组成，并在很大程度上支配着土壤物理、化学性质，以及土壤生产力的高低。例如，花岗岩、砂岩等的风化产物含石英多，质地粗，透水性好，除花岗岩钾含量较高外，一般都缺乏营养元素。玄武岩、页岩等的风化产物，粗的石英颗粒含量少，细的物质含量多，且富含铁、镁矿物，透水性较差，养分含量较丰富。土壤母质的机械组成影响土壤的质地。例如，残积母质形成的土壤质地较粗，而且越深的部位越粗。母质的透水性对成土作用有显著影响，水分在土体中的移动是促进剖面层次分化的重要因子。另外，母质的垂直分层结构往往可长期保存在土壤剖面结构中，并影响土壤的质地剖面构成。

3. 生物因素

生物因素是土壤形成过程中最活跃的因素。一方面，生物可以对母质中的矿物质产生破坏和分解作用；另一方面，推动矿质养分进行生物小循环，并能合成有机质，因而对土壤的风化和形成均产生重大影响。土壤生物包括植物、动物和微生物，它们是土壤有机质（soil organic matter，SOM）的制造者，同时又是土壤有机质的分解者。

4. 地形因素

地形是土壤形成过程中重要的影响因素之一，主要通过引起物质、能量的再分配而间接地影响土壤形成发育过程的方向与程度。地形决定土壤水热状况，不同的地势高度、坡度和坡向影响地表接收的太阳辐射能，造成土壤温度的差别。在这一过程中，水分条件通常会伴随热量条件的变化而发生相应变化。地形能够显著影响地表径流、壤中流、土壤水、地下水和植物蒸腾等水文过程及水分在土壤中的分配与运动（图 2-2），进而影响土壤结构、功能属性和成土过程。

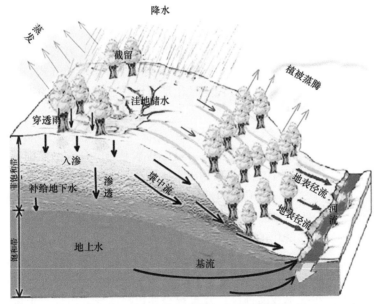

图 2-2 地形对水文过程与水分运动的影响

5. 时间因素

在上述各种成土因素中，母质和地形是比较稳定的影响因素，气候和生物则是比较活跃的影响因素，它们在土壤形成中的作用随着时间的演变而不断变化。时间因素是有别于其他成土因素的一类特殊因素，实际上它就是成土过程的历史背景。它在成土过程中作为一个强度因子，反映出土壤在各成土条件的共同作用下所经历的阶段和效果。考虑成土过程的时间因素可促使人们从动态发生的观点去研究土壤。具有不同年龄、不同发育历史的土壤，应归入不同的土壤类别，表现出不同的土壤属性。土壤的年龄通常可分为绝对年龄与相对年龄。土壤开始形成直至当前这段时间，称为绝对年龄。相对年龄则指土壤发育的某个阶段或发育程度，可作为成土过程的强度及发育阶段更替速度的指标。所以，土壤相对年龄不仅取决于土壤存在的持续时间，而且也取决于各成土因素和土壤本身性质的改变情况。一般来说，土壤个体发育中发生层的分化愈明显，其相对年龄愈长；反之，分化程度较弱，其相对年龄较新。此外，相对年龄还可用来说明环境变迁中土壤类型的阶段发育问题。

6. 人为因素

自然成土因素与土壤形成和演变的关系是过去土壤发生学的中心问题，在当今我们生存的人类世（Anthropocene），人类活动的加剧已经对土壤过程产生深刻的影响。人类活动通过调节和改变其他成土因素来控制土壤的发育程度及方向，对土壤发生演化起着不可忽视的作用，成为五大成土因素外最重要的影响因素。人为作用的方式多种多样，除了直接作用外，还有间接作用。对母质而言，人为作用主要是改变土壤物质的性质，如通过施用肥料、淤灌、洗盐等措施来实现。对地形而言，人为作用主要是通过修筑梯田、平整土地和围湖（河）造田等措施来进行。对气候而言，人为作用的影响是多方面的，如灌溉、排水和人工降水等改变土壤水分状况。在生物方面，人为增加或减少动植物的种类和数量，施用经微生物作用过的有机肥料，施用细菌肥料、土壤消毒剂等，轮作休闲和松土创造这些生物活动的条件。人为作用对时间成土因素的间接影响，主要是在以各种人为因素造成土壤侵蚀后底土裸露使土壤更新，排水开垦使水下土壤成为水上土壤，矿山开发与复垦使成土时间发生变化等（龚子同和张甘霖，2003）。人类对土壤影响的方式、强度和速率都超过自然土壤发生过程，人为土壤发生过程与量化是人地系统耦合研究的重要内容，是未来土壤学和地球科学的研究趋势。

7. 水文因素

水文因素是土壤形成和演变的重要影响因素，基本上与所有成土过程都有关系。尽管Jenny（1941）在成土因素方程中没有单独列出水文因素，但他意识到了水文在土壤形成中的重要性，将它包含在了气候（Cl）和地形（R）因子中。Rode（1947）曾建议将地下水、地表水和土壤水一起作为新的土壤形成因素。

水分是土壤中物质迁移转化的重要介质，水分的多少、通量、迁移路径和季节分配等都影响成土过程。水分变化和水循环过程影响风化过程、生物地球化学过程、溶质迁移过程和侵蚀–沉积过程，因此水分条件决定了剖面土壤发生层特征，进而导致在不同区域形成不同的土壤。例如，在干旱荒漠地区，降水稀少并以暴雨形式出现，土壤的形成与地下水失去联系，地表出现龟裂层或片状土壤，形成龟裂土。草甸土是直接受地下毛管水影响，在草甸植被下发育而成的一种半水成土壤，由于腐殖质积累和潜育化，形成了腐殖质层（A）及锈色斑纹层（BCg 或 Cg）两个发生层。沼泽土和泥炭土大都分布在低洼地区，具有季节性或常年的停滞性积水，地下水位都在 1 m 以上，并具有沼生植物生长和有机质分解而造成潜育化的生物化学过程（海春兴和陈健飞，2016）。

2.3 成土过程定量化

2.3.1 土壤形成过程的一般模式

土壤是多个成土因素共同作用的产物，成土因素通过影响土壤过程的方向、速率和强度决定土壤的形态与属性。土壤形成过程的实质是内生化学能和太阳能驱动下的物质转化与迁移。内生的能量主要是地球深部活动形成的矿物晶格能，表生的能量包括地形决定的势能和太阳能。土壤形成过程是指在土壤物质分解、合成、转化、移动和聚积等过程的影响下，土壤层次发生分化，土壤形态和内在性质也发生有规律变化的过程。美国西蒙森（Simonson，1959）把基本土壤形成过程归纳为输入（addition）、输出、迁移和转化四个过程（图 2-3）。这个模型对理解土壤景观（soil scape）中的动态过程和空间关系比詹尼模型更有效，而詹尼模型在解释土壤地理分布与异质性方面有优势。西蒙森模型几乎包括所有不同尺度的过程，从风化过程到地表坡面过程，从有机质形成与分解过程到氧化还原过程（龚子同，2014）。

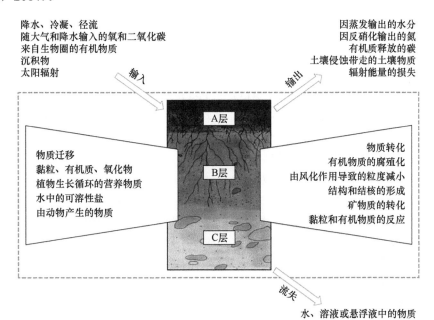

图 2-3 土壤发生过程概念模型（Simonson，1959；龚子同，2014）

物质输入过程：最基本的输入过程是风化过程向土体的输入和有机质的输入。本质上，土壤就是在矿物风化的基础上接纳通过生物固定从大气圈中输入的 C、N 形成的，土壤有机质和多孔的母质矿物与新成矿物的综合体从根本上构成了地球上的土壤。溶解的或者颗粒态的物质可以通过大气圈被直接输入土壤中，也可以从陆地景观中较高的位置迁移到土壤中。在高度风化的土壤中，大气颗粒输入对土壤演变的影响有时相当重要。

物质输出过程：大多数土壤中的物质输出是通过地表的水蚀、风蚀以及可溶性物质和胶体随渗透水从土体向下或侧向淋溶发生的。另外，土壤中的多个成分以气态的方式输出，如土壤中的水分通过蒸发排到大气，土壤呼吸产生的 CO_2 是土壤碳的重要损失。氮也通常通过气态的方式输出到大气。

物质转化和迁移过程：这两个土体内部发生的过程通常是互相联系在一起的，包括有机质的聚积和变化，土壤结构的形成，盐分的聚积和再沉积，次生碳酸盐的聚积和再分布，次生硅的聚积和再分布，黏土的聚积和再分布，铁和铝的络合与再分布，脱硅作用与稳定氧化物富集，氧化还原反应引起的消耗和累积等一系列在不同的环境中决定土壤主导发生作用的过程。

2.3.2 自然土壤形成过程

土壤形成过程的实质是地质大循环和生物小循环共同作用的结果。在自然界中，土壤形成过程的基本规律是统一的，但是，由于成土条件的复杂性和多变性，决定了土壤形成过程总体的内容、性质及表现形式也是多种多样的。因此，根据土壤形成中的物质与能量迁移、转化过程的特点，划分出以下基本成土过程。

原始成土过程：在裸露的岩石表面或薄层岩石风化物上着生细菌、放线菌、真菌等微生物，如藻类、地衣、苔藓，它们开始积累有机物并为高等植物生长创造条件。这是土壤发育的最初阶段，即原始土壤的形成。

灰化过程：土体表层 SiO_2 残留，Al_2O_3 和 Fe_2O_3 淋溶、淀积的过程。在寒带或寒温带针叶林植被下，由于凋落物富含单宁和树脂类物质，在真菌作用下生成有机酸，它使原生矿物和次生矿物强烈分解。伴随着有机酸溶液的下渗，土体上部的碱金属和碱土金属淋失，难溶的 Al_2O_3 和 Fe_2O_3 也从表层下移，淀积于下部，只有极耐酸的 SiO_2 残留在土体上部，形成一个强酸性的灰白色淋溶层，称为灰化层。

黏化过程：土体中黏土矿物的生成和聚集过程。主要在温带、暖温带、半湿润和半干旱地区，土体中水热条件比较稳定，原生矿物发生强烈的分解及次生矿物形成，或表层黏粒向下机械淋溶，在土体中下部明显聚集，形成一个较黏重的层。

富铁铝化过程：土壤形成中土体脱硅富铝铁的过程。在热带亚热带湿热气候条件下，土壤形成过程中原生矿物强烈分解、盐基离子和硅酸大量淋失，铁铝锰在次生黏土矿物中不断形成氧化物而相对积累。由于铁的染色作用，土体呈红色。

钙化过程：碳酸盐在土体中淋溶淀积的过程。在干旱半干旱气候条件下由于季节性淋溶，矿物风化过程中释放出的易溶盐类大部分淋失，而硅、铁、铝氧化物在土体中基本上未发生移动，而相对活跃的钙镁碳酸盐发生淋溶和淀积，在土体下部形成一个钙积层。

盐渍化过程：土体上部易溶盐类的聚集过程。在干旱半干旱地区，地下水或成土母质中的易溶盐类随水搬运至排水不畅的地平低地，在蒸发作用下，使盐分向土体表层集中，形成盐积层。

碱化过程：土壤胶体逐步吸附较多的代换性钠，使土壤呈强碱性，并引起土壤物理性质恶化，形成碱土或碱化土壤的过程。

潜育化过程：低洼积水地区土体发生还原的过程。由于土层长期被水浸润而厌氧，有机质在分解过程中产生较多的还原物质，高价铁锰转化为亚铁锰，形成一个颜色呈蓝灰或青灰色的还原层。

潴育化过程：土壤形成过程中的氧化还原过程。主要发生在直接受地下水浸润的土层中，由于地下水雨季升高，旱季下降，土层干湿交替，引起土壤中铁锰物质处于还原和氧化的交替过程。土壤渍水时，铁锰被还原、迁移，土体水位下降时，铁锰氧化淀积，形成一个有锈纹锈斑、黑色铁锰结核的土层。

白浆化过程：土壤表层由于土体上层滞水而发生的潴育漂洗过程。发生在质地黏重或冻层顶托、水分较多的地区。土壤表层经常处于周期性滞水状态，引起铁锰的还原淋溶。其中一部分低价铁锰淋出土壤并逐渐脱色形成白浆层，另一部分低价铁锰旱季时就地氧化形成结核。

腐殖质化过程：在生物因素影响下，在土体中尤其土体表层进行的腐殖质累积过程。是土壤形成中最为普遍的一种成土过程。结果使土体发生分化，在土体的上部形成一个暗色的腐殖质层。

泥炭化过程：有机质以植物残体形式在壤中累积的过程。主要发生在地下水位接近地表，或者地表有积水的沼泽地段，特别是在低温潮湿的环境中，湿生植物因厌氧不能彻底分解而以未分解、半分解状态的有机质积累于地表形成泥炭，有时可保留有机体的组织原状。

土壤熟化过程：是在耕作条件下，通过耕耘、培肥和改良，促进水、肥、气、热诸因素不断协调，使土壤向有利于作物高产方面转化的过程。通常把种植旱作条件下的定向培肥土壤过程称为旱耕熟化过程；把淹水耕作在氧化还原交替条件下的定向培肥土壤过程称为水耕熟化过程。

2.3.3 土壤变化的原理与时空特征

土壤是一个十分复杂的系统，它是由固相、液相和气相物质及各种有机体组成。土壤的变化就是土壤性质在时间上的动态变化，是土壤中物理的、化学的和生物的等各过程的综合体现。不同的土壤性质其变化的时间尺度不同，土壤性质随时间的可变性可用土壤的特征响应时间（characteristic response time，CRT）表示，定义为当外界环境条件改变时，某一土壤性质或状况达到准平衡态所需要的时间。不同的土壤性质 CRT 不同，分为快速（短期）变化型和缓慢（长期）变化型，一般顺序是气相＜液相＜两态共存的相＜固相（表 2-1）（李保国，1995）。

表 2-1　土壤主要特性 CRT 值范围

CRT	土壤参数	土壤特征	土壤状况
小于 10^{-1} 年	容重	通气状况	
	总孔隙度		
	水分含量		
	入渗速率		
	土壤空气组成		
	养分含量		
$10^{-1}\sim10^{0}$ 年	总储水量	微生物区系	微生物活性、人类可控植物、养分状况
	田间持水量		
	导水率		
	pH		
	养分形态		
	土壤溶液组成		
$10^{0}\sim10^{1}$ 年	萎蔫含水量	土壤结构	水分状况、自然肥力、盐碱程度
	阳离子交换量		
	交换性离子		
	提取液离子组成		
$10^{1}\sim10^{2}$ 年	比表面积		
	黏土矿物组合		
	有机质含量		
$10^{2}\sim10^{3}$ 年	原始矿物组成	土壤层深度	
	各矿物化学组成		
大于 10^{3} 年	质地		
	吸湿水含量		
	土粒密度		

　　快速变化型的土壤性质具有空气特征，具有易变和随机性特征，如土壤空气、土壤水分、土壤温度、微生物活动；缓慢变化型的土壤性质接近岩石的性质，比较稳定，如土壤剖面结构、晶体矿物质和粒子密度。很多土壤性质具有的 CRT 介于这两者之间（如土壤碳含量、生物量和氧化物量）。土壤的形成是在短期和长期变化特点土壤性质综合作用下形成的，短期土壤过程具有可循环性和复制性，如具有日、季节和年周期性变化特征，长期土壤过程具有不可逆性和非线性，如具有百年甚至千年的土壤发生层结构（图 2-4）（Lin，2011a）。由于成土过程中许多土壤作用具有半封闭循环和不可逆性，产生液相、气相或固

相残留物质聚集在土壤剖面中，形成不同的土壤发生层，如钙积层和黏化层（argillic）。

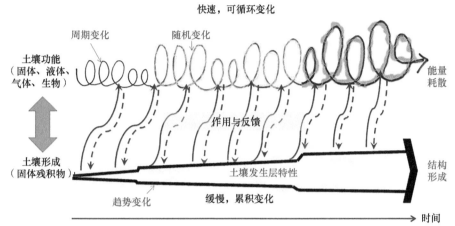

图 2-4 土壤变化过程中不同土壤性质的快速和缓慢反应与相互作用（实线箭头）
及反馈作用（虚线箭头）

快速且循环的土壤作用过程主要涉及液体、气体和生物，而缓慢且不可逆的特定的成土过程主要涉及固体（Lin，2011a）

自然界中的土壤是开放的、耗散的、自组织的以及演化的，遵循热力学第一定律和第二定律，即能量和质量守恒及土壤形成与进化过程中的结构和信息的演化是同时进行的。能量和质量守恒遵循热动力学第一定律，结构和信息的演化与热力学第二定律相关（Lin，2011a）。

土壤是一个开放的、与外界有物质和能量交换的、远离平衡态的耗散结构。耗散结构具有以下特点：①耗散结构发生在远离平衡状态的开放系统中，它要靠外界不断提供能量或物质才能维持（开放性）；②只有当控制参数达到一定阈值时，才能突然出现（突变性）；③它具有时空结构，对称性低于达到阈值前的状态（低对称性）；④耗散结构虽然是旧状态不稳定的产物，但它一旦产生，就具有相当的稳定性，不被任何小的扰动所破坏（高稳定性）。

在土壤这个开放统中，其熵变可表示为

$$D_s = D_{si} + D_{so} \qquad (2\text{-}10)$$

式中，D_s 为土壤系统的熵变；D_{si} 为土壤系统内部的熵变；D_{so} 为土壤系统外部的熵变。土壤与外界不断的物质和能量交换中，如 $D_{si} > D_{so}$ 时，则系统的熵变 D_s 是增加的，这代表着土壤生态系统向平衡的热力学方向发展，即向退化方向发展。当土壤与外界的物质和能量交换不断增加，所形成的负熵流 $D_{so} > D_{si}$ 时，则系统的熵变 D_s 是减少的，这代表着土壤系统向非平衡的热力学方向发展，由线性的非平衡热力学方向向非线性的非平衡热力学方向演变，当到达临界点时，系统便可自我复制、自我放大，使土壤生态系统形成新的耗散结构，或从低级的耗散结构向高级的耗散结构方向演替（简放陵和李华兴，2001）。

土壤的耗散结构是在有一定的物质和能量输入的条件下维持的。一旦物质和能量输入减少到其阈值以下，这个耗散结构将不复存在，即生态平衡被破坏。破坏了的生态系统不可自发地向有序化方向发展，这是由经典热力学的"熵增原理"所决定的。但是，当有物质和能量输入时，只要达到阈值以上，无序化的自然现象则可发生自组织，形成耗散结构。对于破坏了的土壤生态系统来说就是它的恢复与建造。

在以上认识的基础上，Lin（2011a）提出了土壤形成与演化的三个基本原理：①守恒–进化原理（principle of conservation plus evolution）。许多土壤作用中的循环过程的不完全闭合和部分不可逆产生了一系列的土壤残余物质随时间的累积，从而产生了具有一定结构和信息量的土壤剖面。②耗散–组成原理（principle of dissipation plus organization）。土壤系统的形成与演化过中的耗散过程（形成土壤基质）和组成过程（形成土壤结构）的同时发生符合耗散结构及自组织原理。③空间–时间原理（principle of space plus time）。时间应该和空间作为一个整体被考虑，时间积分（指示所有变化的累积）和时间微分（指示特定时间的变化速率）的结合用来量化土壤变化过程中的演化与守恒特质。优先性和临界点是贯穿时间与空间尺度上土壤变化及成土作用的重要特性。

2.3.4　成土过程模型化

土壤成土过程与演化模型大致可以划分为四种类型，成土因素模型（factor model）、成土过程模型（process model）、路径模型（pathway model）和能量模型（energy model）（Minasny et al.，2008；Stockmann et al.，2011）（图2-5）。成土因素模型主要是指早期的道库恰耶夫成土因素概念模型和詹尼方程［式（2-1）和式（2-2）］，这些土壤模型主要是通过建立与土壤形成因素的函数关系，用简单的经验方程定性描述成土过程［式（2-3）～式（2-9）］。20世纪以来，在地理信息系统技术支持下，基于区域内土壤属性数据与环境辅助数据之间的内在联系建立模型，实现对未采样区土壤属性的空间预测。McBratney等（2003）基于土壤状态因子方程，提出了用于土壤及土壤属性定量预测的clorpt方程：

$$S(x, y)=(\{Cl, O, R, P, T\})(x, y) \tag{2-11}$$

式中，S 为土壤；Cl 为气候因素；O 为生物因素；R 为地形因素；P 为母质因素；T 为时间因素。

图2-5　土壤成土模型概化三角图（Minasny et al.，2008）

一些研究者将 clorpt 方程与克里金技术及机器学习方法结合起来预测土壤的空间分布。

土壤过程模型主要有美国西蒙森（Simonson，1959）模型，认为土壤是个开放系统，主要基于物理定律从机理上描述土壤过程，认为土壤是物质输入、输出、转移和转化过程的函数（图 2-3）。

$$S=f(a, r, t_1, t_2) \tag{2-12}$$

式中，a 代表物质输入（addition）；r 代表物质输出（removal）；t_1 代表物质转移（translocation）；t_2 代表物质转化（transformation）。

路径模型认为土壤的演化遵循遗传路径，是在不同的外在和内在因素影响下朝着"有序土壤"（organized soil）的方向发展，成土过程被人为分为"累进"（progressively）与"弱化"（regressively）过程。代表性的路径模型有 Johnson 和 Watson-Stegner（1987）提出的土壤演化模型，将土壤视为一个随土层厚度变化而变化的复杂开放系统，随着时间的推移，基因的复杂性也在增加。土壤是在"累进"与"弱化"要素的相互作用路径下演化的。

$$S=f(P, R) \tag{2-13}$$

式中，P 代表土壤正向发育条件，包括有利于土层形成和发育的过程与影响因素，如发生层分化过程和淋溶过程等，能够增加土壤厚度和稳定性；R 代表土壤退化或负向发育条件，如土壤弱化过程和土壤侵蚀过程等，不利于土壤发育，导致土壤物理化学性质的稳定性差。

能量模型就是应用能量或热力学原理描述土壤成土过程的，Runge（1973）提出了基于能量的土壤演化模型：

$$S=f(o, w, t) \tag{2-14}$$

式中，S 为土壤；o 为有机质；w 为有效淋溶水量；t 为时间。这个能量模型把重力作为能量来源，驱动水在土壤中下渗，促使土壤发生层的形成，同时把太阳能间接地体现在有机质的生产过程中。然而这个模型主要是定性描述，缺乏定量化热力学计算。Volobuyev（1974）建立了定量描述土壤形成过程能量转化模型：

$$Q=Ra=Re^{-1/mK} \tag{2-15}$$

式中，Q 为土壤形成过程中的能量消耗量；R 为太阳辐射；a 为有效能量源（available energy sources）；K 为相对湿度；m 为生物过程中的能量交换量。由此，Volobuyev 和 Ponomarev（1977）计算了不同土壤的吉布斯自由能（Gibbs' free energy）和熵，进而把土壤分成两类，一类是吉布斯自由能减少而熵增大的土壤，如氧化土、老成土、灰土；另一类是吉布斯自由能增加而熵减小的土壤，如变性土、有机土、干燥土（图 2-6），发现吉布斯自由能越低，土壤的下渗能力越大。

土壤质量平衡模型（soil mass-balance models）属于过程机理模型，主要模拟土壤性质随时间的变化，包括景观演化模型（landscape evolution model）和土壤剖面模型（soil profile model）（表 2-2）。景观演化模型是从地貌学的角度把土壤看作风化壳的一层进行模拟，风化过程是景观上物质迁移转化的主要物理过程；土壤剖面模型主要是从土壤发生学和地球化学角度模拟土壤剖面垂直方向上的风化与物质迁移，没有考虑水平方向的径流和物质输移。关于详细的景观演化模型和土壤剖面模型不在本章详细介绍，在本书 5.3.1 节有部分介绍，另外也可以参考阅读地貌学和地球化学的相关著作。

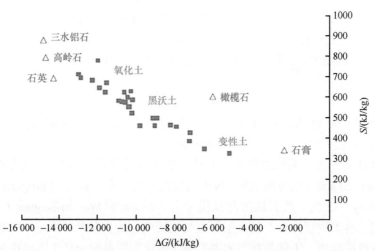

图 2-6　不同土壤、岩石和矿物的吉布斯自由能（ΔG）和熵（S）（Stockmann et al.，2011）

表 2-2　土壤形成模型汇总

模型概念		模型描述	模型类型	参考文献
因素–能量	成土因素	$S=f(\text{Cl}, O, R, P, T, \cdots)$	定性（经验）	Dokuchaev（1886）、Shaw（1930）、Jenny（1941）
	成土因素	$S=f(S, C, O, R, P, A, N)$； $S=f(\text{time})\text{Cl}, O, R, P, \cdots$	定量–经验	McBratney 等（2003）
	成土过程	$S=f(\text{addition, removal, translocation, tranformation})$	定性	Simonson（1959）
	土壤演变	$S=f(\text{progressively, regressively})$	定性	Johnson 和 Watson-Stegner（1987）
能量	土壤能量模型	$S=f(o, w, t)$	定性	Runge（1973）
	土壤能量模型	土壤形成通过量化能量过程来模拟，即辐射、动能等	机理	Regan（1977）
	土壤能量模型	土壤形成通过能量消耗模拟	定量–经验机理	Volobuyev（1974）
	土壤能量模型	通过热力学模拟土壤形成过程，即土壤矿物的吉布斯自由能和熵	定量–经验机理	Volobuyev 和 Ponomarev（1977）
质量平衡	土壤风化：土壤生产函数	$\text{SPR}=P_0\exp(-bh)$	定量–机理	Heimsath 等（1997）
	土壤风化：hump 公式	$\dfrac{\partial e}{\partial t}=-\left\{P_0\left[\exp(-k_1 h)-\exp(-k_2 h)\right]+P_a\right\}$ 式中，k_1 为风化速率常数，P_0 为基岩的潜在风化速率，P_a 为稳态条件下的风化速率，h 为土壤的厚度	定量–机理	Dietrich 等（1995）、Furbish 和 Fagherazzi（2001）、Minasny 和 McBratney（2006）

续表

模型概念		模型描述	模型类型	参考文献
质量平衡	土壤风化：化学-物理风化耦合	$W = D\left(1-[Z_r]_{岩石}/[Z_r]_{土壤}\right)$ 式中，W 为土壤化学风化速率，D 为岩石的土壤生产速率，Z_r 为固定元素的浓度	定量-机理	Riebe 等（2003，2004a，2004b）、Burke 等（2007，2009）、Green 等（2006）、Yoo 等（2007）
	土壤扰动：土壤蠕变	蒙特卡罗模拟土壤颗粒在土壤剖面中的运动	定量-机理	Heimsath 等（2002）
	土壤景观模型	土柱尺度上三维，同态物质的横向和垂直通量模拟	定量-机理	Huggett（1975）
	土壤景观模型	千年时间尺度上的土壤形成、耦合风化、扩散传输和侵蚀扩散率、土壤系统内通量模拟	定量-机理	Minasny 和 McBratney（1999，2001）、Dietrich 等（1995）、Heimsath 等（1999）
	土壤剖面模型	坡面过程影响下的土壤剖面形成，土壤系统内通量模拟	定量-机理	Kirkby（1977，1985）
	土壤剖面模型	土壤剖面在千年时间尺度上的演变，模拟土壤发生层形成和生物扰动过程及系统内通量	定量-机理	Salvador-Blanes 等（2007）
	土壤过程模型	通过百年时间尺度上的土壤形成过程模拟土壤-景观演化，即硅酸盐风化、土壤侵蚀	定量-机理	Sommer 等（2008）、Finke 和 Hutson（2008）

资料来源：Stockmann 等（2011）。

综上所述，现有的土壤成土过程模型仍以自然成土过程为主，大多关注单个土壤性质/过程模拟（表 2-2），未来需要构建土壤与环境要素之间的多尺度、多过程耦合模型，模拟土壤类型或属性演化过程、时空动态分布与未来趋势，提高定量化水平。未来成土过程模型需要在以下几个方面提高（Lin，2011a）。

（1）人类活动对成土过程影响的定量模拟：Richter 于 2007 年发表论文指出土壤的人为改造是土壤学的新前沿领域。在道库恰耶夫时代，土壤学的前沿研究主要集中在土壤的自然形成过程，但是现在转变为人为土壤的科学研究与管理。人类活动加速了土壤形成因素，如气候、生物、地形和母质在不同时空尺度上的剧烈改变。人类的活动涉及的范围广泛，包括土地利用/覆被的快速变化、地貌形态的剧烈改变、气候变化和生物群落的干扰、土壤侵蚀、土壤压实、施肥、灌溉等。然而，尽管科学家普遍认识到人类活动对土壤变化和成土过程的显著影响，但如何用一个比较满意的模型来量化这种影响仍然是个挑战。

（2）成土过程中的水文作用：几乎所有的土壤形成过程都会涉及水的作用与影响，包括土壤的侵蚀、搬运与堆积，土壤矿物质的淋溶、溶解、迁移与转化，土壤风化等。土壤水文属性参数是影响水文及生物地球化学过程模拟的重要因素，且不同水文和生物地球化学过程对各参数具有不同的敏感性。在不同的空间尺度上，各参数的敏感性会发生变化，主控参数及主控水文过程也会发生变化。当前广泛应用的分布式水文模型或陆面模型,如SWAT(定义水文响应单元)、HYDRUS 及 WRF-Hydro(定义模拟网格尺度)往往通过将土壤异质性集总为一定尺度单元上的有效参数来表征从而进行模拟。土壤水文属性点尺度的测量结果与不同尺度上水文模拟之间的关系,流域、区域分布式水文模型空间单元内的参数异质性的准确表达等均为影响模型模拟的重要因素(贺缠生等,2021)。因此,土壤变化与成土过程模型要充分考虑水文过程的影响及土壤水文属性,水文学的理论和方法可为把土壤成土过程概念模型转化成定量化模型提供可能(Lin et al.,2005)。

(3)成土过程中的热力作用:能量是成土过程最重要的驱动力,然而成土过程与演化中的能量是多少?能量如何变化等问题都还不清楚(Minasny et al.,2008)。Rode(1947)、Nikiforoff(1959)首先认识到在土壤形成过程中热力学的重要性。Runge(1973)建立了早期土壤能量模型。Phillips(2010)强调了生物能量在景观和土壤演化中的重要性。热动力学将在土壤变化和成土过程模拟方面具有较为广阔的应用前景。

(4)土壤和景观的协同演化:现代地貌学研究表明,土壤和景观演化具有密关系,地貌演化和土壤变化在模式上具有相互匹配和对应关系。然而,现有的景观演化模型和土壤剖面模型还没有联结在一起(Minasny et al.,2008)。近些年来,土壤、景观和生态系统的协同演化逐渐被认同,生物在土壤形成和演化中的作用也被重视。未来需要应用关键带科学研究思路,综合研究成土过程和景观演化中的生物、物理和化学过程的复杂的相互作用,构建土壤与环境要素之间的多尺度、多过程耦合模型。

第3章 土壤构架的特征与形成

土壤构架是指从微观尺度到宏观尺度的土壤整体组织形式（the entirety of how the soil is organized from the microscopic to the megascopic scales）（Lin，2012a）。复杂的土壤构架是自然成土过程和人类活动共同作用的结果，并控制着物质和能量的分布格局、迁移转化等。

3.1 土壤构架的内涵

传统的土壤结构（soil structure）侧重于土壤团聚体（soil aggregate）或自然结构体（ped），并集中于特定的土层，较少关注不同土层之间的界面以及在多个土层连续分布的孔隙（如蚯蚓洞道、根系孔隙），而土壤构架则强调自然土壤中水流运动和化学反应的完整路径、复杂形式等。不同尺度的土壤构架均包括相互联系的三部分（图3-1）：固体成分（solid component）、孔隙空间（pore space）和界面（interface）（Lin，2012a）。

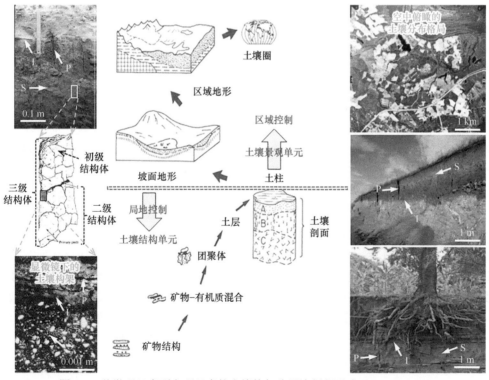

图 3-1 从微观尺度到宏观尺度的土壤构架分层次组织形式（Lin，2012a）

S 指固体成分，P 指孔隙空间，I 指界面

固体成分：包括土壤基质（颗粒、质地等）、土壤团聚体（类型、强度、大小、稳定性等）、土层（类型、厚度等）、土体（三维结构等）、土链（形态、排水条件等）。

孔隙空间：包括孔隙大小、连通度、弯曲度、密度、形态等，以及孔隙中的液体和生物。

界面：包括结构表层（如黏土层、有机质层等）和不同形态的交界（如孔隙–基质界面、土壤–根系界面、土壤–岩石界面、非饱和–饱和界面等）。

土壤学主要关注土壤的固体成分，因为其中包含了风化产物和成土作用的记录；土壤物理学和水文学主要关注土壤的孔隙空间，因为这是物质和能量转化的场所；而土壤生物学和生物地球化学则主要关注土壤的界面，因为它们是微生物集中的区域，也是生物地球化学反应的场所。因此，使用土壤构架的概念，综合考虑固体成分、孔隙空间和界面，能够有效扩展传统土壤结构的范畴，增强对土壤系统的全面理解。

已有研究表明，土壤构架及其时空变化影响着几乎所有土壤过程，如入渗、侵蚀、淋溶、通气、化学反应、溶质迁移、根系生长、微生物呼吸等。同时，伴随着对自然资源利用以及相关环境问题认识的深入，不仅需要了解土壤和水的数量、质量，也需要掌握环境问题发生的时间、地点以及相应的解决方法。因此，对复杂土壤系统进行高时空分辨率解析、提升真实水流路径和化学反应区域的识别能力就显得尤为重要。

3.2 不同尺度的土壤构架特征

土壤构架呈现分层次的组织形式，总体可以分为两个等级：剖面尺度（也称土壤结构单元，soil structural units，如土壤颗粒、孔隙、团聚体、土层、土体等）和景观尺度［也称土壤景观单元，soil-landscape units，如土链（catena）、土壤景观（soil scape）、土壤系列（soil sequence）、土壤带（soil zone）等］。等级框架可以更好地理解土壤制图和土壤模拟以及两者之间的联系。土壤制图框架是指描述不同尺度土壤分布格局的层次，而土壤模拟框架是指描述不同尺度土壤的物理、化学和生物过程（Lin and Rathbun，2003）。上述两个框架之间的联系对于联结土壤构架和功能至关重要，但由于土壤制图和土壤模拟之间尺度的不匹配，这种联系尚未建立。一方面，在土壤制图中，斑块的合并或拆分极为常见，但没有考虑基于过程的模型；另一方面，在土壤模拟中，考虑了模型输入和输出的升尺度或降尺度，但这些尺度都只针对特定模型而言。另外，土壤制图和土壤模拟的尺度具有不同的含义，前者是指图形长度与实际长度的比值，伴随空间信息被整合至更大区域时尺度不断变小；后者的大尺度一般意味着更大的区域。为了增强土壤制图和土壤模拟之间的联系，将数字土壤图与水文土壤学相结合就显得尤为重要。Lin和Rathbun（2003）提出以数据和过程为基础对两个等级框架进行联结，其中土壤制图等级反映不同尺度土壤空间分布信息，包括五个级别的土壤制图单元；土壤模拟等级强调不同尺度的土壤形成过程，通过建立土壤–水文关系的主导过程进行尺度转换（图1-7）。

3.2.1 土壤结构单元

土壤结构单元可以进一步划分为：①土壤颗粒、孔隙和团聚体尺度，主要侧重于不同类型和大小的土壤自然结构体（包括相应的孔隙空间和界面）；②土层和剖面尺度，主要侧重于不同类型和厚度土层组成的土体。前者是显微尺度液体流动转化（如对流、扩散等）和生物地球化学过程（如矿物风化、养分循环等）的基础；后者是土壤学研究的基本单元，包括成土作用、分类、形态和制图等。

不同类型的土壤团聚体是成土作用的重要产物之一。总体而言，土壤结构性的强度伴随成土时间增加而增强，结构性的程度伴随深度增加而降低，因此深度越深，自然结构体的体积越大、等级越低。此外，人类活动和其他扰动也会对土壤团聚体产生显著的正向或负向影响。

土层是成土作用的另一个重要产物，不同类型和厚度的土层及其排列方式反映了过去和现在的土壤形成环境，这也是进行土壤分类和理解土壤功能的基础。野外需要根据一系列的土壤形态特征进行土层识别，如颜色、质地、结构、根系和孔隙分布、钙积层、pH、碳酸盐含量、盐度等。

宏观尺度的土壤功能及其对健康、经济、环境等的影响显而易见，但是土壤功能仍然决定于微观尺度的土壤构架及其与各种迁移转化过程的相互作用。Fraser 等（2016）研究了土壤呼吸对有机质变化的响应，根据呼吸速率和持续时间区分了四种典型的土壤呼吸类型，发现根据一定的土壤物理、化学以及微生物性质可以非常准确地预测土壤呼吸类型，土壤容重、微生物生物量碳、持水能力和微生物群落表型是其中最重要的因素（图 3-2）。

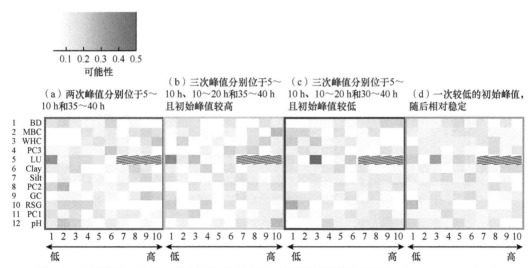

图 3-2　土壤物理、化学、微生物性质对不同土壤呼吸类型的预测能力（Fraser et al.，2016）

（a）~（d）分别为 4 种土壤呼吸类型，不同土壤性质均被划分为 10 个等级（数值越小，等级越低），颜色越深，表明影响土壤呼吸的可能性越大，斜线表示没有数值。BD 指土壤容重，MBC 指微生物量碳，WHC 指持水能力，PC1、PC2、PC3 指微生物群落表型主成分（principal component），LU 指土地利用，Clay 指黏粒含量，Silt 指粉粒含量，GC 指地表覆盖度，RSG 指代表性土类

3.2.2　土壤景观单元

土壤景观单元可以进一步划分为：①局域尺度的土链和其他土壤景观；②区域尺度的土壤带和其他土壤格局。不同尺度的土壤分布格局可以利用土壤图或土壤–景观图进行显示，主要概念如下。

土链：是沿着坡面分布的一系列相关土壤，这些土壤的分布是海拔和坡度的函数。

土壤景观：是景观尺度土壤成分的组合形式。

土壤带：是区域尺度的土壤分布格局，与特定的气候带、植被带对应。

土壤系列：是伴随某一主要成土因素梯度逐渐变化的相关土壤。

沿着坡面从上往下，土链可以进一步划分为五个部分：坡顶、坡肩、坡中、坡麓和坡脚。Schaetzl（2013）对比了不同坡位水文过程、土层厚度、有机质含量等的差异，发现坡顶水分以下渗为主，侵蚀微弱，地形稳定，土层较厚，有机质含量较高；从坡肩到坡麓，径流流出逐渐减少，径流流入不断增加，土层厚度和有机质含量均逐渐增加；坡脚水分流入最多，土层厚度和有机质含量均最高（图3-3）。

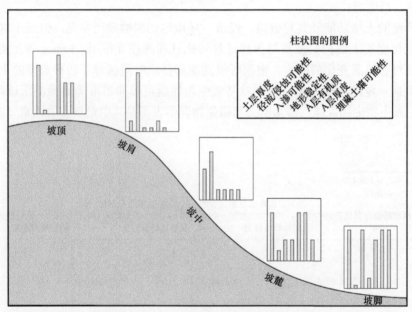

图 3-3　湿润气候条件下典型土链土壤性质和坡面过程变化（Schaetzl，2013）

3.3　土壤构架的形成

在了解土壤构架的内涵及其特征基础上，揭示土壤构架的形成机制，阐明团聚体和孔隙、土层和土体、景观及区域等不同尺度土壤构架的形成过程，有助于理解不同环境条件下土壤特征的确定性格局和随机性变化。

3.3.1　土壤构架形成的热力学解释

Lin（2010b，2011a）从基础热力学角度阐述了土壤构架的形成和演化，认为伴随着成土作用对能量的消耗，两个分化过程同时发生：①组织过程，如颗粒团聚、腐殖质积累、土层形成、次生矿物形成等；②耗散过程，如团聚体破坏、腐殖质分解、原生矿物风化等。前者促进了土壤结构单元的形成，后者主要获得更多的土壤基质，两者共同形成多种类型的土壤构架。成土作用的分化过程与"耗散结构"理论一致，该理论认为一个系统通过能量耗散形成远离热力学平衡的结构。

具有团聚体、分层和剖面的土壤系统伴随时间推移呈现越来越有序的状态，直至土壤开始退化或者发生逆向过程。因此，土壤形成演化可以概括为消耗能量和输出熵的过程，目的是保持内在的秩序和功能（Lin，2011b）。伴随能量消耗和熵输出，土壤系统为了提高有效自由能的效率，通过自组织形成复杂的结构。土壤利用太阳辐射能（包括直接的短波辐射和间接的光合作用产物）促进成土作用，然后将剩余能量返回环境中，以便保持或增强内部秩序和功能。

大部分情形下，太阳辐射能主要作用于土壤表层（如蒸发、蒸腾、光合作用、生物循环、叶片凋落等），而重力作用则促进可溶性成分下移至土层深处或移出土壤剖面。上述两种相反的趋势导致一些土壤成分在整个剖面中呈现双峰分布（即表层和深层含量较高，中间层含量较低）。另外，土壤表层与大气圈相接，并与陆地生物圈相互作用最为强烈，导致土壤表层不断积累能量和物质；而土壤底层与岩石圈相互作用，限制水分和物质在垂直方向的运移，促进坡面上能量和物质的侧向迁移。

3.3.2　团聚体和孔隙尺度土壤构架

团聚体和孔隙尺度的土壤构架具有分形特征，也就是在一定尺度范围内具有自相似性。因此，分形数学（几何分形或概率分形）（Baveye and Boast，1998）被应用于土壤团聚体尺寸、孔隙大小、颗粒直径以及其他土壤结构特征（如水分保持、导水率、优势流）研究。所有分形研究的基础方程是数量–尺寸关系（Mandelbrot，1982）：

$$N(r) = kr^{-D} \tag{3-1}$$

式中，$N(r)$ 是尺寸等于 r（单位长度）的要素数量；k 是单位长度的初始要素数量；D 是分形维数。

即使两个研究对象的分形维数相同，二者的结构也会存在明显差异。因此，另一个参数间隙度也非常重要，间隙度测量几何对象与恒定或均质状态的偏离程度，可以认为是反映异质性并依赖于尺度的指数。式（3-1）中的 k 与间隙度密切相关，反映了被占用空间比例、离散和聚集程度、自相似性或随机性、分层结构等（Plotnick et al.，1993）。间隙度已被应用于各种分形或非分形结构以及空间格局的区分，如不同景观和土地利用的结构特征、多孔介质的几何形状等。

Perrier 等（1999）提出了一个孔隙–固体–分形的概念模型，通过参数设定展现分形或者非分形的孔隙。该模型中分形维数如下：

$$D = d + \lg(1 - P - S)/\lg n \tag{3-2}$$

式中，d 是给定的欧几里得维数；P 是孔隙所占比例；S 是固体所占比例；n 是相似比的倒数。

影响土壤团聚体形成或破坏的因素众多，包括：①物质因素，如母质、矿物质、有机质、黏粒、水分等；②生物因素，如植物根系、微生物、蚯蚓、昆虫等；③气候因素，如干湿交替、冻融循环、降水击溅、温度变化等；④人类活动，如耕作、压实、灌溉、施肥、污染等。水对土壤团聚体的形成和稳定具有显著影响，一方面，水通过促进絮凝和团聚成为土壤团聚体形成不可缺少的因素；另一方面，水也会引起团聚体的破坏，水合作用通过膨胀导致团聚体瓦解，降水击溅裸土表面破坏团聚体。分散的颗粒可能被带入土壤孔隙，增加土壤紧实度，减小土壤孔隙度，这种情况在强降水破坏土壤表层结构、形成致密结皮层时尤为明显。土壤学家常采用形态描述或土壤切片的方法评估团聚体，而土壤物理学家和土壤生物学家则采用干湿筛、淘洗和沉降方法研究团聚体粒径分布与稳定性，目的在于量化土壤中水稳性团聚体的比例和细颗粒能够团聚的程度。在无法直接量化的情况下，土壤团聚特征常通过其他土壤属性（如饱和导水率、水分保持参数、入渗速率、气体扩散速率等）间接评估。de Jonge 等（2009）对比了土壤黏粒和有机碳含量及其组合形式对土壤构架、水文过程等的影响，在此基础上结合能量输入、热量梯度、物质流动、土壤水分等总结了土壤颗粒、孔隙和界面相互作用及其对胶体运移、水分分布、气体扩散的作用机制（图 3-4）。

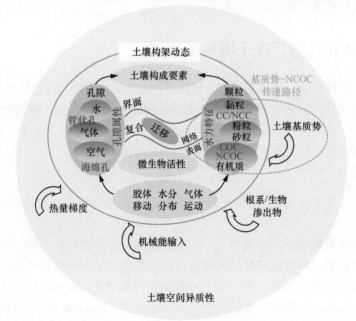

图 3-4 土壤的内在空间和过程示意图（de Jonge et al.，2009）

CC 指复合黏粒，NCC 指非复合黏粒，COC 指复合有机碳，NCOC 指非复合有机碳

上述因素对土壤孔隙的形成和特征也具有重要影响，Bacq-Labreuil 等（2018）研究发现，对于黏土而言，植被（草地、耕地）对毫米尺度的土壤孔隙度没有显著影响，但会显著增加微米尺度的土壤孔隙度，同时土壤孔隙尺寸变异更大、连通度更强（图 3-5）；而对

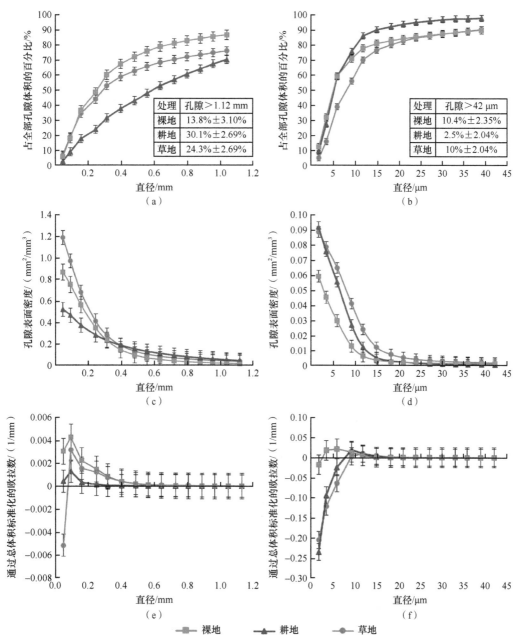

图 3-5　不同土地利用方式下土柱尺度 [4 mm 分辨率，（a）、（c）、（e）] 和团聚体尺度 [1.5 μm 分辨率，（b）、（d）、（f）] 黏土孔隙特征（Bacq-Labreuil et al.，2018）

实心点表示平均值，横线表示标准误

于砂土而言，植被减少了毫米尺度的土壤孔隙度和连通度，而对微米尺度的土壤结构没有显著影响（图 3-6）。上述结果表明，土地利用对土壤结构具有重要影响，植被覆盖和土壤质地也会明显改变土壤结构。

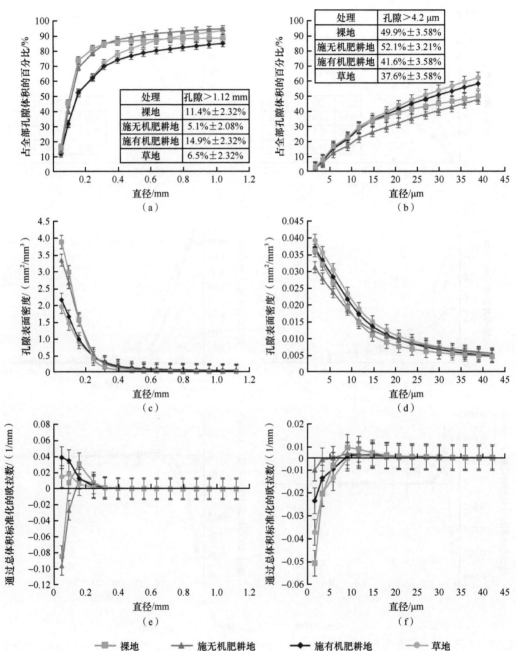

图 3-6 不同土地利用方式下土柱尺度 [4 mm 分辨率，（a）、（c）、（e）] 和团聚体尺度 [1.5 μm 分辨率，（b）、（d）、（f）] 砂土孔隙特征（Bacq-Labreuil et al.，2018）

实心点表示平均值，横线表示标准误

3.3.3 土层和土体尺度土壤构架

物质的输入、输出、迁移、转化是形成各式各样土层的 4 个主要过程，这些过程共同作用形成不同环境条件下特有的土壤剖面。

输入：富集、凋落、黑化。

输出：淋溶、径流、侵蚀。

迁移：淀积、钙化、脱钙、盐化、脱盐、碱化、脱碱、淋洗、白化等。

转化：合成、分解、腐殖质化、矿化、熟化、潜育化、灰化、脱硅、富硅、泥炭化、棕化等。

众多因素影响着土层的形成和演化，包括所有的成土因素和人类活动，其中最关键的是土壤水分和温度。例如，排水条件良好将促进岩石风化并形成更多不同的土层，而排水不畅将限制这个过程。因此，即使在相同气候区，地形和地质条件也可能显著改变土层。土层形成以后，仍然存在众多可能的演化路径，包括正向、逆向或稳定过程，其中逆向演化经常发生在成土因素突然变化时（如侵蚀、沉积），并会在土壤剖面留下深刻印记。

土壤性质伴随深度的变化受土壤构架控制，并可能呈现以下几种常见的趋势。

（1）指数下降：如土壤碳和氮含量与生物活动密切相关，而生物活动在表层土壤最为活跃。

（2）指数下降然后上升：这种趋势与钙积层有关，水分和养分在该层聚积。

（3）指数上升然后下降：如黏粒和化学物质在淀积层聚积，也就是从上层迁移的物质在中间层累积。

（4）逐渐增加：这与风化梯度有关，经常因为活跃成分没有完全淋溶出土壤，如干旱地区土壤中的阳离子。

（5）基本稳定：如发育不完全或者高度风化土壤的质地、pH。

（6）多个极值：土壤剖面中出现两个或多个聚积区，如灰土中的有机碳。

土壤饱和导水率和排水孔隙度伴随深度的变化显示了土壤学知识在水文模型中的重要性：这两个土壤水力性质在水文模型中常被假设为伴随深度增加呈现指数递减，这种假设在大部分表层富含有机质而深层被压实的土壤中是正确的，但是有些土壤受高度风化或者破碎的母质层影响，底层饱和导水率更高，导致土壤饱和导水率伴随深度增加先指数递减然后上升或者呈现更加复杂的变化趋势。Dai 等（2019）研究了三峡库区土壤构架对水文特征的影响，结果表明山地不同坡位、不同土层深度、不同土地利用方式的孔隙度、大孔隙比例、饱和导水率存在明显差异，导致山麓和浅的砂壤土山坡耕地均产生地表径流，而山顶和浅的砂壤土山坡草地均未产生地表径流（图 3-7）。

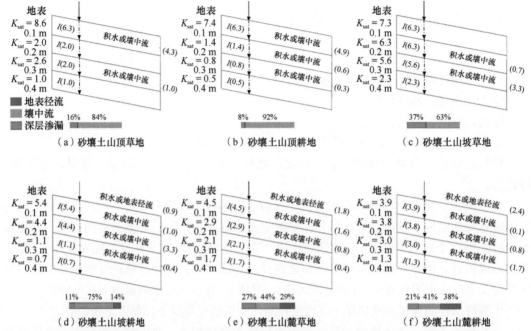

图 3-7 模拟降水条件下（降水强度 6.3 cm/h）不同土壤构架入渗速率（Dai et al.，2019）

K_{sat} 指饱和导水率（cm/h），I 指入渗速率（cm/h）

3.3.4 景观和区域尺度土壤构架

土壤的空间分布与地表景观高度耦合，结合地形、地质、水文、植被和其他环境数据，土壤–景观模型被广泛应用于预测一系列土壤性质，如土壤系列、排水条件、土层深度、土层厚度、土壤质地、土壤水分、持水能力和养分含量等。

链状土壤常沿坡面水流路径分布，是土壤与地貌内在联系的重要体现。土链也被称为地形系列或水文系列，尤其是在水文过程控制土壤分布格局的沉积地带，水流、溶质、沉积物、水位等沿着土链经常存在明显差异。

不同气候条件下的土链已经被广泛研究，Sommer 和 Schlichting（1997）根据质量平衡和水文情势区分了三种典型的土链：①转换土链，只发生转换过程，没有土壤成分的增加或减少；②淋溶土链，至少一部分土壤成分减少，而其他部分没有增加；③累积土链，至少一部分土壤成分增加，而其他部分没有减少。但是，不同条件下土链特征与土壤、地形、水文等环境因子的关系可能截然不同。

（1）土壤深度和湿度沿着土链呈现相反趋势。在美国页岩山区的湿润森林流域，土壤深度和湿度从坡顶向坡底不断增加［图 3-8（a）］，而在由石灰岩发育的陡峭坡面，土壤深度和湿度从坡面向下不断减小［图 3-8（b）］。

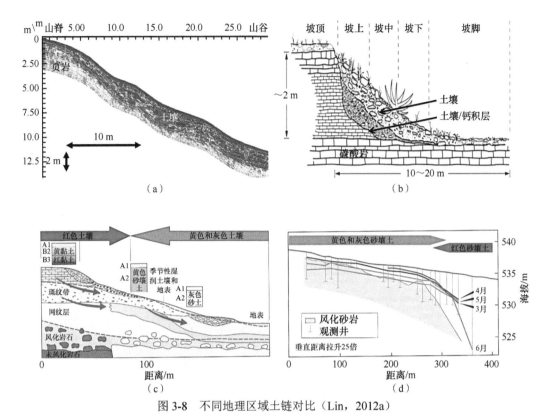

图 3-8　不同地理区域土链对比（Lin，2012a）

（a）美国宾夕法尼亚州中部页岩流域土层厚度沿坡面向下逐渐增加；（b）美国得克萨斯州中部石灰岩地区土层厚度沿坡面向下逐渐减小；（c）澳大利亚侵蚀坡面的土链；（d）澳大利亚风化物控制形成的地形系列

（2）在湿润地区众多较为平坦景观中，地下水位伴随与河流距离的增加而增加。例如，在美国东南部的大西洋海岸平原，排水条件差的土壤主要分布在两条河流之间的中部，而排水条件良好的土壤集中于平原边缘和靠近河流的坡地。但是，在附近地形较为起伏的山麓地区却呈现相反趋势，地下水位伴随与河流距离的增加而降低，导致排水条件较好和较差的土壤分别分布在坡面的上部和下部。

（3）地表或地下形态控制水文过程并形成不同的土壤分布格局。图 3-8（c）为澳大利亚侵蚀坡面的典型土链，可以采用地表形态控制水文过程的传统模型进行解释。但是，对于地下形态控制水文过程和土壤分布的区域而言，低渗透性风化物导致沿坡面向下土壤排水条件逐渐变好 [图 3-8（d）]。

区域土壤分布受主要成土因素控制，Schultz（2005）研究了全球从两极到赤道的风化壳总体格局（图 3-9），展示了主要气候带（地表能量、水分和生物量输入）及相应土壤厚度和土层特征（矿物风化和碳积累）的纬向分布特征，而这种带状格局与陆地生态带也较为吻合。

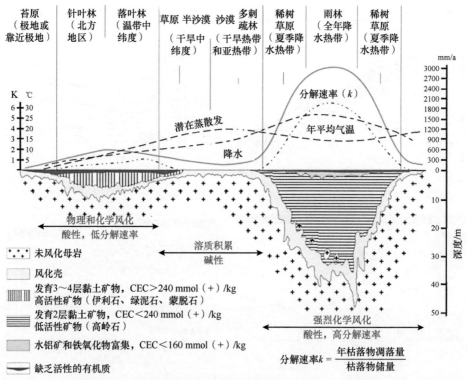

图 3-9　从两极到赤道的风化壳总体格局（Schultz，2005）

CEC 指阳离子交换能力

第4章 土壤优势流的特征与研究方法

伴随着对土壤结构、水流运动、溶质迁移等的观测技术的不断发展，传统土壤水文过程研究各向同性的假设受到越来越多挑战。20 世纪 90 年代，优势流的研究将土壤水运动机理由均质推向非均质。以土壤水分为核心问题的陆面过程研究已成为国际上水文学、生态学和环境科学研究的焦点。纵观土壤水分研究的历程，学者们逐渐形成两种研究观点：形态观和能量观。前者以土壤水的形态和数量为研究重点，具有很强的实用价值；后者以研究土壤水的能态为重点，研究土壤水运动、不同介质中水分的转化等。Richards 方程是能量法研究土壤水流的基础，其最基本的思路在于将达西定律和水流连续方程联立，构成了控制各向同性土壤和不可压缩液体条件下非饱和水流运动的基本微分方程式。随着计算水平和能态测定技术的日趋完善，能量观研究方法体现出越来越显著的优越性，土壤水分的研究从静态走向动态、从定性描述到定量化研究、从经验率定参数逐步跨向机理的揭示。

4.1 土壤优势流的内涵

众多学者对优势流（或称优先流）提出了不同的概念表述，但总体而言"优势流是用于描述在多种环境条件下发生的非平衡流过程的术语"（牛健植和余新晓，2005），也可以说"优势流是在土壤各向异性的情况下，水分和溶质在多重因素的共同作用下，沿着特定的路径向下发生非稳定渗流的现象"（徐宗恒等，2012）。土壤优势流主要出现在两个不同的尺度：①土体尺度，由于水力性质差异在土壤基质孔隙中形成的漏斗流、指状流等，如质地或容重的空间变化、大块岩石或斥水层的存在等；②孔隙尺度，连续大孔隙中的水流，这些大孔隙包括植物根系或土壤动物形成的生物孔隙、胀缩或冻融形成的裂隙、耕作形成的团聚体之间的不规则孔隙等。

优势流表现形式多样，如大孔隙流（macropore flow）、漏斗流（funnel flow）、指状流（finger flow）、环绕流（bypass flow）、管流（pipe flow）、沟槽流（channel flow）、短路流（short circuiting flow）、部分置换流（partial displacement flow）、地下暴雨径流（subsurface storm flow）、非饱和重力流（gravity-driven unstable flow）、异质流（heterogeneity-driven flow）、摆动流（oscillatory flow）及低洼再蓄满（depression-focused recharge）等（牛健植和余新晓，2005）。Hendrickx 和 Flury（2001）将其分为孔隙尺度、达西尺度和区域尺度（图 4-1），其中在孔隙尺度，主要是大孔隙流；在达西尺度，包括漏斗流、非稳定流等；在区域尺度，包括管流、低洼再蓄满等。

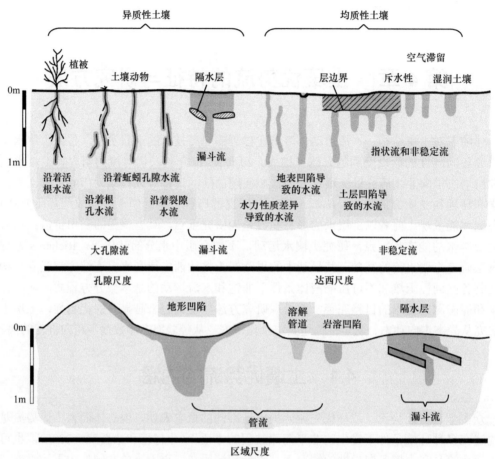

图 4-1　不同空间尺度的优势流类型（Hendrickx and Flury，2001）

4.1.1　大孔隙流

大孔隙流从 20 世纪 70 年代初就已引起关注，即土壤水分和溶质能够绕过土壤基质通过大孔隙迁移，到达深层土壤甚至是地下水。其主要作用机制在于土壤中有大孔隙存在，导致水分入渗时湿润锋的动力学不稳定，产生速度差异很大的非均匀流场，并在宏观上影响土壤水分和溶质的运动。产生大孔隙流需要具备两个条件：一是大孔隙当中必须部分或全部充满水；二是大孔隙需要在多孔介质中连续延伸一定的距离，而这取决于研究的时间和空间尺度。

已有研究表明，大孔隙流通常在具有明显结构的细土中发生。一般可以从以下几个方面来界定土壤大孔隙：①大孔隙的空间尺度，有研究认为孔径＞1 mm 为大孔隙，也有研究认为孔径在 0.03～3 mm 范围内为大孔隙；②排空大孔隙内全部水量所需要施加的压力（＜5 kPa）；③土壤导水率介于 1～10 mm/h。通常认为以水动力学特征划分土壤大孔隙是比较科学的方法。

4.1.2　漏斗流

漏斗流是由土壤的非均质性引起的水分运动方式，通常是指在细土剖面中有一个或几个粗土斜夹层，当非饱和流到达斜夹层时，水流沿斜层表面倾斜流动，水流流至斜夹层下端时则以漏斗流形式垂直向下流动。漏斗流通常较大，如果水流中挟带污染物，其浓度也比较高。漏斗现象不仅出现在非常干燥的砂土中，而且在含水量达到或超过田间持水量的土壤剖面也可发生。漏斗流明显加快了污染物的运动，并把污染物集中在一起，绕过粗质地透镜体下面的土壤基质向地下深部运移。

4.1.3　指状流

指状流形成的主要原因是非均质性和不稳定性，由非均质性形成的指状流常与小孔隙或中孔隙相伴出现在黏土中，由不稳定性形成的指状流常出现在斥水性砂土中。指状流现象通常发生在细质土壤覆盖在粗质土壤上方，有一个狭窄湿润区出现在二者界面的下方。所以，一般认为指状流有两个主要机制，即土壤的斥水性和重力作用。

4.1.4　非饱和重力流

当出现下列情形时，土壤就会有非饱和重力流现象：①饱和导水率随深度增加而增加；②土壤具有斥水性；③在入渗水的湿润锋存在进气压力梯度的反转（牛健植和余新晓，2005）。针对上述情况，对非饱和重力流的现象描述主要是湿润锋变慢且不稳定，锋被分成不连续指状；随着湿润锋的减慢，就是进气压力梯度的反转过程。在稳定条件下，进气压力梯度下降，当锋达到初始不稳定时，进气压力梯度反过来上升，并且形成指状流。由此可以认为，非饱和重力流是土壤处于非饱和状态时指状流的表现形式。

4.2　土壤优势流运移路径及其影响因素

土壤类型是生物因素（植被、土地利用、动物活动）、非生物因素（土壤水分、温度）以及当地的母质、地形、气候共同作用的结果，上述因素通过影响土壤结构的形成演化进而影响优势流（图 4-2）。

4.2.1　土壤孔隙、水力特征对优势流的影响

大量研究显示，连续的大孔隙网络结构为孔隙尺度非均质流提供了可能，而缺乏相互连通的中小孔隙网络对于优势流的形成也非常重要，因为这些中小孔隙网络将降低土壤水势增加到足够程度进而引发优势流的可能性，也会增加侧向对流和扩散进而抑制大孔隙中

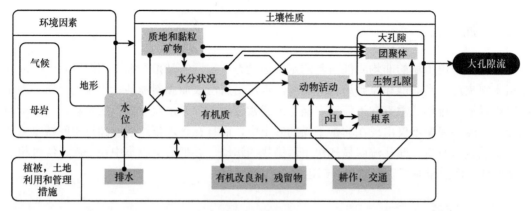

图 4-2　成土因素、土壤性质和土地管理的相互作用（Jarvis et al.，2012）

的垂向流。因此，孔隙直径呈现明显双峰分布并具有较大垂向连续孔隙的土壤更容易形成异质性的水分流动和物质迁移，这些土壤的导水率往往在很小的水势变化下急剧增加并接近饱和。

不同等级的土壤呈现不同的结构特征（图 4-3），等级越低，团聚的密度和强度越大，因为排除了所有更高等级团聚体之间的孔隙。除了结构成分的大小（从细到粗），反映结构发育程度和团聚体胶膜的结构等级也被使用。富含黏粒和有机质的团聚体以及大孔隙通常渗透性较弱、斥水性更强，因此能够促进非均质流的产生。土壤孔隙的等级显示了团聚体的等级，所以更大的团聚体往往对应体积更大、分布更广、连通性更强的孔隙，优势流也主要发生在具有垂向连续大孔隙、结构发育良好的土壤中。

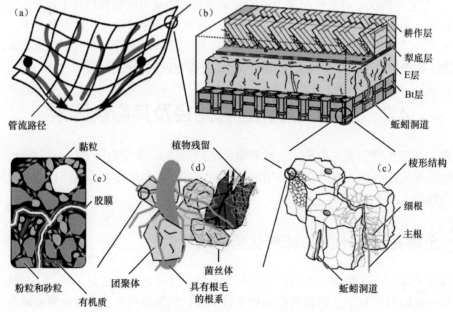

图 4-3　不同等级的土壤结构（Jarvis et al.，2012）

（a）坡面，（b）土体，（c）土壤自然结构体，（d）团聚体，（e）微结构

目前仍然缺乏能够解释砂土中指状流和漏斗流发生的结构层次，砂土颗粒总体较为均一，孔隙大小的分布也比较集中，不同类型的水流（如均质流、指状流、漏斗流）的发生主要取决于砂土颗粒的空间组合、倾向和连续性。砂土的斥水性使其土壤水分特征和导水功能更加容易发生变化，进而产生指状流。因此，易受大孔隙流或指状流影响的土壤导水率均表现为在很小水势变化范围内的急剧降低，区别在于：对于大孔隙流，导水率的降低主要发生在微观尺度土壤含水量微弱变化后，因为大孔隙只占所有土壤孔隙的很少部分；而对于指状流，导水率的降低主要发生在宏观尺度，所有土壤孔隙一部分接近饱和，另一部分保持相对干燥。

不同等级的土壤结构特征也可以扩展到更大的坡面尺度，在湿润区地形陡峭、渗透性土壤位于坚硬岩石或低渗透层之上的流域中，连通管道系统的侧向优势流控制着河流径流的响应。这主要来源于大孔隙的自组织过程，包括以前的根孔、土壤动物洞道、土壤与低渗透层之间饱和界面的侧向水流等。

对于任意地点而言，生物、化学与物理过程的相互作用决定着土壤结构以及优势流的发生（图 4-4）。黏粒含量大于 15% 的土壤在干旱期经常呈现中等到极强的团聚体结构，当由干燥和黏粒收缩引起的压力超过土壤内聚力时，团聚结构将从土壤破裂面开始发育，但是没有生物体的黏土失水后只能产生具有较少缝隙的密集土块。因此，单独的物理过程无法解译土壤的结构层次，生物活动和土壤有机质在促进破裂面稳定、增强团聚体层次方面占据主导地位。因为表层土壤的生物活动强度更大，干湿交替和冻融循环也更加频繁，所以总体比下层土壤具有发育更好的结构层次。

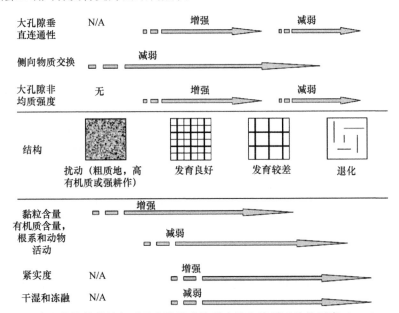

图 4-4 影响土壤结构的等级以及大孔隙非均质水流和溶质迁移的因素（Jarvis，2007）

中部图形显示了 4 种土壤结构发育类型，下方 4 幅图显示了土壤结构形成和退化因素对土壤结构发育的影响，上方 3 幅图显示了大孔隙中非均质水流和溶质迁移的可能结果，N/A 表示不适用

虽然有机质对高度风化、以氧化物为主土壤的团聚作用微弱，但由稳定有机质和黏粒矿物共同组成的微团聚体仍被认为是大部分土壤结构的基本单元。已有研究表明，土壤基质的部分物理性质与稳定络合有机质的数量密切相关，而稳定络合有机质的最大值又受黏粒和细粉粒含量的控制。与之相反，不稳定和非络合有机碳（如微生物和植物分泌物）可以保持较高层次的结构稳定性。因此，有机质增加及其被微生物分解都可以促进团聚体形成并增强其稳定性，而土壤有机质尤其是其中不稳定部分含量的降低，往往导致大团聚体的减少以及结构层次的退化。Schlüter 等（2011）利用高精度 X 射线对野外长期试验样地的土柱进行扫描，结果显示未施肥样地由于土壤碳的消耗，导致较小孔隙网络的连通度明显降低；与自然植被或管理良好的草地相比，农田土壤的有机质（尤其是不稳定部分）含量将伴随持续的作物栽培而降低，主要因为作物收获的碳输出和耕作促进矿化（图 4-5）。有机质的流失意味着农田土壤更被压实，每年耕作过程中反复的压实和破碎共同导致其结构层次不断退化，耕作层的土壤逐渐粗化，因此耕作土壤中的优势流经常有所增强。

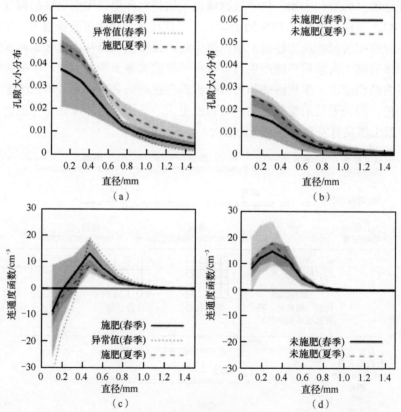

图 4-5　不同季节施肥和未施肥条件下表层土壤结构对比（Schlüter et al.，2011）

（a）和（b）为孔隙直径分布，（c）和（d）为连通度函数，粗线为平均值，阴影为标准差

土地利用也控制着不同类型大孔隙的丰富程度。例如，未被扰动的森林土壤根孔发达，经常支配着优势流的形成。乔木和灌丛也可以汇集很大一部分降水转化成树干茎流，并进一步沿着粗大根系直接流入深层土壤。但对于农田，表层土壤的根系孔隙由于耕作破坏，

其重要性明显降低，其中主要的优势流路径是致密团聚体或者耕作形成的土块之间缝隙。

  土壤动物挖掘的洞穴可能成为优势流进入下层土壤的潜在通道，而能够进入的深度取决于当地的天气和气候条件。例如，拥有大量动物孔隙的草地土壤在强降水或积水条件下常发生强烈的优势流，而这些动物孔隙在小降水条件下可能不会形成明显的优势流。再如，生活在表层的蚯蚓以有机质为食并形成暂时性的洞道系统，理想环境中这类蚯蚓每年可以转化相当数量的表层土壤物质。蚯蚓总体而言比较喜好扰动较小并且枯落物较多的土地系统，如森林、草地、果园、免耕的农田等。除了土地利用外，蚯蚓分布还受基本的土壤性质（如 pH、质地）和样点特征（如土壤湿润程度）影响。

  不同的土地利用方式和管理措施不仅影响大孔隙的类型与丰富程度，而且影响产生优势流的可能性。例如，耕作农田中长期使用有机肥将引致表土有机质非常丰富，进而增强斥水性并有利于指状流的形成。总体而言，未被扰动的土壤（如森林、草地、果园、免耕的农田）因为有机质含量较高，在干旱条件下更容易显现斥水性。

4.2.2 成土作用对优势流的影响

  成土因素相互作用影响着不同时空尺度的土壤结构和优势流，从田块尺度（土壤管理和耕作）到坡面（土壤水分分布）和区域（如气候因子），从季节（如耕作后的土壤结构演化）到几千年（如景观）。总体而言，大团聚体和大孔隙系统深受从季节到几十年时间尺度的扰动影响（如耕作、收割、大型动物数量变化），而土壤质地、微团聚体和中等孔隙网络则更加稳定，主要受几十年到几千年时间尺度的因素影响（如母质风化、黏粒迁移、碳转化、腐殖质累积）。

  表 4-1 使用世界分类系统总结了不同因素对优势流影响的概念框架，该框架主要立足于土体尺度，因为土体是联结低等级结构层次过程和坡面景观尺度过程的纽带。对于新成土，母质的特征经常能够单独决定优势流的形成。例如，发源于火山灰的暗色土黏粒成分对有机碳具有极强的吸附力，进而形成稳定的络合物，暗色土也因此形成富含孔隙和有机质的团粒结构，虽然黏粒含量很高，但对优势流的影响较为微弱。与之形成对比，发育于河流沉积物的冲积土经常具有明显的结构，因此非常有利于形成大孔隙流。新形成粗质沉积土当中非常不容易形成大孔隙流，但是根据土壤的斥水性和沉积层的空间分布可能易于产生漏斗流或指状流。

表 4-1 不同土壤类型主要的流态

成土因素	土纲	主要产流机制	备注
有机质	有机土	Ⅰ（Ⅱ，Ⅲa）	Ⅱ指排干土壤由于斥水性产生的指状流，Ⅲa指排干土壤产生的裂隙流
人类影响	人为土	—	类型多样
厚度	寒冻土	—	漏斗流与季节性冰残留物有关
	薄层土	Ⅰ，Ⅱ，Ⅲa	土壤发育有限，径流主要取决于母质、土壤质地和土地覆盖

成土因素	土纲	主要产流机制	备注
水分影响	变性土	Ⅲc	高黏粒含量导致与基质相互作用微弱，膨胀/收缩作用明显
	冲积土	Ⅰ，Ⅲc	Ⅰ指质地粗糙的沉积物，Ⅲc指排干而质地细腻的沉积物
	碱土	Ⅲb，c	Ⅲb，c指浅层发育柱形结构
	盐土	Ⅰ，Ⅲa，b，c	Ⅲc指质地决定黏土中大孔隙流
	潜育土	Ⅰ，Ⅲa，b	Ⅰ指未排干，Ⅲ指农业生产排干，a指中等质地，b指细腻质地
铁/铝化学性质	火山灰土	Ⅰ（Ⅱ）	碎屑结构
	灰土	Ⅰ，Ⅱ	Ⅱ指由于斥水性产生的指状流
	聚铁网纹土	Ⅰ，Ⅱ，Ⅲa	Ⅰ指上层，Ⅱ指非连通网纹层中的非均质流，Ⅲa指网纹层慢速大孔隙流
	黏绨土	Ⅲc	强烈的细腻块状结构
	铁铝土	Ⅰ，Ⅱ	稳定的微团聚结构
滞水	黏磐土	Ⅰ，Ⅲc	Ⅰ指淋溶层，Ⅲc指黏质底土
	滞水土	Ⅲa，b，c	取决于土壤质地和容重，a指中等颗粒，b指细颗粒，c指极细颗粒
有机质累积	黑钙土、栗钙土、黑土	Ⅰ，Ⅲa，b，c	Ⅰ指黑土表层，Ⅲa，b指过渡的或黏化的底土，Ⅲc指底土垂直特征
难溶盐累积	石膏土、硅胶结土	—	与钙质土相似
	钙积土	Ⅰ，Ⅱ，Ⅲa，b	Ⅱ指富含砾石或斥水性土壤中的异质流，Ⅲa，b指钙积层之上的大孔隙流
淀积作用	漂白淋溶土	Ⅱ，Ⅲb	Ⅱ指舌状延伸，Ⅲb指黏化层（高活性黏土）
	高活性强酸土、高活性淋溶土	Ⅰ，Ⅲb	Ⅰ指A/E层，Ⅲb指黏化层（高活性黏土）
	低活性强酸土、低活性淋溶土	Ⅰ，Ⅲa	Ⅰ指A/E层，Ⅲa指黏化层（低活性黏土和稳定微团聚性）
形成时间	暗色土	Ⅰ，Ⅲa	Ⅰ指有机质丰富表土，Ⅲa指滞水或细质雏形底土
	砂性土	Ⅰ，Ⅱ	Ⅰ指松散或叠层物质，Ⅱ指斥水性土壤中的指状流，非连续或倾斜层中的漏斗流
	雏形土	Ⅲa，b，c	取决于土壤质地
	疏松岩性土	Ⅰ，Ⅱ，Ⅲa	土壤发育有限，水流主要取决于成土母质、质地和土地覆盖

注：Ⅰ是均质流，Ⅱ是非均质流，Ⅲ是大孔隙流（a指强，b指中等，c指与基质作用微弱）。

资料来源：IUSS（2006）。

　　疏松岩性大都比较年轻而且团聚体发育较少，所以形成优势流的孔隙主要取决于是否存在生物孔隙。坚硬岩石上的薄层土也是新成土，大多是因为下伏岩石非常坚硬导致风化非常缓慢，或者钙质岩的溶解需要很长时间才能积累一定厚度的残留物，也可能是因为陡峭山坡侵蚀较快致使风化产物难以累积。薄层土作为团聚性较差、以中粗颗粒为主、剖面发育有限的土壤，优势流的强度主要取决于生物孔隙、岩石含量以及干旱气候条件下的斥水程度。湿润气候条件下，薄层土由于根系深度较浅降低了优势流的影响，进而导致有机质含量一般较高。其中主要的水流流态可能是均质流，以及强降水条件下生物孔隙中存在的大孔隙流。

伴随着土壤发育，成土母质的物理和化学风化影响着优势流的特征。收缩-膨胀过程促进了具有团聚结构的底土发育，一般而言，这些雏形土中优势流的形成与土壤质地密切相关，砂壤土中优势流较弱，而黏土中大孔隙流众多。因为雏形土仍是较为年轻的土壤，土壤结构和优势流明显反映了土壤质地和成土母质特征。受气候条件影响，富含黏粒的土壤伴随含水量的变化可以表现出非常强的膨胀和收缩能力。变性土极易形成大孔隙流，虽然充分膨胀土壤中由于孔隙连续性较弱将制约水流的发生，尤其是管理不善导致土壤结构被破坏时。存在降水过剩时期（也就是没有土壤水分亏缺）的气候条件下，底层土中的中细颗粒经常表现出微弱发育的粗糙结构，这将阻止多余水分的向下渗漏，进而引起这些土层及其以上部分的季节性饱和。滞水土经常呈现出较强的优势流，包括沿着根系和动物洞道、裂隙。黏磐土不同层之间的水流流态呈现极大差异，即上层粗颗粒层以均质流或指状流为主，而下层细颗粒层则以大孔隙流为主。

在极端湿润的气候条件下，黏粒的淀积过程将产生具有明显纹理层的土壤类型（如高活性淋溶土、高活性强酸土、低活性淋溶土、低活性强酸土），其中上部土层缺乏黏粒，结构发育微弱，不易形成优势流，而下部则形成黏粒富集、结构发育良好的黏化层。在典型的漂白淋溶土中，上部黏粒很少的土层底部一般因缺铁而颜色较浅，形成舌状或狭窄的楔形物伸入下部黏化层，最终构成贯穿整个土层的优势流路径。伴随着物理-化学风化的增强，尤其是在温暖湿润的热带和亚热带气候条件下，网纹黏土活性降低，未结晶的铁铝成分被释放。取决于黏土颗粒的数量和类型，上述过程可能形成具有良好团聚体结构的土壤（如黏绨土）并发育优势流，反之在具有更多结构较弱黏化层的土壤中（如低活性淋溶土、低活性强酸土），优势流明显减弱但仍有可能发生。在平坦而稳定的地表条件下，低活性网纹黏土和含有大量铁铝成分的土壤发育。在波动的地下水条件下，红色并有淡色斑点的土壤（聚铁网纹土）发育，虽然其中的水分流动缓慢，但仍有可能沿着优势流路径运移。在排水通畅区域，经常形成具有淡红色/微黄色土层以及非常稳定微团聚体的铁铝土。这些土壤从理论上讲不是特别容易形成非均质流，因为侧向的物质交换非常频繁，实际的渗透率也会明显高于一般黏粒结构的渗透率。即便如此，接近饱和或饱和条件下铁铝土中也观测到了优势流的发生，尤其是热带雨林气候条件下高渗透性的土层界面和生物孔隙。

气候和植被的相互作用经常控制着成土过程。例如，生长在温带或寒带砂质母岩上的松林，由于铁铝和有机质成分流失，灰壤发育，该类土壤中大孔隙流非常稀少，主要因为砂质结构以及酸性条件致使生物孔隙缺乏，而由土壤斥水性引起的非均质流和指状流却较为常见。发育于大陆性草原气候条件下的土壤（如黑土、黑钙土、栗钙土）则体现了植被作为成土因素的重要性，该类土壤在腐殖质层积累了大量的有机质，形成团粒结构进而限制了优势流的形成，但是连续的作物种植后则可能导致表层土壤结构退化进而增加优势流。暗色土由于酸性、低温、地表湿度等影响，生物转化较为缓慢，因此能够积累丰富的酸性有机质，该类土壤主要发育于寒冷、湿润的酸性条件下，尤其是养分匮乏的山地森林或草原地带。

富含有机质的土壤（有机土）以及在长期湿润条件下发育的土层一般不利于优势流的形成。但是，如果旱季水分被排干，这些土壤可能形成裂隙或者变得疏水，进而形成优势流。位于低洼地区的土壤长期受地下水影响（潜育土），下部土层一般结构发育较差，优势流也非常微弱。然而，如果农业生产排干水分，潜育土也极易形成优势流，这主要取决于黏粒和有机质含量。在黏质壤土或者黏性沉积物基础上发育的碱土，一般位于大陆性草原气候区地势较低、排水不畅地区，因此下部土层具有明显的柱状团聚结构，非常有利于大孔隙流的形成。

在土壤水分梯度的另一个极端，干旱环境下的植被生长以及土壤有机碳（SOC）输入受水分条件限制，因此物理过程主导着团聚体结构的发育。由于风化过程非常缓慢，干旱条件下的疏松岩性土一般颗粒较粗，不易形成土壤优势流。但是，Meadows 等（2008）研究发现，沙漠土壤中干沙层的形成导致土壤水流从基质流向大孔隙流的转变，主要因为风成沙的增加形成了较细的质地，增强了膨胀–收缩行为和土壤结构的发育。另外，稀疏的沙漠植被形成的根孔对优势流形成也具有重要贡献。

4.3 土壤优势流观测方法及模型研究

4.3.1 土壤优势流观测方法

虽然优势流是一种较为常见的土壤水分运动形式，但它在常规条件下不易发现，需要借助现代技术手段才能有效完成定性及量化分析。目前，用于优势流分析的现代技术主要有示踪技术、微张力测量技术、非侵入式影像获得技术、声波探测技术、电阻率层析成像技术等。

1. 示踪技术

染色示踪法结合图像分析仪可以直接查看分析判断优势流路径。现在用作示踪物分析的染料种类较多，较常用的染料有亮蓝、亚甲基蓝、罗丹明 B 等。除染料外，还有 Cl^-、Br^-、NO_3^- 等非吸附性无机离子和 ^3H、^{36}Cl、^{15}N 等放射性同位素可用作示踪分析。

张力入渗仪是示踪实验的有力补充，具有增加可用信息数量等优点。Casey 等（1998）在不同张力作用下，将一种可溶示踪物添加到装有张力入渗仪的土样中，以确定非饱和导水率值、孔隙空间的可动部分和不可动部分以及可动–不可动部分之间孔隙交错带的物质交换参数。伴随同步、实时、定位监测仪器的发展，染色示踪技术有了更进一步的应用，两者有效结合能够得到土壤水分运动路径示意图，并最终形成水分运动图，可以看到优势流运动路径，并进行优势流类型辨析（Di Pietro et al.，2003）。

2. 微张力测量技术

微张力测量技术所用的典型仪器设备是 TDR，该技术包括产生沿传输线传播的时间阶跃电压，用示波器检测阻抗反射，测量输入电压与反射电压比，从而计算不连续的阻抗。TDR 既可以测定水分，又可以测定土壤溶质含量，具有不破坏土壤结构、高效率、高精度等优点。大量的室内实验及野外试验研究 TDR 在土壤溶质迁移中的作用及以 TDR 测量的土壤含水量、传导率为基础的穿透曲线度量等，如利用 TDR 及非饱和稳定流土柱流出物分析得到阻抗因子。

虽然 TDR 早期应用很少涉及优势流，但是许多研究表明 TDR 是获得优势流模型建立所需参数的重要工具。Germann 和 Di Pietro（1999）首先将 TDR 方法引入到优势流研究，他们以在土壤剖面不连续间隔处惯性流计算为基础，通过实验分析确定优势流，研究表明 TDR 的快速反应特性非常有利于土壤优势流定量分析，可以帮助确定土壤哪一部分有活跃的优势流现象，并可为动力波模型提供参数。

3. 非侵入式影像获得技术

非侵入式影像获得技术是指对土壤进行几何形态分析，而不干扰其内部结构，包括 X 射线 CT 技术、地下雷达探测技术等。

CT 技术是一种非破坏性的测量技术，可用于对非扰动土柱进行扫描，确定不同深度大孔隙形状、数目以及连通性，并可得到扫描土壤断层图像和二维矩阵，具有直观、快速、非破坏性测量等优点。另外，CT 技术集中于分析原状土壤中优势流的路径及水分和溶质在土壤中的实时分布情况，由于染色剂具有鲜明的对比性，成像效果好，CT 技术常与示踪技术结合使用，做到优势流的定性和定量分析相结合。

地下雷达探测技术是一种应用于确定地下介质分布的广谱电磁技术，其利用一个天线发射高频宽频带电磁波，另一个天线接收来自地下介质界面的反射波。电磁波在介质中传播时，其路径、电磁强度与波形将随所通过介质的电磁特性及几何形态而变化。近年来，地下雷达探测技术作为一种地球物理方法，常用来确定地下水位，分析地下土壤的风化层面以及结构等。目前运用地下雷达探测技术进行优势流的研究仍然较少，原因在于其主要运用于大尺度的测量，而优势流的研究多属于小尺度情况。

4. 声波探测技术

声波探测技术是一种无损检测方法，近年来广泛运用于检测材料内部和表面缺陷的大小、成分和分布情况。其基本原理是利用声波在材料界面上传播时产生反射、折射和波形的转换，利用这些特性，可以获得从缺陷界面反射回来的反射波，从而达到探测缺陷的目的。

20 世纪末，声波探测作为一种辅助工具，与 TDR 技术或者染色示踪技术相结合，被广泛运用于非饱和流问题的研究中，以此来确定水分和溶质在非饱和带土壤中的分布。Flammer 等（2001）利用声波探测技术研究了非饱和土壤中的水分流动形式，借助穿过土壤的声波脉冲信号传输速率和土壤对声波的吸收情况反映土壤含水量的变化，并用 Brutsaert 模型对实验数据进行数值模拟，结果表明示踪剂试验得到的结果与理论分析和声波脉冲试验方法得到的结果相吻合。Blum 等（2004）用 TDR 技术将声波的传输时间转换成声波的速度分布，再将声波的速度分布通过 21 个时间系列转换成土壤的含水量，从而确定土壤的优势流路径。

5. 高密度电阻率成像技术

高密度电阻率成像技术是通过向地下供电，形成以供电电极为源的等效点电源激发的电场，再由在不同方向观测的电位或电位差来研究探测区电阻率分布的一种地球物理方法。土体的电阻系数是土壤含水量、结构等物理参数的空间和时间变异性的反映，所以该方法为研究土壤中物理参数随时间的变化提供了有力工具。高密度电阻率成像技术具有探测深度大、分辨率高、代价小等优点，广泛运用于地下水探测、水分和溶质迁移等土壤科学研究中。

以上各种优势流观测的技术方法优缺点见表 4-2。

表 4-2 优势流研究所采用技术方法的优缺点对照

技术	优点	缺点
示踪技术	操作简单、成本低、直观明了	大都是破坏性试验、定性、需借助现代化设备才能实现定量化
微张力测量技术	非扰动性、低劳力消耗、操作简易、便于携带性	会受温度和湿度等多因素的影响、输入电磁波的能量耗散大，会导致反射接收的信息模糊，造成失准
CT 技术	非破坏、直观、扫描快速方便、精确确定 2D 和 3D 孔隙网络	需要专业技术、代价高、需要往外送扫描单样品，小尺度的样品不能起到代表作用，稍大的样品扫描困难、不易处理以及误差大
地下雷达探测技术	位置确定准确、精度高	探测深度有限、多适用于大尺度条件下
声波探测技术	声波对水分的分布更敏感、穿透力强、设备简单、对人体无害	显示不太直观、探测难度大、识别需要一定的专业技术
高密度电阻率成像技术	探测深度大、分辨率高、经济实惠	反演问题一般欠定，获取数据仅局限于平面内

资料来源：徐宗恒等（2012）。

4.3.2 土壤优势流模型研究

过去几十年，全球范围内大量的实验研究已经积累了有关土壤优势流和溶质迁移的丰富数据，涵盖土层、土体、斑块等不同尺度。根据已有研究，优势流的形成由成土母质（决定土层的质地和矿物含量）、物理–化学风化过程的时间和强度（控制黏土矿物）、迁移过程（影响土壤剖面中的物质再分布）、气候、植被覆盖（影响土壤有机质和动物活动）、人类活动（土地利用、交通扰动、耕作影响）等因素的相互作用共同决定。目前面临的主要挑战在于如何将已有知识集成到能够进行水分流动和溶质运移模拟预测的参数化方法中。根据土壤结构的不同，Cheng 等（2017）提出了 4 种一维尺度土壤优势流模拟方法（图 4-6）。

在实际应用中，不同尺度的模型参数无法通过测量或率定获得，而必须基于大量的调查数据（如土壤类型、质地、有机质含量、pH 等）利用统计方法或者转换函数进行评估。目前具有两类基本的转换函数：模型参数可以通过一个或多个自变量的连续函数进行评估，

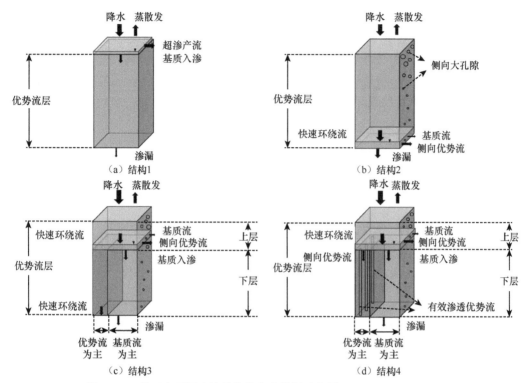

图 4-6　一维尺度不同土壤结构优势流模拟示意图（Cheng et al.，2017）

或者根据不同的土壤类型赋予某一固定值。

1. 基于连续转换函数的土壤优势流评估

虽然土壤转换函数很早就被应用，但主要侧重于水力性质的评估，很少有研究考虑溶质运移参数的转换方法。基于单一区域有限数据的平流色散方程研究结果显示，分散性伴随黏粒含量增加而增加。通过对更多数据的挖掘，Vanderborght 和 Vereecken（2007）发现，细粒土壤中分散性伴随流速增加与优势流的发生密切相关。大量已有研究表明，土层中黏土含量越高，物质交换能力越弱，自由水含量越低，优势流越强。此外，黏粒含量也是大孔隙饱和导水率的有效预测指标，一般颗粒越细，结构性越强，大孔隙饱和导水率越高；反之，黏土中的基质饱和导水率一般很低。

2. 基于分类转换函数的土壤优势流评估

采用简单分类系统的概念模型可以为基于连续转换函数的模拟研究提供替代方案。分类系统的好处之一在于分类转换函数可以用于连接任何函数和合适的模型，也使得利用已有的土壤图、调查数据以及分类定性数据（如土地利用分类、土壤类型等）变得更加容易。诊断层及其特征可能是非常有用的分类变量，因为其反映了不同时空节点成土过程的综合影响，因此包含了土壤优势流和溶质迁移的有效信息。

Quisenberry 等（1993）最早提出了对土壤类型图进行分类以便用于优势流研究的方法，但该分类系统仅限于南加利福尼亚地区的主要土壤类型。Jarvis 等（2009）设计了一种能够对农药流失进入地表水和地下水进行空间模拟预测的分类体系，该体系采用简单决策树的方式对以往文献中的经验方法进行整合，并对影响土壤团聚体的因素进行统计分析。这个体系基于大量的调查数据（如气候带、土地利用类型、质地类别、有机碳含量、容重、pH等），根据不同因素对大孔隙流的影响将土壤层合并为1～4类，并将预测结果与已有文献中的溶质穿透实验结果进行了对比。不同类别之间在峰值浓度下的排水孔隙体积平均值存在显著差异，但是类别只能解释全部变化的30%，大部分未能解释的变化可能由类别内部黏粒含量差异引起。

上述研究显示，大孔隙流的影响可以通过土壤调查和土地利用数据进行预测，但是用于评价该模型的数据非常有限，而且主要偏向于欧洲的土壤和农业生产。Koestel 等（2012）进一步增加了示踪穿透曲线数量并对该模型进行了深入的验证。图4-7 显示了铁铝化学性

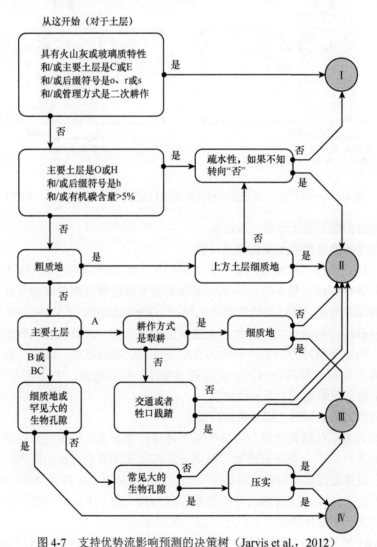

图 4-7 支持优势流影响预测的决策树（Jarvis et al., 2012）

Ⅰ、Ⅱ、Ⅲ、Ⅳ分别指该类土层中优势流对加快水分运动和溶质运移速度的影响可以忽略不计、较小、中等、较大，也可分别对应均质流、微弱大孔隙流、中等大孔隙流、强烈大孔隙流

质通过影响稳定微团聚体进而影响土壤结构和优势流的潜在可能，其中，淋溶层因尚未形成结构而很难产生优势流。

针对管理目的，可能并不需要对溶质浓度进行精确模拟，而仅需对相对风险等级（如高风险、中风险、低风险）进行制图，这就避免了使用转换函数进行模型参数评估。虽然风险制图历史悠久，但考虑优势流的非常缺乏。20 世纪 90 年代，英国环保机构采用 6 种土壤渗透类型对地下水脆弱性进行区分和制图（Palmer et al., 1995）。McLeod 等（2008）则结合土壤图与风险分类系统，并将大孔隙流作为水分运移的主要机制开展了新西兰细菌渗漏的脆弱性制图，而其中的分类系统主要来源于 12 种土壤类型的土柱穿透实验数据。定量化的脆弱性评估仍然存在很多困难和不确定性。例如，具有明显分层的土壤较难处理，因为整个剖面中的水流流态将发生显著改变。另外，渗漏风险的空间格局将因溶质不同而存在差异（如硝酸盐和农药，或者不同特性的农药成分）。因此，从理论上讲不存在适用于所有溶质的地下水脆弱性制图方法。

|第 5 章| 水文土壤学综合研究方法

　　观测是对土壤和水文特征时间动态的记录，制图是对土壤–景观关系空间分布的描述，模拟则是对不同时空尺度土壤与水文之间物理、化学、生物过程相互作用的刻画，将三者结合可以有效促进对土壤水文过程的理解。制图既可以为样点观测的位置选择提供参考，也可以促进分布式模型的发展。野外调查与地球物理方法是土壤–景观关系制图的两种基本方法。观测为模型模拟的率定和验证提供了必要的数据支撑，而模型模拟则可以对土壤水文特征的变化进行预测。相对于地表水文过程观测和模拟的发展，对地下水文过程的研究仍然面临巨大挑战。目前，实验室内射线扫描以及野外染色示踪和地球物理探测等是土壤水分运移研究的主要观测方法，概念模型仍然是壤中流模拟的主要工具。对于土壤水分研究，样点观测、水文模型和遥感技术是目前最常用的三种方法。传统上对土壤构架的量化主要采用非直接方法，这些方法将土壤构架组成部分与众多土壤性质或过程相联系，如借助土壤持水曲线推断土壤孔隙分布、利用土壤样品切片代表未扰动的土壤构架等。近年来，新兴技术的发展为原位直接观测和量化不同尺度的土壤构架提供了可能，如探地雷达、电磁感应技术、高密度电阻率成像法、遥感技术等（图 5-1）（Lin，2012b）。这些技术在研

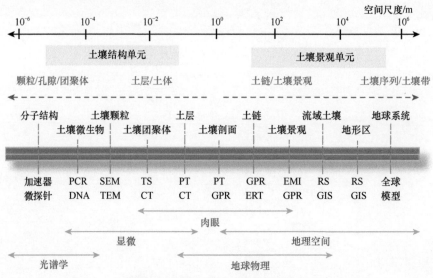

图 5-1　土壤构架的多层次组织及其研究方法（Lin，2012b）

浅绿色背景表示联结土壤结构单元和土壤景观单元的中间尺度。PCR 指聚合酶链反应（polymerase chain reaction）；DNA 指脱氧核糖核酸（deoxyribonucleic acid）；SEM 指扫描电子显微镜（scanning electron microscopy）；TEM 指透射电子显微镜（transmission electron microscopy）；TS 指薄片（thin section）；CT 指计算机断层扫描（computed tomography）；PT 指摄影（photography）；GPR 指探地雷达（ground-penetrating radar）；ERT 指高密度电阻率成像仪（electrical resistivity tomography）；EMI 指电磁感应（electromagnetic induction）；RS 指遥感（remote sensing）；GIS 指地理信息系统（geographical information system）

究土壤构架复杂性方面具有不同的能力，包括能够揭示的土壤特征、样品大小、探测深度、环境条件、空间分辨率、时间频率和费用等。本章主要从水文土壤学的观测、制图和模型三个方面来详细介绍。

5.1　水文土壤学观测

5.1.1　高密度电阻率成像法

高密度电阻率成像法又称电阻层析成像法，该方法通过探测地下介质的导电性差异来反映地下介质的电阻率分布状况，是探究土壤物理性质的一种重要地球物理手段（周启友，2003；Samouëlian et al.，2005；Sudha et al.，2009）。近年来以电学特性观测为基础的高密度电阻率成像法越来越广泛地应用于水文土壤学的研究，包括土壤物理性质变化、土壤特性空间变异分析、土壤水分和溶质运移过程的时间和空间监测及迁移特性确定等方面。该仪器的生产公司主要有美国 Advanced Geosciences 公司、法国 IRIS 公司和瑞典 ABEM 公司等。本书介绍的高密度电阻率成像仪的型号是 ABEM Terrameter LS 2。

1. 组件构成

高密度电阻率成像仪 ABEM Terrameter LS 2 主要包括主机、转换器、电极系统三个部分。其中转换器是主机与电极系统的桥梁，主要包括电缆转换头、电缆接头、连接电缆以及供电电缆，主机通过内部转换器控制各个电极的供电、测量状态，实现不同装置类型的切换，并将测量数据存储在主机中，如图 5-2 所示。

（a）主机　　　　　　　（b）电缆转换头　　　　　　（c）电缆接头

（d）连接电缆、电极　　　　　（e）电源适配器　　　　　（f）供电电缆

图 5-2　高密度电阻率成像仪 ABEM Terrameter LS 2 组成构件示意图

2. 高密度电阻率成像仪原理和装置模式

高密度电阻率成像仪测量原理概括为主机与供电电缆相连接，供电电缆与供电电极

相连接，在主机的控制下，供电电流经过供电电极发射至地下，主机通过测量接收电极之间的电压，根据测得的数据，计算出介质的视电阻率值。利用反演软件，再得到地下介质的电阻率，从而得到地下介质的电阻率变化，电阻率计算过程如式（5-1）～式（5-3）（Samouëlian et al.，2005）所示：

$$R = \frac{U}{I} \tag{5-1}$$

$$\rho = R\left(\frac{A}{L}\right) \tag{5-2}$$

$$\sigma = \frac{1}{\rho} \tag{5-3}$$

式中，R 为一个圆柱导电体的电阻（Ω）；I 为电流（A）；U 为电位差（V）；ρ 为电阻率；σ 为电导率；A 为物体的横截面积，即通过电流的横截面积（m^2）；L 为物体的长度，即通过电流的长度（m）。

若电流电极安置在土壤表面（图 5-3），在地下土壤是匀质各向同性的条件下，电位等势面是个半球面（Scollar et al.，1990）。ERT 在进行数据采集时，视电阻率的求解是通过给 A、B 两个供电电极向地下提供电流 I，利用 C、D 两个测量电极测得的电位差 U 得到，如图 5-4 所示。

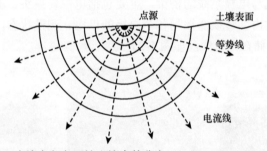

图 5-3　电流在各向同性土壤中的分布（Samouëlian et al.，2005）

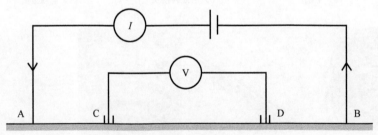

图 5-4　高密度电阻率成像仪测量原理示意（Lowrie，2007）

体电阻率计算过程为（Samouëlian et al.，2005）：

$$J = \frac{1}{2\pi r^2} \tag{5-4}$$

$$U = \frac{\rho I}{2\pi r} \tag{5-5}$$

$$U_{MN} = \left(U_{AM} - U_{BM}\right) - \left(U_{AN} - U_{BN}\right) \tag{5-6}$$

$$U_{MN} = \frac{\rho I}{2\pi r}\left(\frac{1}{r_{AM}} - \frac{1}{r_{BM}} - \frac{1}{r_{AN}} + \frac{1}{r_{BN}}\right) \tag{5-7}$$

$$\rho = 2\pi \frac{U}{I}\left(\frac{1}{r_{AM}} - \frac{1}{r_{BM}} - \frac{1}{r_{AN}} + \frac{1}{r_{BN}}\right)^{-1} \tag{5-8}$$

$$K = \frac{2\pi}{\left(\dfrac{1}{AM} - \dfrac{1}{BM} - \dfrac{1}{AN} + \dfrac{1}{BN}\right)} \tag{5-9}$$

$$\rho = K\frac{U}{I} \tag{5-10}$$

式中，J 为距电极为 r 的球面上的电流密度（A/m²）；U 为半径 r 处的等势面的电势（V）；K 为装置系数，与四个电极 A、B、M、N 的相对位置有关；r_{ij} 为 i 点与 j 点之间的距离，即各电极之间的距离。

高密度电阻率成像法有多种电极排列方式，可以通过不同的电极排列方式获得丰富的地电信息。使用较多的装置分别为温纳（Wenner）装置（α，AMNB）、偶极装置（β，ABMN）和微分装置（γ，AMBN）（王爱国等，2007）。目前电极排列方式已发展到十几种，但所有排列都是从对称四极（施伦贝尔，Schlumberger）、偶极–偶极（dipole-dipole）、单极–偶极（pole-dipole）、单极–单极（pole-pole）演变而来（其中，γ 排列方式无变种）。例如，AM=MN=NB 时，Schlumberger 排列变为 α 排列；AB=BM=MN 时，偶极–偶极排列变为 β 排列；对于单极偶极排列，有 AMN、MNB、AM=MN 和 AM≠MN 4 种。滚动排列装置在电极排列方式上基本不变，只是其排列方式有利于剖面滚动衔接（董浩斌，2003），如图 5-5 所示。温纳装置模式在垂直方向分辨率较高，因此对于解决水平层状结构的问题较为有优势，其特点是装置系数（K）较低，横向层状地下结构的垂直分辨率较高，信噪比较高（Dahlin and Zhou，2004）。另外在场地开阔的测区该方法会获得最大的测量电位，这对于减少干扰，特别是压制干扰和增强信号强度具有重要意义。

3. 操作方法

主机测量操作方法主要参考《ABEM Terrameter LS 2 用户手册》。

1）创建新任务

Navigation Menu（导航菜单）—Project List（文件列表）—Create New Project（创建新文件）—Create New Task（创建新任务），如图 5-6 所示。

2）固定参数设定

设置排列（Spread），通常使用 4×21 模式（图 5-7）；装置模式（Protocol）选择温纳或偶极–偶极法较多；X 的最小电极距离不小于 0.3 m，根据所需的测量精度进行选择。

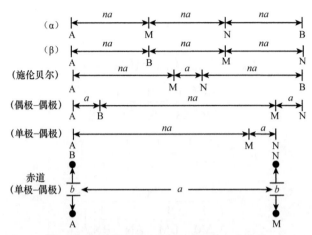

图 5-5　高密度电阻率成像法常用排列示意（董浩斌，2003）

A，B 指供电电极；M，N 指测量电极；a 指电极距；n 指电极系数

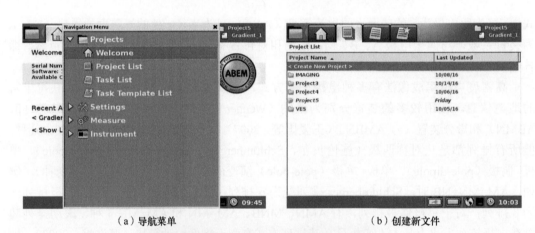

（a）导航菜单　　　　　　　　　（b）创建新文件

（c）创建新任务

图 5-6　创建文件示意

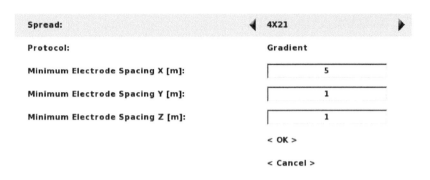

图 5-7　固定参数设定窗口示意

3）发送装置通用参数设定

发送装置通用参数设定窗口如图 5-8 所示，通常默认设定为测量模式（Measure Mode）选择电阻率（RES）；最大叠加次数（Maximum # of Stackings）3～4 次，最小叠加次数（Minimum # of Stackings）1 次；误差限度（Error limit）1.0%；延时（Delay Time）0.3 s 或0.2 s；采集时间（Acq. Time）0.5 s，一般不超过 1 s；全波法（Record Full Wave Form）关闭；测试电极（Electrode Test）为 Focus One；用电频率（Power line frequency）50 Hz，采样率（Sample rate）2000/2400 Hz，最小供电（Minimum Current）1 mA，最大供电（Maximum Current）200 mA，最大电压值（Max output voltage）400 V，最大功率（Max Power）150 W。具体设置需根据测量样地实际情况选择。

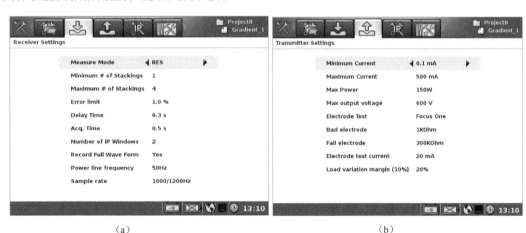

（a）　　　　　　　　　　　　　　　　　（b）

图 5-8　发送装置通用参数设定窗口示意

4）创建新的工作站

参数设置完成后，单击 Navigation Menu（导航菜单）中的 Measure（测量），创建新的工作站，布置工作站类型后开始测量（图 5-9～图 5-11）。

5）数据导出

测量完成后将数据从主机导出，准备进行数据处理。

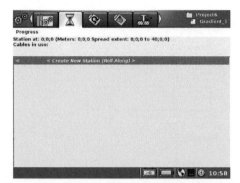
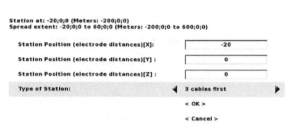

图 5-9　在"测量"视图上创建新的工作站命令　　　图 5-10　创建新的工作站对话框

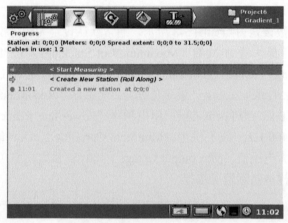

图 5-11　开始测量命令视图

4. 数据处理方法

将 ERT 测得的视电阻率导入到 RES2DINV 软件，通过剔除异常点、设定正演和反演参数、选择反演方法等处理步骤后得到电阻率二维反演成像断面图和 xyz 格式数据，再通过得到的土壤电阻率求得土壤水分数据。ERT 的数据处理主要分为正演和反演计算，正演是反演计算的基础，反演计算则是地球物理的核心问题。

1）剔除异常值

视电阻率数据值以剖面图的形式显示，有些电阻率值具有明显错误，如相邻的电阻率值明显很大或者很小的突变测量点等，可以使用鼠标删除任何异常数据点（Edit—exterminate bad data points）。在实际的检测过程中，由于电极接触不良或供电不稳等情况而产生许多电阻率的突变点，使电阻率剖面出现异常高阻或异常低阻。这些由外界条件引起而并非地下介质本身产生的电阻率异常点，需对其进行整理和剔除。

2）正演模拟

在高密度电阻率成像法中，已知电阻率的空间分布，求解其电场分布的过程称为正演。正演是反演的基础，而反演的解决又是实现高密度电阻率成像的前提。高密度电阻率成像法是一个二维测量，它的核心问题是直流电法勘探中点电源的二维正演、反演问题的广义扩展。正演数值模拟方法主要包括有限差分法、有限单元法、积分方程法和边界单元法等。有限单元法是以变分原理和剖分插值为基础的数值计算方法。这种方法求解稳定的电流场时，首先，利用变分原理根据电场所满足的微分方程和边界条件，找到泛函的极值。然后，按一定的规则将求解区域离散化，将其剖分为一些在节点处相互连接的网格单元，进而在各单元上近似地将变分方程离散化，导出以各节点电位值为未知量的高阶线性方程组。最后，求解此方程组，算出各节点的电位值，以表征稳定的电流场的空间分布（王鹏飞，2012）。

3）反演参数设定

反演计算包括最小二乘法、共轭梯度法、模拟退火法、佐迪反演法、时滞反演法以及人工神经网络（artificial neural network，ANN）等。反演计算方法最常使用的是平滑约束最小二乘法，其原理是通过所测到的采样数据点和正演模型建立一个达到极小值的函数，多次修改此函数的初始模型后求出一定误差范围内该函数的解［式（5-11）和式（5-12）]（李天成，2008）。处理步骤为将已完成异常值剔除的数据使用 RES2DINV 软件重新打开，单击反演（Inversion）中的反演方法和设置（Inversion methods and settings），选择改善的平滑约束最小二乘法（modify smoothness-constrained least-squares method）后实施反演（carry out inversion）。

$$(\boldsymbol{J}^{\mathrm{T}}\boldsymbol{J}+\lambda F)D=\boldsymbol{J}^{\mathrm{T}}\boldsymbol{g} \qquad (5\text{-}11)$$

$$F=f_x f_x^{\mathrm{T}}+f_z f_z^{\mathrm{T}} \qquad (5\text{-}12)$$

式中，$\boldsymbol{J}$ 为偏导数矩阵；$\boldsymbol{J}^{\mathrm{T}}$ 为偏导数矩阵的转置；D 为阻尼系数；$\boldsymbol{g}$ 为差异矢量，f_x 为水平平面滤波器；f_z 为垂直平面滤波器。

4）土壤电阻率反演土壤水分

A. 电阻率温度校准

温度是影响土壤电阻率的重要因素，因此在样地布置土壤温度探头，将测定的电阻率校正为标准温度 25℃（Keller and Frischknecht，1966），计算公式如下：

$$\rho_{25}=\rho_T\left[1+\alpha\times(T-25)\right] \qquad (5\text{-}13)$$

式中，ρ_T 为温度 T 下的电阻率；ρ_{25} 为温度 $T=25$℃下的电阻率；α 为经验系数在实验室进行拟定，已知含水量的土壤样品从 26℃冷却到 6℃，并测量了温度每升高 4℃时的电阻率。$\alpha=0.025$℃$^{-1}$ 时适合实验的曲线，因此电阻率被修正为 25℃标准温度通常使用 $\alpha=0.025$℃$^{-1}$。

B. 对应深度实测土壤含水量与电阻率关系拟合

根据 ERT 测量土壤电阻率的深度，当测线长为 30 m、间距为 0.5 m、装置模式为温纳时，其测量深度分别为 0.125 m、0.375 m、0.637 m、0.926 m、1.244 m、1.593 m、1.978 m、2.4 m、2.865 m、3.377 m、3.94 m、4.559 m、5.239 m 和 5.988 m。在实验样地附近（若无需后续观测，可直接在原样地测量位置）利用 ERT 测定一条 30 m 长的测线，ERT 测定结束后立即在其测线上打若干土钻（剖面），按照 ERT 的测定深度在每个钻孔分别采集对应测定深度的土壤样品，在实验室采用重量法测得土壤重量含水量，再结合对应的土壤容重数据获取土壤体积含水量，将测定的电阻率和对应深度的土壤体积含水量构建关系方程。还有一种方法是通过预先安装好的 TDR 探头测定的土壤体积含水量数据与 ERT 测定的相应位置的土壤电阻率 ρ 和土壤体积含水量 θ 按照分层进行拟合得到 ρ-θ 关系式，从而进行土壤电阻率反演土壤体积含水量。Michot 等（2003）研究证实多项式函数或者幂函数必须运用于完全饱和状态和干土状态之间的大范围的土壤水分变化，而在自然条件下，体积含水量在永久性萎蔫点与田间持水量之间的情况下为 10%～25%，一元线性函数适用性较好。可根据实际观测情景，进行多种函数形式对比，选择模拟效果最优的函数进行拟合。

C. 利用 Archie 模型拟合土壤电阻率与含水量关系

1942 年美国物理学家 Archie 在不考虑固体颗粒导电性的前提下，提出了适用于饱和无黏性土、纯净砂岩的电阻率模型，如式（5-14）所示。随着研究的不断深入，许多学者对土壤的电阻率模型进行了改进，拓展了 Archie 电阻率模型的适用范围，使其应用于非饱和的纯净砂岩与无黏性土，如式（5-14）～式（5-16）所示（Brunet et al.，2010）。

$$\rho = \alpha \rho_{\mathrm{w}} \varphi^{-m} S^{-n} \tag{5-14}$$

$$S = \frac{\theta}{\varphi} = \left(\frac{\rho_{\mathrm{s}}}{\rho} \right)^{\frac{1}{n}} \tag{5-15}$$

$$\theta = \varphi \times \left(\frac{\rho_{\mathrm{s}}}{\rho} \right)^{\frac{1}{n}} \tag{5-16}$$

式中，ρ 为实测土壤电阻率（$\Omega \cdot \mathrm{m}$）；ρ_{w} 为土壤孔隙水电阻率（$\Omega \cdot \mathrm{m}$）；φ 为孔隙度；S 为土壤水饱和度；m 为胶结系数，变化范围为 1.2～4；α 为经验系数，当介质为粉状颗粒时，取值为 1（Frohlich and Parke，1989）；n 为饱和度指数，变化范围在 1.0～2.5，当流体是水时，通常取值为 2（Ward，1990）；ρ_{s} 为土壤达到 100% 饱和时的电阻率。

利用 Archie 模型进行拟合也需结合对应深度实测的土壤含水量与孔隙度，得到拟合曲线的方程后（校准后模型中 ρ_{s} 和 n 的参数值），再通过土壤电阻率反演土壤含水量。

5. 在水文土壤学中的应用实例

近年来，微创、多尺度和可重复监测的高密度电阻率成像法在水文土壤学领域的应用显示出巨大的潜力（马东豪等，2014），主要包括地下结构和土壤含水量两个方面。对于地下结构的探测可以分为地下目标物探测（如根系）和地下分层探测（如土壤剖面分层和冻土分布）等。

1）地下结构

Ain-Lhout 等（2016）利用高密度电阻率成像法研究了摩洛哥阿加迪尔的摩洛哥坚果树（*Argania spinosa*）的根区分布特征和降水后根区电阻率随时间的变化，本书以 Ain-Lhout 等（2016）的研究为实例进行介绍。摩洛哥坚果树是一种生长在摩洛哥干旱和半干旱地区的树种，该地区年降水量在 100～300 mm。它在受荒漠化威胁的干旱地区发挥着重要的社会经济和生态作用。

ERT 实验设置方面，首先选择了一条 96 m 长的测线（涵盖八棵树），测线间距 2 m，电极间距 0.5 m；使用三种常用装置模式：偶极–偶极、温纳和温纳–施伦贝尔。研究者详细对比了两棵树下的电阻率剖面（每 0.5 m 放置一次），分别是对称和不对称的冠层。测得的视电阻率通过平滑约束最小二乘法反演出电阻率。于 2014 年早春至夏季使用高密度电阻率成像法进行了土壤水分的观测（4 月 5 日、12 日和 25 日，5 月 6 日和 14 日及 7 月 20 日）。

研究结果方面，二维电阻率剖面数据并结合其与土壤水分的关系显示出三个分层（图 5-12）：第一层是薄的电阻层，分散着与木质的根对应的电阻较大的斑点；第二层为中导电层，对应于湿润的土壤；第三层为较深的层，电阻率适中。土壤水分随时间推移变化很大，夏季比春天低；与摩洛哥坚果树根相对应的电阻层位于 0～4 m（图 5-13）。对 2D 电阻率剖面的分析表明，土壤湿润分布有显著差异；在摩洛哥坚果树根下的区域，土壤水分可以在整个研究期间深达 6 m，而在根外的区域，水分在整个剖面上会较早地耗尽。ERT 测量为研究土壤含水量、再分配过程和植物水分有效性方面提供了关键信息，这些信息提高了对土壤–植被相互作用的认识，并可用于改善植被开发、水资源管理建模。

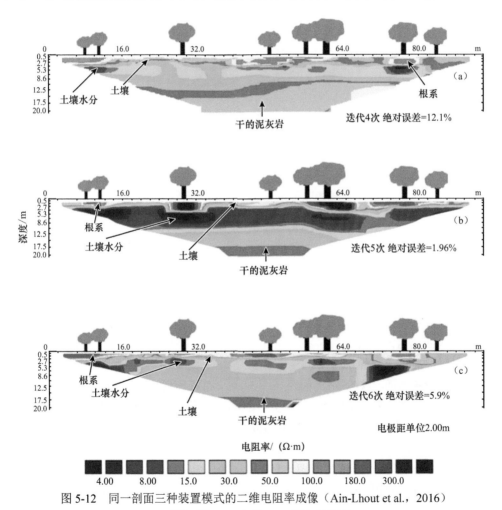

图 5-12　同一剖面三种装置模式的二维电阻率成像（Ain-Lhout et al.，2016）

（a）偶极–偶极，（b）温纳，（c）温纳–施伦贝尔

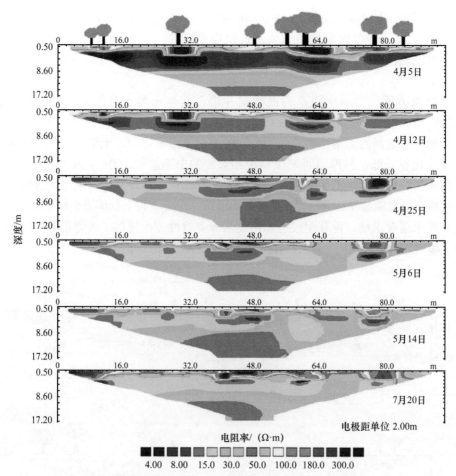

图 5-13　早春到夏至约 4 个月的二维电阻率成像剖面（Ain-Lhout et al.，2016）

2）土壤含水量

岳宁等（2016）利用高密度电阻率成像法对中国陇中半干旱区玉米田降水前后土壤二维剖面电阻率值和含水量进行了监测，本书以岳宁等（2016）的研究为实例进行介绍。该研究通过建立陇中半干旱区农田土壤电阻率和含水量之间的相关关系实现对土壤电阻率和含水量二维剖面的监测，并解释了不同条件下土壤含水量变化的原因，为实现精确和高效的农业用水管理提供了一种新途径。

ERT 实验设置方面，以 0.5 m 为间距（图 5-14），布置一列 52 个电极，电极埋深为 0.5 m。在试验场地内，挖 4 个基坑 M、N、P、Q（图 5-14），其中在基坑 M、N、P 的 8 个垂向深度（0.1 m、0.2 m、0.3 m、0.5 m、0.8 m、1.0 m、1.5 m、2.0 m）实时监测土壤水分和温度变化。校准坑 Q 电阻率测量采用温纳装置模式，电极间距为 0.2 m，埋深为 0.5 m，水平排列在土层深度 0.25 m 和 1.25 m 处（图 5-15）。于 2015 年 8 月 20～26 日进行 8 次 ERT 数据采集，22 日 17:00 试验田下了一场中雨，前 3 次 ERT 数据采集在降水前，其余 5 次均在降水结束之后。

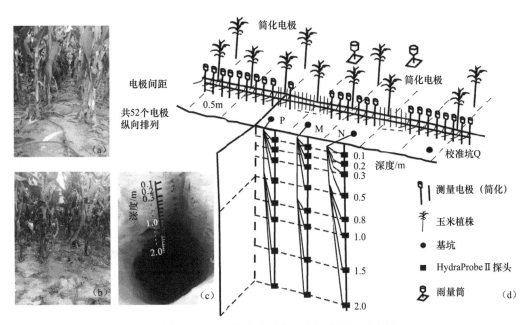

图 5-14　试验场地电极和土壤含水量监测空间布置（岳宁等，2016）

（a）和（b）为实际电极排列，（c）为校准坑 Q 剖面，（d）为电极、水分探头分布

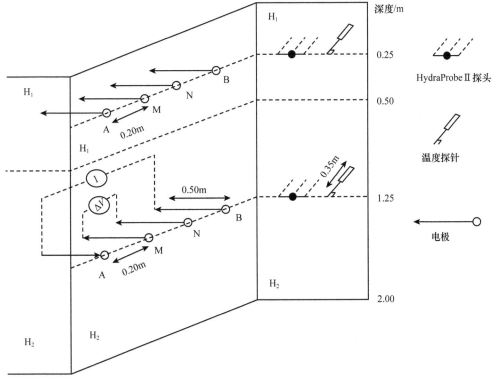

图 5-15　校准坑 Q 不同土层土壤地球物理特性建立示意（岳宁等，2016）

ERT 数据处理以及电阻率与土壤水分关系拟合方面，在 RES2DINV 软件中利用平滑约束最小二乘法反演电阻率数据，再利用式（5-13）对电阻率进行温度校准。利用校准坑 Q 实测的电阻值和土壤含水量数据通过线性回归方法得到不同土壤分层（H_1 和 H_2）条件下二者间的相关关系（图 5-16）。为证明建立的 ERT 估计土壤含水量的准确性，计算 3 个基坑（M、N、P）实测的土壤含水量与 ERT 估计的土壤含水量的相关性（图 5-17）。根据结果可知，实测的土壤含水量与估计的土壤含水量之间具有显著的线性关系，反演电阻率数据，得到 4 个土壤含水量二维剖面图像（图 5-18）。

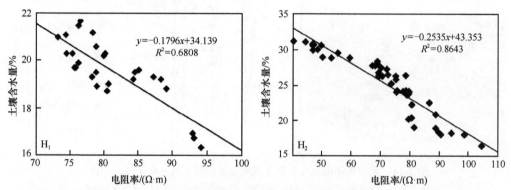

图 5-16 不同分层（H_1、H_2）的土壤含水量和电阻率拟合关系（$T=25℃$）（岳宁等，2016）

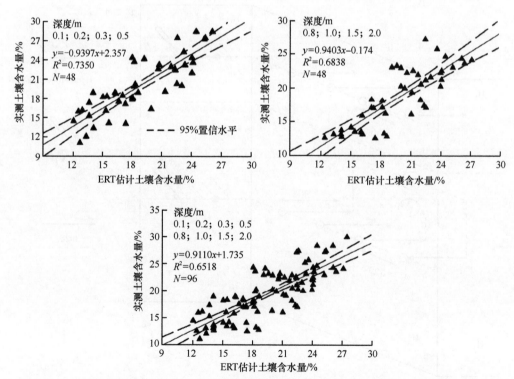

图 5-17 不同土层 ERT 估计的土壤含水量与实测土壤含水量相关关系分析（岳宁等，2016）

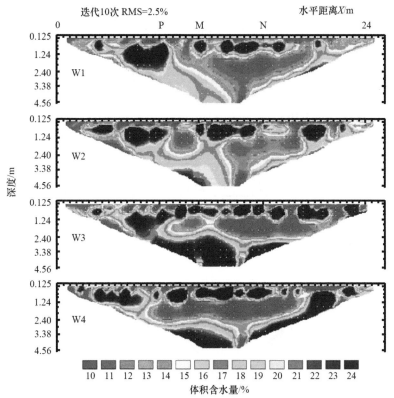

图 5-18　二维剖面土壤体积含水量随时间变化过程（岳宁等，2016）

4 次 ERT 采集，W1 降水前，W2、W3、W4 降水后

　　研究结果方面，土壤含水量在一次降水前后出现明显的"干—湿—干"循环变化过程。降水前较为干燥，土壤电阻率整体偏高，降水入渗使土壤含水量的二维剖面整体上呈现降低趋势。受土壤质地、入渗的非均匀性（优势流）、玉米根部对土壤水分的吸收等因素影响，也会使局部区域含水量较低。

5.1.2　探地雷达

1. 探地雷达

1）探地雷达简介

　　探地雷达是用高频无线电波来确定介质内部物质分布规律的一种地球物理探测工具，主要包括控制单元、发射单元和接收单元三个部分，其中发射单元包括发射机和发射天线，接收单元包括接收机和接收天线，其他部件包括电缆、测距轮等。探地雷达使用的高频电磁波频率范围主要在 1 MHz～10 GHz，一般以电磁脉冲的形式进行探测，脉冲的运动学规律与地震勘探方法相似（曾昭发等，2010）。根据探测方式，可以将探地雷达分为空气耦合式、地面耦合式和钻孔式雷达三种，其中地面耦合式雷达紧贴被测介质表面进行探测，是最常用的一种探地雷达。根据探地雷达的发射天线和接收天线是否分离，可以将探地雷达的探测方式分为单偏移距探测和多偏移距探测，其中单偏移距探测又被称为固定偏移距（fix-offset，FO）法，使用这种方法进行探测时两个天线之间的距离保持固定不变；多偏移距探测包括共中心点（common middle point，CMP）法和宽角（wide-angle-reflection-and-refraction，WARR）法两种，使用这种方法进行探测时两个天线之间的距离不断改变，共中心点法的两个天线有固定的中点，天线间距由小到大移动，宽角法的发射天线保持固定，接收天线由近向远移动（图 5-19）。

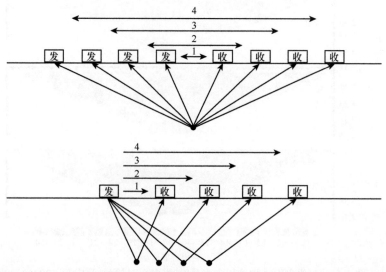

图 5-19　共中点法和宽角法天线移动方式示意（Zajicova and Chuman，2019）

2）操作方法

探地雷达的探测方式包括时间法和距离法，下面以 GSSI 公司的探地雷达为例对操作流程进行介绍。

首先对 SIR4000 的操作界面进行基本设置，如将软件语言选定为中文、设置天线类型、型号、发射频率等。接下来新建项目或者通过最近使用设置进入探测界面，然后调用参数，并对参数文件进行修改，选择输出数据路径。将以上准备工作做好后开始对具体参数进行设置。主要包括：①进入输出选项，将垂直刻度调整为时间（如果用距离法进行探测则调整为距离），垂直单位为纳秒，水平单位为扫描距离/米；显示波形图开启，颜色表选择 11，拉伸为 1。②进入雷达选项，选择信号位置，调整方式自动改为手动，设置表面百分比；根据需要调整天线直达波信号，即延时（仪器在单道波形上开始记录信号的起始时间），建议天线对着空气调整天线自身子波信号直达波，并且增益点数为 1。③进入雷达选项，选择记录长度。④进入雷达选项，选择采样点数，通常设置为 512，记录长度越大，采样点数越多。⑤进入处理选项，设置增益，可以通过增益调整回波信号幅度。天线放置在被测物体表面并且来回移动测量并观测波形，根据需要设置增益，测量浅部目标时，增益点数 1～2 个即可，测量深部目标时，可以设置多达 8 个增益点，移动天线调整增益，使波形幅度为 75% 的水平。⑥进入处理选项，设置垂直滤波参数。中低频天线选择无限冲激响应（infinite impulse response，IIR）滤波器，高频天线选择有限冲激响应（finite impulse response，FIR）滤波器，智能型空气耦合天线需要安装滤波器驱动程序选择打开 FIR 自定义滤波器。⑦进入处理选项，设置水平滤波参数。选择 FIR 水平平滑 3～5 次滑动平均，消除随机噪声。⑧进入处理选项，设置采集方式，即距离方式（distance mode）、时间方式（time mode）或点测方式（point mode）。点测方式需要先根据时间方式进行调整各种参数，FIR 叠加/滑动平均次数设置为 0；静态叠加次数最后设置为 256 次或更大。⑨进入雷达选项，设置扫描速率（扫描/s）、扫描密度（扫描/m）、测量轮标定（仅距离方式需要设置扫描密度和测量轮标定）。

具体参数设置见表 5-1。

表 5-1 不同探地雷达天线频率的参数设置

项目	参数				
中心频率	2.0GHz	900MHz	400MHz	200MHz	100MHz
天线型号	42000S	3101	50400S	5106	3207
序列号	—	—	—	—	—
首波延时/ns	−49	−1～0	−8	—	5
表面百分比/%	0	0	0	0	0
记录长度/ns	12	15-20-25	40-50	100	300
采样点数	512	512	512	512～1024	1024
介电常数	9	9	9	9	9
发射率/kHz		100	800	200	50
扫描速率/（扫描/s）（时间方式）	50	50～100	50～100	25～50	25～50
扫描速率（距离方式）	—	120～150	120～150	120	92
点测方式	—	—	—	—	—
测点/（扫描/m）	10	100～200	100～200	25～50	10
增益点数	1	2～8	5～8	5～8	5～8
增益值	22	—	—	—	—
FIR 低通滤波	—	—	—	—	—
FIR 高通滤波	—	—	—	—	—
FIR 水平平滑	—	3（时间）	3（时间）	3（时间）	—
FIR 自定义滤波	ON 打开	—	—	—	—
IIR 低通滤波	—	2500	800	600	300
IIR 高通滤波	10	225	100	50	25
IIR 水平平滑	—	—	—	—	—

将参数全部设置好后保存采集参数至指定文件，方便下次直接调用。按 START 开始探测，数据采集期间需确保状态栏 H 光标处于关闭状态，以便记录手动长标记。探测结束后

可以回放数据文件，如需调整参数则选择主菜单处理。全部探测结束后可外接大容量 U 盘复制数据文件。全部操作结束后长按 STOP 按钮即可切换到引导屏幕，按住电源键 4s 后设备关机。关机后务必将电池从电池仓取出，以防运输途中误碰电源触发开机。

3）探地雷达的优势和局限性

探地雷达的优势有：①高分辨率，探地雷达的发射和接收效率很高，可以进行连续探测；②高效性，由于探地雷达采用高频发射器，采样和接收时间很短，而且探地雷达的天线不需要与地下接触，探测速度很快，极大地节省了人力物力；③无损探测，探地雷达发射的电磁波能够通过空气耦合到地下介质并在其中传播，这种探测对地下介质不会有任何损害；④结果直观，它采用剖面法进行探测，能够直观地反映地下介质的变化规律。

探地雷达的局限性在于：①在高导介质中传播具有较大的衰减，限制雷达波的穿透能力，高频成分衰减严重，低频成分衰减较少，探测中会降低探测的分辨率；②电磁波在地下介质中的传播受到介电常数、电导率和磁导率的综合影响，其中介电常数的作用相对比较大，因而在探测过程中，含水量具有较大的影响，在随时间变化的探测中，地表的气候条件变化将严重影响探测结果；③由于介电常数在介质阻抗差异的贡献较大，探测结果存在多解性和复杂性，难以进行目标的认定和识别；④针对多尺度的目标介质，需要充分利用探地雷达的多分辨率性质（曾昭发等，2010）（图 5-20）。

（a）pulseEKKO 系列探地雷达（加拿大，SSI 公司）

（b）SIR 系列探地雷达（美国，GSSI 公司）

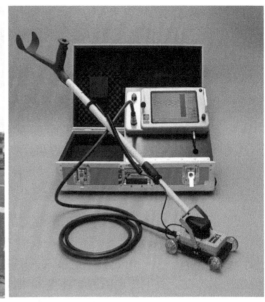

（c）MALA 系列探地雷达（瑞典，Mala Geoscience 公司）

图 5-20　应用较多的几种探地雷达

2. 探地雷达在水文土壤学中的应用原理

1）探地雷达对地下结构的探测

探地雷达在前进过程中通过发射天线以一定的频率向下发射电磁波信号，遇到介电常数发生改变的土壤层后反射回来，由接收天线接收（图 5-21）。土壤分层的界面在探地雷达图像上会显示为一条反射剖面。当土壤中包裹着电性质与周围土壤差异较大的物体或空洞时，探地雷达经过异常区域上方时电磁波反射回接收天线所需的时间先减小后增大，会在探地雷达图像中显示出一条类似抛物线的曲线。

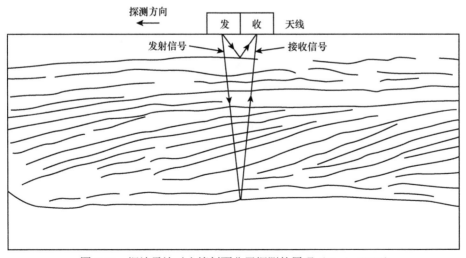

图 5-21　探地雷达对土壤剖面分层探测的原理（Neal，2004）

2）探地雷达对土壤含水量的探测

探地雷达探测土壤含水量的基本原理为速度分析原理，前提是假设介质为水平层状介质，其反射波正常时差具备关系为

$$\Delta t_i = \Delta t_i \left(t_0, x_i, v_{\text{rms}} \right) = \sqrt{t_0^2 + \frac{x_i^2}{v_{\text{rms}}^2}} - t_0 \quad (i=1, 2, \cdots, N) \tag{5-17}$$

式中，t_0 为零偏移距时的双程走时（ns）；x_i 为天线间距（m）；v_{rms} 为叠加速度（m/s）；反射波双程走时满足以下关系（董泽君等，2017）：

$$t(x_i) = \sqrt{t_0^2 + \frac{x_i^2}{v_{\text{rms}}^2}} \tag{5-18}$$

利用探地雷达探测土壤含水量的一般方法有反射波法（Overmeeren et al.，1997）和地面波法（Galagedara et al.，2005），其中反射波法可以通过单偏移距法和多偏移距法进行测量与计算（董泽君等，2017）。反射波法的适用条件是探测已知目标层或目标物的深度，从而得知电磁波在介质中传递的真实速度，通过速度得到相对介电常数，进一步通过介电常数与土壤含水量的经验公式得到土壤含水量。Lunt 等（2005）结合钻孔资料和探地雷达探测结果，利用反射波法成功获得了反射层内的平均含水量（图 5-22）。

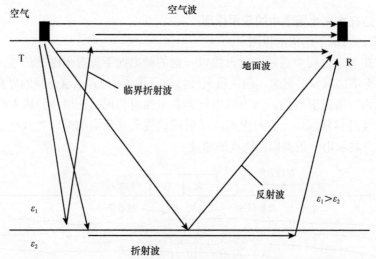

图 5-22　电磁波在两种介质中的传播示意（曾昭发等，2010）

T 指发射器，R 指接收器

地面波法的原理如下：

$$v = \frac{x}{x/c - \left(t_{\text{GW}} - t_{\text{AW}} \right)} \tag{5-19}$$

$$\varepsilon_{\text{r}} = \left(\frac{c}{v} \right)^2 \tag{5-20}$$

式中，v 为电磁波在介质中的传递速度（m/s）；x 为天线间距（m）；c 为电磁波在真空中的传递速度（m/s）；t_{GW} 为地面波走时（ns）；t_{AW} 为空气波走时（ns）；ε_r 为相对介电常数（吉丽青等，2011）。结合以上两个公式，可以推出计算相对介电常数的公式：

$$\varepsilon_r = \left[\frac{c\left(t_{GW} - t_{AW}\right) + x}{x} \right]^2 \tag{5-21}$$

最后可以通过相对介电常数结合 Topp 公式对土壤含水量进行计算：

$$\theta = -5.3 \times 10^{-2} + 2.92 \times 10^{-2}\varepsilon - 5.5 \times 10^{-4}\varepsilon^2 + 4.3 \times 10^{-6}\varepsilon^3 \tag{5-22}$$

反射波的单偏移距法和多偏移距法在较为干燥的砂土中比较适用，结果较准确，条件较为单一，但这种方法测量出的结果为某一反射层内的平均含水量，当目标层或目标物较浅时将难以计算，反射波法只能测定已知深度的目标体或目标物，根据深度计算反射波的传递时间。地面波法能够利用多偏移距法来进行测量，结果比反射波法更精确，可以计算近地面的含水量，但地面波法也更适用于干燥的砂土条件，在高导电率条件下结果偏差较大。

由于空气波法和地面波法需要已知土层分界面深度，并且需要使用多偏移距法进行测量，在高导（强衰减）的水分或黏土含量较高的介质中进行探测时效果较差，Algeo 等（2016）利用早期振幅分析的方法对黏土含量较高样地的土壤含水量进行了测量，结果与烘干法以及 TDR 测量得到的土壤含水量均有较高的一致性，而基于地面波法的宽角法测量和基于反射波法的共中点法测量均失效了。这种方法不仅可以计算浅层、高导介质中的含水率，而且它的原理是对于空气波和地面波的耦合进行平均包络振幅（average envelope amplitude，AEA）统计，不需要将空气波分离，因此不需要发射天线与接收天线之间保持较远的距离，可以使用收发一体的天线进行测量，大大简化了原始数据的获取过程。

3. 探地雷达在水文土壤学中的应用实例

1）探地雷达对地下结构的探测

Stott（1996）为了确定通过探地雷达无损探测穴居脊椎动物洞穴的准确性，采用挖掘与探地雷达相结合的方法研究了一个养兔场的地下洞道结构，并将两者的结果进行了对比。结果显示电磁信号的反射强度不仅取决于介质条件，如土壤含水量、土壤质地等，也取决于探地雷达探测的测线方向与兔子洞走向，当两者夹角较小时反射信号不明显，会影响对兔子洞的判断。一些学者将探地雷达方法应用到对堤坝下方动物洞穴的研究中，借助探地雷达无损、高效、快速、可移动的优势来检测堤坝下方的空洞，为保护坝体和研究人工建筑对当地生态环境的改变提供了资料。Kinlaw 等（2007）、Kinlaw 和 Grasmueck（2012）为了考察一处坝体下方穴居沙龟洞道的分布情况，通过探地雷达方法进行了一系列研究，他们首先绘制出穴居沙龟洞道的二维走向，然后在此基础上用 3D 探地雷达对其进行探测，得到了清晰的三维图像，可以清晰分辨出穴居沙龟的有效洞、废弃洞以及周围分布的植物根系和蚯蚓洞道，结果显示穴居沙龟的有效洞道呈螺旋状，洞壁有裂纹，推测是穴居沙龟挖洞过程中造成的；在三维洞道探测的结果中首次在穴居沙龟洞道的旁支发现了佛罗里达白足鼠的洞道。张午朝等（2020）为了研究高原鼢鼠洞道结构特征，使用频率为 900 MHz

的探地雷达对位于青海湖北侧的高原鼢鼠样地进行了探测，结果发现该地区的高原鼢鼠地下洞道虽略有起伏，但整体处于同一平面内（图5-23），新鼠丘下方洞道较连续，旧鼠丘下方洞道较破碎。以上研究是成功利用探地雷达手段得到穴居动物洞道结构的案例。

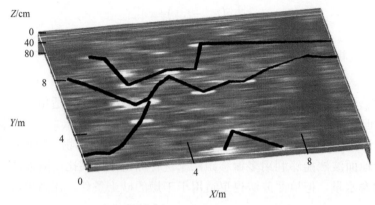

图 5-23   高原鼢鼠地下洞道分布情况（张午朝等，2020）

胡振琪等（2005）为了探明复垦土的土壤条件，评估其对作物生长的影响，借助探地雷达对实验点的一块复垦地进行了探测。他们对探地雷达图像进行基础的去漂移、背景去噪、滤波和增益处理后，利用小波分析提取了处理后图像中的土壤分层信息。采用了墨西哥小波和样条小波两种小波基数，最后通过墨西哥小波分析的结果可以看到明显的分层情况，与土壤剖面的 4 个分层对应良好。André 等（2012）为了便于管理葡萄园的生产情况，调节土壤水分，对土壤结构进行了详细的探测。由于土壤性质在短距离内可能具有较大差异，为了能获得更精准的空间分辨率，对土壤水分分布和动态变化有效评估与监测，研究者结合 GPR、EMI、ERT 三种地球物理方法对一片葡萄园的土壤分层进行了探测，并得到了不同土壤层的物理性质，结果显示根据 GPR 得到的土壤电导率分层与实际观测到的土壤分层较为一致（图5-24）。

（a）

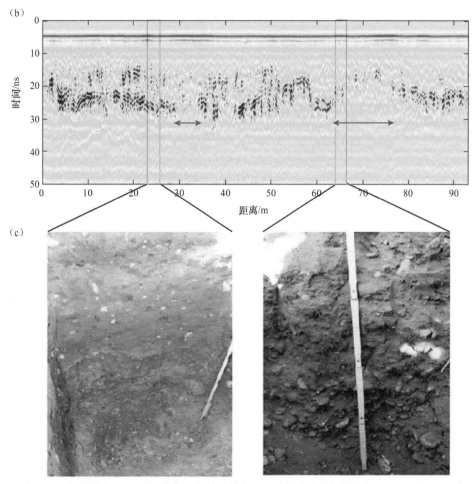

图 5-24　葡萄园中两处不同地点的探地雷达剖面图与实测剖面对比（André et al., 2012）

2）探地雷达对土壤含水量的探测

探地雷达技术是利用地球物理方法对土壤不连续湿润锋进行识别的一种方法，目前有很多应用探地雷达方法识别其他非均质流或优先流的先例。Zhang 等（2014）为了识别地下土壤层，监测壤中流的动态变化情况，利用探地雷达对两处样地的土壤分层进行了划分，并且通过探地雷达信号研究了土壤分层对水分流动的影响，结果发现当土壤变湿润时，位于凹陷谷地中的样地探地雷达显示的土壤分层更为清晰，而地表平坦的样地探地雷达显示的土壤分层较为断续，因此在湿润条件下更适合研究凹陷谷地中的土壤分层，干燥条件下更适合研究平坦样地的土壤分层；在探地雷达图像中可以看出样地下方存在植物根系，这些根系是探地雷达信号错断的原因，同时根系也为水分运动提供了优先流路径；结合探地雷达图像与土壤水分固定监测数据可以看出 BC 层土壤水分较低，C 层较高的土壤水分由侧向流补给（图 5-25 和图 5-26）。

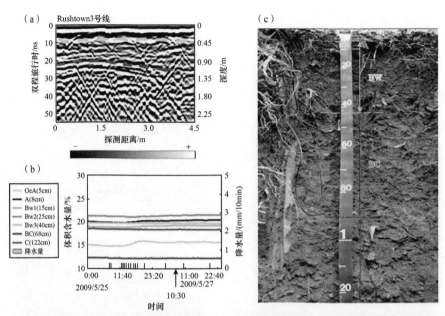

图 5-25 （a）探地雷达在拉什敦（美国）样点土壤中识别的土壤分层（青色虚线表示 Bw-BC 界面，红色虚线表示 BC-C 界面；使用波速=0.09 m/ns 估算深度）。（b）2009 年 5 月探地雷达调查时监测的土壤含水量。（c）拉什敦土壤剖面的照片，显示了 Bw、BC 和 C 层（Zhang et al.，2014）

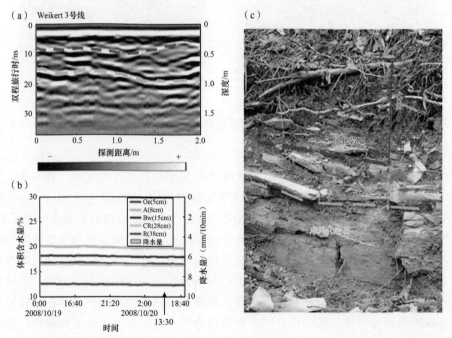

图 5-26 （a）探地雷达在美国沃威克样点土壤中识别的土壤或岩层（粉色虚线表示土壤–岩石界面，绿色虚线表示风化–未风化岩石界面；使用波速=0.1 m/ns 估算深度）。（b）2008 年 10 月探地雷达调查时监测的土壤含水量。（c）沃威克土壤剖面的照片，显示土壤–基岩界面（粉色虚线）和风化–未风化岩石界面（绿色虚线）（Zhang et al.，2014）

5.1.3 电磁感应方法

EMI 方法可以在瞬时产生大量的空间数据，其产生的表观电导率（apparent electrical conductivity，ECa）包含很多土壤信息，因而引入植被与土壤的研究中，又因其快速、准确、便捷，已经成为水文土壤学研究的常用方法之一（Robinson et al.，2009；蒋志云等，2015）。相对于传统测量方法，EMI 技术在收集土壤信息的时候速度快、使用便捷、成本相对较低且获取土壤数据完整，因此具有巨大优势。自 20 世纪 70 年代以来，EMI 在表征土壤性质空间变异性方面取得了重要进展，从最初用于估算土壤盐分，之后被应用到土壤制图、表征土壤水分含量及运移，估算土壤质地、有机质含量和 pH 的变异，测定土层深度等方面（Doolittle and Brevik，2014）。本节将从 EMI 工作原理、仪器类型及在水文土壤学领域的应用实例等方面进行详细阐述。

1. EMI 工作原理

EMI 电导率仪是由加拿大 Geonics Limited 公司研发的基于电磁感应原理而获得土壤综合 ECa 的仪器，其工作原理在许多文献中有详细介绍（McNeill，1980a，1980b；蔡彩霞等，2010）。如图 5-27 所示，EMI 后端有一个小型的发射线圈，它可以产生一个随时间变化的初级磁场 H_p，变化的 H_p 在大地中诱导产生微小电子涡流，电子涡流又产生次级磁场 H_s，H_p 和 H_s 均被前端的接收线圈接收，最终经过仪器的复杂转换得出大地 ECa。ECa 主要由次级磁场 H_s 决定，H_s 是线圈间距 s、仪器频率 f、大地 ECa 的复杂函数，关系如式（5-23）所示（McNeill，1980a，1980b）：

$$ECa = \frac{4}{\omega \mu_0 s^2}\left(\frac{H_s}{H_p}\right) \tag{5-23}$$

式中，H_s 为次级磁场强度（A/m）；H_p 为初级磁场强度（A/m）；$\omega = 2\pi f$，f 为发射频率（Hz）；μ_0 为真空下的磁导率（H/m）；s 为发射线圈与接收线圈间距，EM38 电导率仪为 1 m。

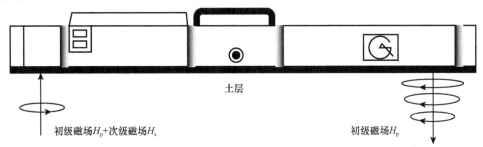

初级磁场H_p+次级磁场H_s 土层   初级磁场H_p

图 5-27　EMI 工作原理示意

EM38 随仪器放置形式可分为垂直偶极模式与水平偶极模式（根据沿仪器长轴划分），在垂直偶极模式下，仪器的有效探测深度为 1.5 m，而水平偶极模式下有效探测深度为 0.75 m。

ECa 是由土壤性质与土壤深度贡献的综合响应值，不同深度土壤的贡献度不一样。根据 McNeill（1980a，1980b）的研究，垂直与水平偶极模式下（分别用 V、H 表示，下文同）

不同深度土壤的贡献密度函数如下（图 5-28）：

$$\varphi^{\mathrm{V}}(z) = \frac{4z}{\left(4z^2+1\right)^{3/2}} \qquad （5\text{-}24）$$

$$\varphi^{\mathrm{H}}(z) = 2 - \frac{4z}{\left(4z^2+1\right)^{1/2}} \qquad （5\text{-}25）$$

式中，z 指仪器下垂直方向的深度。

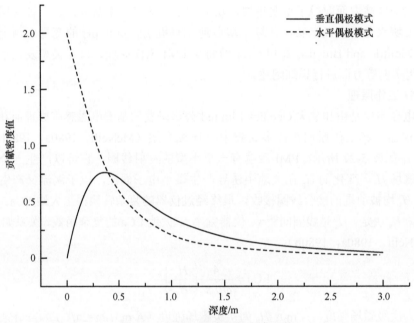

图 5-28　EM38 深度贡献密度函数

2. EMI 仪器类型

目前可用的 EMI 传感器较多（图 5-29），常用的 EMI 传感器包括 DUALEM-1 和 DUALEM-2（Dualem Inc.，Milton，Ontario），EM31、EM38、EM38-DD、EM38-MK2（Geonics Limited，Mississauga，Ontario），Profiler EMP-400（Geophysical Survey Systems，Inc.，Salem，New Hampshire）。DUALEM-1 和 DUALEM-2 的对偶几何构造，EM38-DD 的双取向、EM38-MK2 仪器的双发射–接收间距使它们能够对土壤进行两个不同深度的 ECa 的测量。Dualem Inc. 和 Geonics Limited 制造的传感器所测量的 ECa 的深度通常被视为 70% 累积响应深度。Profiler EMP-400 是一种多频率传感器，它的测量深度受土壤表层深度限制，同时也依赖传感器的频率以及剖面材料的电导率。上述所有的传感器都支持全球定位系统（global positioning system，GPS）传输、数据记录器、专有软件。某些 EMI 传感器，如 DUALEM-1、DUALEM-2S 和 Profiler EMP-400，自带内部 GPS 接收器和显示/键盘。

（a）DUALEM-1 　　　　　　　　　　（b）DUALEM-2

（c）EM38-MK2 　　　　　　　　　　（d）Profiler EMP-400

图 5-29　EMI 传感器类型（Doolittle and Brevik，2014）

上述传感器均有着不同的优点和缺点。这些传感器的比较研究结果表明，不同传感器获取的 ECa 数据具有非常密切的相似性（Sudduth et al.，2003；Urdanoz and Aragüés，2012）。但是，传感器校正、深度敏感性、测量土壤体积的差异都会影响测量并造成 ECa 数据的微小差异。对不同传感器测量的比较研究发现，深度敏感性相似的传感器测得的 ECa 具有最高的相关性（Sudduth et al.，2003）。不同传感器获得的 ECa 数据的差异可归因于仪器的感应深度以及数据获取模式（如线圈间距、测量取向、几何构造）。一般情况下，不同传感器测量的土层间差异越大，ECa 数据的差异就越显著（Sudduth et al.，2003）。

3. EMI 在水文土壤学领域的应用

1）土壤–水文过程

土壤–水文间的作用关系在不同的时空尺度上通常较为复杂。传统的土壤–水文过程研究是基于点位的实验观测得到，而点位取样（如土壤挖坑、监测井、土壤样品取样、土壤水分探头）虽然能提供较为翔实的土壤和水文信息，但是其却受定位点的限制，难以具有空间代表性，且点位数据的获取费时费力，成本高，通常具有破坏性（Brevik and Fenton，2003）。电磁感应方法能在瞬时产生大量的空间数据，其产生的表观电导率包含很多土壤信息，从而成为研究土壤水文过程常用的地球物理方法之一。

在水文土壤学研究中，EMI 能间接测量和表征土壤水分含量、地下径流、地下水深度、土壤排水等级（Schumann and Zaman，2003；Allred et al.，2005；Williams et al.，2006；Robinson et al.，2008）。另外，根据已有的研究结果指出，大多数景观中土壤 ECa 的相对差异具有时间的相对稳定性（Brevik et al.，2006），而相对稳定的 ECa 空间分布类型通常与土壤–地貌单元相一致。此外，相同地区 ECa 分布类型随着季节的空间变化幅度和变化的空间范围可用于揭示地下径流的活跃区域（hot spot）。

Doolittle 等（2012）在美国宾夕法尼亚州中部的一个页岩山开展了 EMI 测量研究，集水区由一条狭窄、轮廓分明的山脊线界定，其特点是坡度适中（高达 48%）（图 5-30）。在相对干燥的秋季和相对湿润的春季对该集水区的 EMI 测量结果表明，区域具有极低且相对稳定的 ECa。在该区域内，非常低的 ECa 反映了土壤和基岩的电阻率，以及土壤溶液的低离子浓度。尽管区域 ECa 值较低且相对不变，但 ECa 的时间差异显著，湿润期的 ECa 数据比干旱期的 ECa 数据更高且更易变。在湿润期获得的 ECa 图中，相对较高的 ECa 的几个弱表达线性空间格局从河道向上延伸，并确定了沼泽的大致位置。总的来说，图 5-29 所示的空间 ECa 模式表明了流域中两个主要的、时间稳定的单元：谷底和较高的斜坡组成部分。谷底 ECa 值较高，其主要由排水较差的土壤类型占据主导地位；边坡和山顶 ECa 值较低，其主要由排水良好的土壤类型占据主导地位。

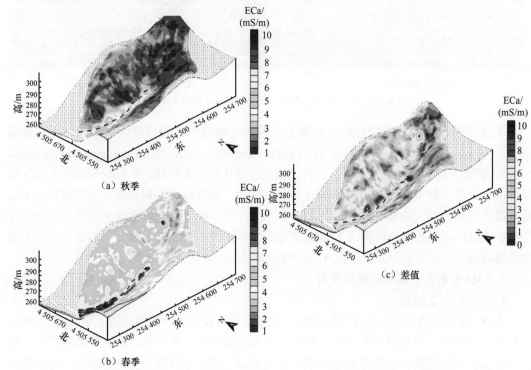

图 5-30　美国宾夕法尼亚州中部小区域春季与秋季 ECa 分布与差值（Doolittle et al.，2012）

2）土壤制图

相对于传统工具和调查方法制作的地图，ECa 图能提供更高精度和更大差异的土壤类型图（Shaner et al.，2008），因此电磁感应方法被越来越多地用于土壤调查及管理中（Brevik et al.，2012）。

ECa 图的解读是基于数据集内空间类型的识别，ECa 的水平和垂直变异可以用于推测土壤类型与性质的变化（Doolittle et al.，1996；Daniels et al.，2003）。EMI 作为土壤制图工具的有效性依赖于土壤性质的差异，当土壤性质差异性较强时，土壤和 ECa 之间可以建立较强的相关性，可以用于制作田间尺度的图形，也可以辨别适当同质土壤的区域差异（Doolittle et al.，1996；Johnson et al.，2001；Frogbrook and Oliver，2007）。EMI 获得土壤地图和传统的高密度方法制得的土壤地图具有相似的结果，因此基于 EMI 的高密度土壤制图在许多国家已经商业化，可以提供田间和景观尺度上土壤的变异与分布信息。ECa 图提供的信息使得土壤科学家重新评价土壤制图和土壤模型的概念，认识了不同的土壤并修改了土壤地图。例如，在许多研究区域，ECa 空间格局与土壤图上显示的土壤格局相一致。图 5-31（a）和（b）显示了 EM38 测量的位于密苏里州东南部密西西比冲积平原内两个农田的高强度 ECa 图。图 5-31（a）和（b）所示的农田均已平整，并安装了农业排水管道，以改善土壤排水和作物产量。在图 5-31（a）和（b）中，黏土含量越高，ECa 越高。其中，

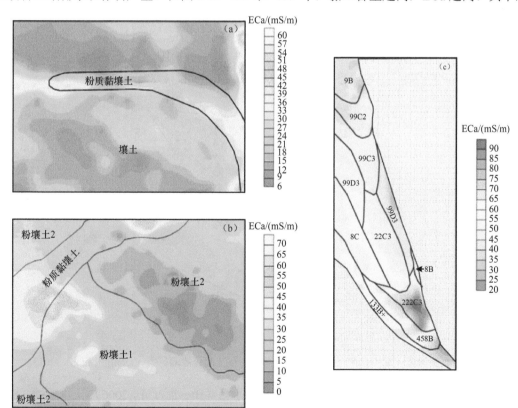

图 5-31 （a）和（b）为美国密苏里州东南部密西西比河冲积平原 ECa 图与土壤图（Doolittle et al.，2002），（c）为美国艾奥瓦州克拉琳达 ECa 图与土壤图（Brevik and Fenton，2003）

黏土含量最高的土壤ECa最高（>35 mS/m）；在以前的沙丘上形成的黏土含量较低的砂质土壤ECa最低（<6 mS/m）；在图5-31（a）中，黏土含量中等的土壤ECa中等。图5-31（c）是Brevik和Fenton（2003）在艾奥瓦州西南部一个地区调查的ECa图。该图证明EM38能很好地将起源于古土壤的土壤和其他土壤区别开来；起源于古土壤的土壤ECa通常超过80 mS/m，但是其他土壤ECa却很少超过70 mS/m（92% ECa读数是70 mS/m左右）。

3）土壤性质测定

影响ECa的主要土壤性质是溶液中离子的浓度和类型、土壤中黏土的类型和数量、水分含量、土壤水分的温度和相态，其他土壤性质，如土壤密度、土壤结构、离子组成、CEC、pH、土壤有机碳、土壤营养物质、$CaCO_3$含量，也会间接影响ECa（McNeill，1980a，1980b）。这些相互影响的土壤性质与ECa之间的关系十分复杂，在很小的距离内就能发生明显变化（Brevik and Fenton，2004；Bekele et al.，2005）。在研究中常发现，ECa和某些特定土壤性质之间的关系具有显著相关性，一般土壤性质差异性越大，ECa和土壤性质之间关系的相关程度就越高。例如，将ECa用于推测土壤盐分空间分布，已经成为一种可靠、迅速、便捷的方法（Corwin，2008）。图5-32展示了美国蒙大拿中部某65 hm^2实验样地ECa的空间变异性，土壤中包含渗漏盐渍，盐渍主要分布在ECa>150 mS/m的区域。这些盐渍的土壤从实验样地的西南到东北角蜿蜒，呈现不连续的弯曲类型。图中有一条远离这些盐水渗透区域的很明显的线，它代表适度的ECa值，这条线沿西-西北部的上坡方向扩展，代表具有相对较高盐浓度的地下水的流动路径。但是，当电导率大于100 mS/m（损坏低传导系数的近似值）时，不宜运用EMI绘制土壤盐分地图，因为此时EMI所接收的电磁场的正交分量不再与土壤电导率程呈线性相关（McNeill，1980a，1980b）。

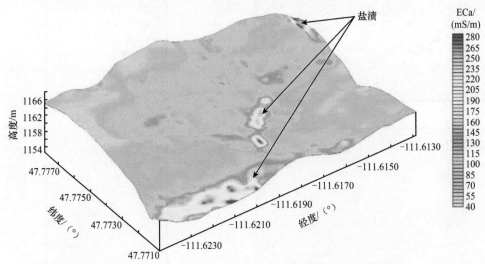

图5-32　美国蒙大拿中部某干旱农场ECa空间分布及盐分渗漏位置（Doolittle et al.，2013）

此外，许多研究已将表观电导率用于土壤含水量（Brevik et al.，2006）、土壤质地（Saey et al.，2012）、黏土含量（Harvey and Morgan，2009）、土壤紧实度（Brevik and Fenton，2004）、可交换性Ca和Mg（McBride et al.，1990）、$CaCO_3$（Vitharana et al.，2008）、土壤

pH（Dunn and Beecher，2007）、土壤有机碳（Johnson et al.，2001）和有效氮（Eigenberg et al.，2002）测量。

4）土壤盐分测定

湿地是连接陆地生态系统和水生生态系统的重要生态栖息地。青海湖湿地作为一种独特的高原湿地类型，生态系统极其脆弱。小泊湖沼泽湿地作为青海湖湿地的组成部分，在气候变化与人类活动影响下，退化趋势明显，植被覆盖面积减少且质量变差。随着湿地的退化，湿地土壤的理化性质也发生改变。有研究指出，湿地退化之后，土壤盐分含量会发生改变（黄蓉等，2014）。郑云云（2014）研究发现，辽河河口湿地退化区中部土壤易溶盐含量高于未退化区及退化区边缘。对比研究原生湿地与退化湿地的土壤盐分差异，分析土壤盐分的空间异质性及其影响因素，对于认识气候变化及人类活动影响下的湿地退化过程具有十分重要的意义。然而，由于传统的土壤盐分测定需要破坏原状土样，缺乏在田间尺度上连续动态非破坏的测定技术，用传统采样分析法确定土壤盐分的分布状况费时费力，且所采样品的体积及采样个数常达不到足以反映区域空间变异所需的样本数量（蒋志云等，2015），因此，需要实时的高分辨率测量来满足我们对土壤盐分空间分布的研究。

EMI 方法因为不需要与土壤直接接触，具有低成本、高精度、非破坏性和高效率的特点，能够在样地尺度上进行大面积测量，从而获得大量的数据，提高整体空间的估算精度，能够很好地解决传统采样费时费力、样本量不足的问题。EMI 方法测得的土壤 ECa 能够间接指示土壤的重要物理和化学性质（Doolittle and Brevik，2014），如土壤盐分、土壤黏土含量、土壤水分含量等（McNeill，1980a，1980b）。电磁感应方法被广泛应用于土壤盐分的估计与土壤盐分的空间变异研究（Rhoades and Corwin，1981；杨劲松等，2008）。电磁感应方法在湿地植被的研究中主要集中于植被的空间区划（Moffett et al.，2010；Atwell et al.，2013），但是对于湖滨退化湿地空间分布的研究还很罕见。基于电磁感应方法探讨原生湿地与退化湿地之间的土壤盐分差异，推断退化湿地土壤盐分的空间分布，可为恢复重建湿地生态过程提供数据支撑，对维护湿地的功能具有重要意义。

在青海湖流域小泊湖沼泽湿地的地势平缓一致的地段，围栏两侧分别设置围封样区（fenced grassland，FG）和放牧样区（grazed grassland，GG），面积约为 6.5 hm² 和 10.4 hm²，如图 5-33 所示。围封样区内植被平均盖度约为 93%，植物的平均高度为 16.90 cm；围封湿地，常年设置围栏网，围封时间达 21 年；围栏外为自由放牧草地，放牧样区内植被平均盖度为 83.00%，植物的平均高度为 4.66 cm，放牧家畜为牛羊。按羊单位折算标准（1 头牛=5 个羊单位，1 匹马=6 个羊单位），放牧样区放牧约 443 个羊单位的家畜，放牧面积为 150 hm²，放牧强度约为 2.95 羊单位/hm²，围封样区无放牧活动。在每个样区内设置三块面积为 30 m×30 m 的样地，分别为 FG1、FG2、FG3 和 GG1、GG2、GG3；选择这 6 个样区，在每个样区里监测土壤水分、土壤盐分，开展土壤 ECa 测量实验（图 5-33）。

A. EMI 测量

首先要在每个样区内设计 EMI 行驶路线，然后在每个样区内采用相似的行驶路线。初步设计行驶路线沿南–北方向，且行驶路线间距 3 m，每次 EM38 测量时确保行驶路线笔直，如图 5-34（a）所示。

(a) 放牧样区

(b) 围封样区

图 5-33 小泊湖沼泽湿地

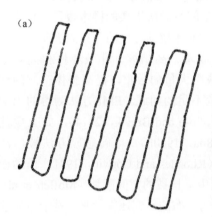
(a)

(b)

图 5-34 (a) EMI 行驶路线和 (b) EMI 测量过程

EMI 测量过程如下。

实验前校正：测量前仪器开启 30 min，预热仪器使其保持稳定状态，接着对 EM38 进行仪器相位和仪器调零，由于仪器有着较高的敏感度，易受外界测量环境的影响，如果测量前或者测量的过程中，1.5 m 以上高度竖立的读数不是横卧读数的 2 倍，要在测量区域对仪器进行调零，同时，测量过程中应避开金属物体。

手动模式 EMI 采集数据：采用 EM38 的垂直测量模式与水平测量模式两种测量模式，将 EM38 置于传统的土壤取样样点上，分别按 0、10 cm、30 cm、60 cm、90 cm、120 cm、150 cm 高度进行两种模式的土壤表观测量；在进行土壤 ECa 测量的样点同时按深度 0～10 cm、10～20 cm、20～30 cm、30～40 cm、40～60 cm、60～80 cm 进行。

自动模式 EMI 采集数据：按照南北的设计路线，测量时一般使 EM38 贴近地表（代表测的地面 ECa）如图 5-34（b）所示，也可以尝试不同高度的自动 ECa 测量。在生长季的 6 月、7 月、9 月分别在每个采样单元开展 1 次 EMI 测量实验，同时采集采样单元中样点土壤样品。

B. 土壤盐分测定

在 EMI 的手动测量的地点，重复采集土壤样品 3 次，土壤采样深度分别为 0～10 cm、10～20 cm、20～30 cm、30～40 cm、40～60 cm、60～80 cm，土壤样品放入实验室自然风干，磨碎，用 2 mm 的过滤筛过滤，取 25 g 过滤的土壤样品，用量筒量取 125 mL 的水，制成 1∶5 的土水溶液，用振荡器振荡 3 min，将溶液过滤之后，测量其电导率值。

为了验证 EMI 对土壤电导率的反演效果，将土壤电导率仪 EM38 在定点垂直偶极模式下测量得到的土壤 ECa 与实地取样观测土壤溶液电导率进行了率定，土壤溶液电导率的平均值（ECe1∶5）与 ECa 的相关系数达到 0.70（P＜0.01），这在一定程度上可以说明 0～40 cm 土壤深度的 ECe1∶5 与 ECa 存在显著的线性关系，说明在小泊湖沼泽湿地运用 EM38 测得的土壤 ECa 能够很好地用于表征土壤盐分，EMI 与 40 cm 土壤盐分间转换经验公式如图 5-35 所示。

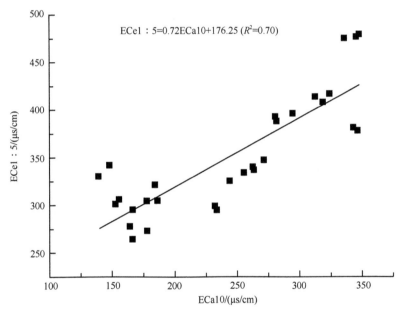

图 5-35　土壤 ECa 与土壤盐分的回归分析

ECa10 表示 EM38 距地面 10cm 处采用垂直偶极模式测得的土壤表观电导率；ECe1∶5 表示 0～40cm 深度的土壤盐分，是以 0～10cm、10～20cm、20～30cm、30～40cm 的土壤盐分平均得到的

根据土壤表观电导率和土壤盐分之间的表征关系，将我们在围封样区测得的 FG1、FG2、FG3 样地的土壤表观电导率进行平均来表示围封样区 0～40 cm 土层土壤盐分，2016 年 6 月 24 日、7 月 28 日、9 月 6 日分别为 140.54 μs/cm、160.79 μs/cm、170.18 μs/cm；对放牧样区测得的 GG1、GG2、GG3 样地的土壤表观电导率进行平均来表示放牧样区 0～40 cm 土层土壤盐分，2016 年 6 月 24 日、7 月 28 日、9 月 6 日分别为 150.95 μs/cm、150.80 μs/cm、110.20 μs/cm。根据图 5-36 可以看出，围封样区 6～9 月，0～40 cm 土层的土壤盐分逐渐增加；放牧样区 6～9 月，0～40 cm 土层的土壤盐分逐渐减少。

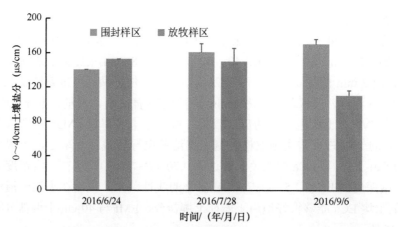

图 5-36　小泊湖沼泽湿地围封样区和放牧样区 0～40 cm 土壤盐分随时间变化

围封样区的结果是 FG1、FG2、FG3 三个样地的平均值；放牧样区的结果是 GG1、GG2、GG3 三个样地的平均值

对围封样区 FG1、FG2、FG3 和放牧样区 GG1、GG2、GG3 测得的土壤表观电导率分别进行克里金空间插值，得到的空间插值图反映样地土壤表观电导率的空间分布特征。由围封样区 FG1、FG2、FG3 和放牧样区 GG1、GG2、GG3 土壤表观电导率的插值结果（图 5-37）可以看出，围封样区的土壤表观电导率高于放牧样区的土壤表观电导率；围封样区的土壤表观电导率的空间异质性弱于放牧样区；在时间的变化上，围封样区的土壤表观电导率在 9 月达到最大，但是放牧样区却在 9 月达到最小。根据土壤表观电导率与 0～40 cm 土壤盐分之间的显著线性相关关系可以得到，围封样区 0～40 cm 土层的土壤盐分含量高于放牧样区 0～40 cm 土层的土壤盐分含量，同时也再一次证明，围封样区 0～40 cm 土层的土壤盐分含量从生长季初到生长季末有增加的趋势；相反，放牧样区 0～40 cm 土层的土壤盐分含量却有从生长季初到生长季末减少的趋势。

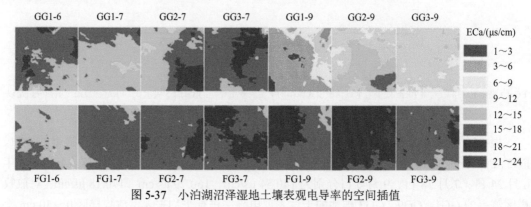

图 5-37　小泊湖沼泽湿地土壤表观电导率的空间插值

GG1、GG2、GG3 表示放牧样区所选的 3 个样地，FG1、FG2、FG3 表示围封样区所选的 3 个样地；GG-和 FG-分别表示放牧样区和围封样区土壤表观电导率的测量月份

综上所述，在小泊湖沼泽湿地，EM38 测得的土壤表观电导率与 0～40 cm 土层的土壤盐分具有显著的线性相关性，可以根据土壤表观电导率与 0～40 cm 土层的土壤盐分的回归

方程计算出土壤表观电导率所反映出的土壤盐分含量。同时也说明，在小泊湖沼泽湿地可以运用 EMI 方法估算土壤表层（0～40 cm）的盐分。小泊湖沼泽湿地土壤表观电导率在围封样区和放牧样区表现为围封样区的土壤盐分总体高于放牧样区的土壤盐分；围封样区的土壤盐分从生长季初到生长季末逐渐增加，而放牧样区的土壤盐分从生长季初到生长季末却呈现出相反的规律。

5.1.4 稳定同位素技术

稳定同位素技术已广泛地被运用于生态学、水文学及水文地质学等领域，并很好地诠释了自然界不同植被与环境关系，植被对环境响应差异和适应性（林光辉，2013）；水体间关系、水循环特征和植物水分关系等，因此它已逐渐成为人们了解生态系统对环境变化响应的重要工具之一。通过分析植被叶片的碳同位素比值（$\delta^{13}C$）可以判断植被的光合作用类型；分析光合作用气孔行为模型，确定植被碳水耦合关系；对比植被水分利用效率（water use efficiency，WUE）高低的替代指标。20 世纪 90 年代后，生态学各个领域都开始广泛地应用稳定碳同位素技术，由开始叶片和种群的水平提高到了群落、生态系统乃至全球的尺度，从新的角度探讨了生物和环境的关系（Peterson and Fry，1987）。通过分析水体本身及某些溶解物质的同位素组成，可获得传统方法不可能得到的一些重要信息，自 20 世纪 50 年代 Dansgaard 对大气降水中的氢氧稳定同位素进行系统的研究以来（Dansgaard，1953），该方法也逐渐被运用于水文土壤学领域来获取更多的土壤水文过程信息，如蒸发、入渗及滞留时间等，从而为进一步揭示土壤水分的动态变化、运移特征以及补给机理提供有力科学依据。本节详细论述稳定同位素原理知识介绍、固体、液体样品采集与测定方法以及碳和氢氧同位素在水文土壤学领域中研究实例及发展趋势。

1. 稳定同位素原理

1）同位素的定义

原子由质子、中子和电子组成，具有相同质子数、不同中子数的同一元素的不同核素互为同位素。同位素可分为两大类：放射性同位素和稳定同位素，其中稳定同位素是指某元素中不发生或极不易发生放射性衰变的同位素。

稳定同位素中有相当一部分是天然形成的，如 ^{18}O 和 ^{16}O、^{13}C 和 ^{12}C、^{15}N 和 ^{14}N、^{34}S 和 ^{32}S 等，稳定同位素间没有明显的化学性质差别，但其物理性质（分子键能、生化合成和分解速率等）因质量上的差异常有微小的差异，且其在自然界中同位素丰度存在较大的差异（表 5-2），在不同环境条件下物质在反应前后同位素组成上有明显的差异，这也导致稳定同位素技术成为一种广泛应用于生态学和水文土壤学中的新方法。

表 5-2 自然界稳定同位素丰度 （单位：%）

元素	同位素	丰度	元素	同位素	丰度
氢	^{1}H	99.985	氮	^{14}N	99.630
	^{2}H	0.0165		^{15}N	0.370

元素	同位素	丰度	元素	同位素	丰度
氧	^{16}O	99.762	硫	^{32}S	95.000
	^{17}O	0.038		^{33}S	0.760
	^{18}O	0.200		^{34}S	4.220
碳	^{12}C	98.890		^{35}S	0.014
	^{13}C	1.110			

2）同位素组成的表示方法

自然界元素的同位素组成常用同位素丰度表示，同位素丰度是指一种元素的同位素混合物中某特定同位素的原子数与该元素的总原子数之比。重同位素的自然丰度很小（表 5-2），故一般不能直接测量重、轻同位素各自的绝对丰度，而是测定它们的相对丰度或同位素比率（isotope ratio，R），可表示为

$$R=重同位素丰度/轻同位素丰度 \tag{5-26}$$

便于研究者比较不同物质同位素组成，除了用式（5-26）同位素比率 R 表示外，更常用同位素比值（δ）表示，定义为

$$\delta = R_{样品} / R_{标准} \times 1000‰ \tag{5-27}$$

式（5-27）表示样品中两种同位素比值相对于某一标准对应比值的相对千分差。氢氧同位素测定的标准样品是国际公认标准物——标准平均海洋水（standard mean ocean water，SMOW），在 SMOW 中 D/H 和 $^{18}O/^{16}O$ 的比例分别为 1.5576×10^{-4} 和 2.0052×10^{-3}。

3）同位素分馏

同位素之间在物理化学性质上的差异，使反应物和生成物在同位素组成上有所差异，这种现象称作同位素效应（isotope effect）。同位素效应主要有两种表示方法：同位素分馏（isotope fractionation）和同位素判别（isotope discrimination，Δ）（林光辉，2013）。同位素分馏是指由于同位素质量不同，在物理、化学及生物化学作用过程中一种元素的不同同位素在两种或两种以上物质之间的分配具有不同的同位素比值的现象，同位素分馏系数一般用 α 表示，即

$$\alpha = R_{reaction} / R_{product} \times 1000‰ \tag{5-28}$$

式中，$R_{reaction}$ 和 $R_{product}$ 分别表示反应物和初始物中的同位素组成。

同位素分馏分为平衡分馏和动力分馏，其中同位素瑞利分馏（Reyleigh fractionation）过程是经典的同位素平衡分馏模型，瑞利分馏过程是指在开放体系中进行的物相交换过程，如蒸发和凝结过程，在瑞利分馏过程中两相的同位素组成会随着时间发生变化，在一共同体系内同位素瑞利分馏过程为

$$R_1 = R_0 \times f^{\alpha-1} \tag{5-29}$$

式中，R_0 和 R_1 分别为初始物和经受过物相分离后体系中的同位素比值；f 为分馏过程中任一瞬间初始反应物的剩余比例；α 为物相分离时的瞬时平衡分馏系数。

2. 样品采集与测定方法

1) 样品采集方法

碳同位素样品包括木本植物年轮，木本、灌木和植物叶片、根系、凋落物和土壤等固体样品，大气、生态系统和土壤气体样品；氢氧同位素样品包括植物和土壤等固体样品中抽提出来的液态水样品，降水、江、河、湖和海水等液体样品，以及冷凝的大气水汽样品。

A. 碳同位素样品的采集方法

a. 叶片根系样品采集方法

（1）乔木叶片：因乔木一般比较高大，需要考虑冠层效应，工作人员在生长季根据研究目标选择样方，挑选健康的树木的冠层、中和底部三个位置采集样品，选取朝南方向的活枝采集叶片样品，采用"节点法"和"主干法"将各人工林叶片按龄级分为当年生新叶、一年叶。同一采样区的几棵标准木上采集的同一年龄叶片样品进行混合，不同叶龄样品中各随机取出适量样品混合（作为标准木叶片样品），做好标记，清洗后于105℃干燥箱中高温杀青 30 min 后转入 65℃恒温箱烘干至恒重，粉碎后过 80～100 目筛，干燥保存待测。

（2）灌木和草本叶片：灌木和草本植株相对矮小，叶片 ^{13}C 含量受植株的冠层效应影响较小，故不考虑冠层效应。根据要求设置样方大小，选择优势植物的阳生成熟叶片，且其完全张开和无病虫害，用剪刀剪下，每个植物种采集 6～10 个不同个体，之后混合为一个样品。采样时，将材料表面的尘土等杂质用毛刷刷净或者清洗干净，叶片放入信封袋中，105℃杀青 30 min，65℃烘干直至恒重，粉碎后过 80～100 目筛，干燥保存待测。

b. 树木年轮同位素样品采集方法

尽量选择未受气体因素干扰的森林或者原始林，以避免人为干扰及其他非气候因子对树木生长的影响。挑选健康的林冠层大树进行树木年轮样品取样，利用内径 5.15 mm 的树轮采样器——生长锥完成逐个样点内树木年轮样品钻取工作，一般在每个采样点至少采集 15 棵树，每棵树取 2 个树轮样芯，取样高度位于胸高（约 1.3 m）处，每个地点总共 40 个样芯。同时采集 4 株用于碳同位素测定的树木年轮样品，利用内径 12 mm 的生长锥完成，位于胸高（约 1.3 m）处，一树两芯。同时记录每一棵树的生境信息。尽量采集采样点附近属于林冠层优势木的高大乔木，这样一般周边树木较少，可认为没有周边树木影响。将所取样芯编号并置于塑料管中，带回实验室后对样芯进行固定、风干、抛光等预处理后，保存待测年轮（若树芯不能立刻测定年轮，应在保持空气湿度的环境下保存，以防止树芯因干燥而开裂，影响测定）；选择易于剥离，且轮宽与主系列相关性好的树芯样品用于测定碳同位素的样品，将定年后的样品用手术刀逐年剥离、粉碎（40～60 目），用离心管分装，65℃烘干直至恒重，粉碎后过 80～100 目筛，干燥保存待测碳氮含量和同位素值。

c. 根系样品采集方法

因乔木根系比较庞大，采集样品时可使用树芯取样器采样，根据研究需要选择是否剥离木质部和韧皮部，选取至少三株，每株乔木采集三个活根样品混合，将韧皮部刷洗干净放入信封袋；高大灌木采样可参考乔木，低矮半灌木和草本根据需求选择采集混合样品或将样品按种分开样品，若采集分种样品，选择合适大小的样方，将样方内的待测植物根系挖出混合，清洗干净放入信封袋；若是混合样品，则需要在样方内使用根钻取样器采样，至少三个混合样品，三个重复，挑出杂质，清洗干净放入信封袋，65℃烘干直至恒重，粉碎后过80～100目筛，干燥保存待测。

d. 凋落物样品采集方法

根据要求设置样方大小，在每块样方内采用五点法进行样品采集，在对土壤表面的凋落物层按1 m²面积采样，样品收集后挑拣出石块、枯枝等杂物，清洗后于65℃恒温箱烘干至恒重，粉碎后过80～100目筛，干燥保存待测碳氮含量和同位素值。

e. 土壤样品采集与前处理方法

采集土壤同位素样品时，在研究区域选择合适样方大小，根据研究需要采集土壤表层、根际土或土壤剖面同位素样品，表层采样一般分三层，5 cm、10 cm和15 cm或者10 cm、20 cm和30 cm划分方法，每个样方至少选择三个采集点，在相同深度采集多个样品，挑出石块根系等杂物并混合作为一个样品。土壤样品保存为自然风干14天，使用研钵研磨后过80～100目筛，标记防潮保存。

土壤样品的有机碳同位素值测定方法分为光谱法和质谱法，若使用质谱仪测定同位素比值，则取1 g土壤样品酸处理，若使用光谱方法，则需要根据土壤含碳量估算所需样品，一般表层土20 g左右，15 cm需要30 g左右。将称取好的土壤样品分装在记好的小烧杯中，将配置好的1 mol/L的HCl溶液注入小烧杯中，并每隔一小时使用玻璃棒搅拌一次，每次搅拌一个样品后的玻璃棒需要用去离子水冲洗一次，以防样品污染。反应8～12 h移除无机碳，待最后一次搅拌后沉淀2 h，倒去上清液，注入去离子水清洗，沉淀2 h再倒去上清液，再清洗，一般需要清洗3～4次，然后将小烧杯置于烘箱中65℃烘干48 h至恒重。烘干后的样品会板结在烧杯底部，用玻璃棒辅助移出所有样品后再次用研钵磨细土壤样品，标记保存待测。

土壤无机碳同位素的测定同样分为光谱法和质谱法，使用光谱测定时称取合适量的样品置于样品管中，仪器自动运行使之与磷酸反应，自动收集反应气体进入光谱仪器主机进行测定碳同位素值；质谱法为经典的饱和磷酸法，取0.03 g样品倒入放有小磁棒的玻璃瓶中，抽真空后，注入20 mL 100%浓磷酸。加热至50℃并用磁力搅拌法使样品与浓磷酸充分反应。在真空线上利用冷阱分离CO_2，收集纯化的CO_2待测。

B. 氢氧同位素样品的采集方法

a. 植物和土壤样品采集方法

乔木和灌木样品采集靠近底部的枝条新鲜木质部，草本采集地面以下的根茎部分作为氢氧同位素样品，并立刻装入30 mL玻璃采样瓶内PARAFILM封口膜密封保存。同时用手动土钻（Φ=5 cm）采取不同深度的土壤样品，土壤的采样最好是采集根系较集中的土层，也可以采集土壤剖面，浅层土壤采集则要注意不要采集暴露在空气中的表层土壤，最好是采集表层2cm以下的土壤。土壤深层需在剖面分层采样（如0～10 cm、10～20 cm、20～30 cm、30～40 cm和40～60 cm等），一部分土壤样品装入采样螺纹口玻璃瓶内密封，放入便携式冰箱内带入实验室内低温冷藏，直到对样品低温抽提水样进行分析。

b. 空气水汽样品采集方法

采样点要尽量放置在高处，避免人为和其他水汽来源的潜在影响，要监测并保持冷阱温度，采样时空气的流速不可过快，一般在 0.2 L/min，过快将使得空气中的水汽不能完全被冷阱冰冻下来，从而导致水汽同位素分馏。

c. 降水样品采集方法

收集每次降水样品（除降水历时极短且降水量极小而无法收集水样）。在采样瓶的漏斗内置乒乓球避免降水样因蒸发而导致水样中稳定同位素发生分馏作用，在每次降水停止后立刻收集并装入 30 mL 的塑料瓶，PARAFILM 封口膜密封，采集后的样品要立即密封并低温保存。记录降水的起止时间、样品序号和该降水时段内的降水量、平均温度、平均相对湿度和平均水汽压。

d. 河、湖和地下水样品采集方法

深层土壤或井水样品作为地下水样品，灌溉水、湖水、河流或溪流水等的采集方法一致，将样品直接采集后装入 30 mL 的塑料瓶，采集后的样品立即密封并低温保存。

2）样品测定方法

A. 碳同位素样品测定

植物叶 $\delta^{13}C$ 的质谱测定仪器使用稳定同位素比率质谱实验室的稳定同位素质谱分析仪进行测试（Thermo Finnigan，MAT，Bremen，Germany）[图 5-38（a）]，分析结果均用国际标准物质美国南卡罗来纳州白垩系皮狄组地层内的美洲似箭石 PDB（Pee Dee River Belemnites Standard）校准，分析精度±0.2‰。所有样品测量同位素比率均相对于标准样比率计算得到：

$$\delta X（‰）=(R_s/R_{st}-1)\times1000\% \tag{5-30}$$

式中，R_s 为样品中碳同位素比率；R_{st} 为标准样品中碳同位素比率。

植物叶 $\delta^{13}C$ 的光谱测定仪器使用 Picarro 公司的 G2201-i 稳定碳同位素分析仪（CRDS）（Picarro G2201-I Picarro，Inc. Santa Clara，CA，USA）[图 5-38（b）]。首先将研磨好的植物样品粉末置于燃烧管完全燃烧成 CO_2 气体，随后将 CO_2 气体导入到光谱分析腔室内分析。所有测量结果均用国际标准物质 PDB 校准，并用 δ 值来表示，仪器长期测量精度为±0.2‰。

图 5-38　碳同位素样品分析仪器

B. 氢氧同位素样品测定方法

随着激光光谱技术在稳定同位素研究中的应用，同位素分析具有较高的准确性和精确性，因此采样和水分提取往往成为同位素研究准确性与否的限制因素。目前对植物和土壤中水分的提取方法主要包括共沸蒸馏法、压挤提取法和低温真空蒸馏法等，这些提取方法具有不同的优缺点，共沸蒸馏法所需装置相对简单，提取时间较短，但由于共沸物常为具有一定毒性的有机溶剂，也可能对后期氢氧同位素测定存在干扰，同时该实验需要较高的安全性；压挤提取法具有较快的提取水分速率，但此方法水分提取效率较低；低温真空蒸馏法需要复杂的真空系统，设备较昂贵，水分提取效率较高，样品提取时间耗时较长。

图 5-39 给出了低温真空蒸馏提取土壤和植物样品中的水分示意，共由五组蒸馏装置组成，在每组装置中，有两个玻璃试管（Φ=2 cm）与真空抽提管相连。在每次抽提前先将装有土壤或植物样在液氮中冷冻 5～10 min，这防止其在抽真空过程中水分损失，对每组连接玻璃试管的 U 形装置抽真空直至管内真空度达到 100 Pa 左右，然后关闭每组 U 形装置上的高真空阀使其组成封闭系统，最后将在每组封闭的 U 形装置上装有土壤或植物样品的玻璃管加热至 90℃，同时另一玻璃管放入液氮冷阱中以降温冷凝来收集水分。不同的土壤、植物样品的抽提时间各不相同，时间一般在 30～60 min。

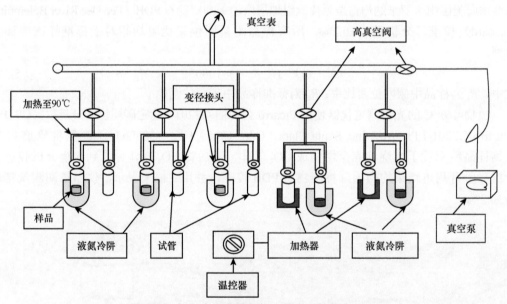

图 5-39　低温真空蒸馏抽提土壤水和植物水示意

自动抽提装置（图 5-40）主要由两部分组成，加热系统和冷凝系统，两个系统之间通过直径约为 3 mm 的塑料管相连接。整个系统密封后接连真空泵，通过泵的工作可使整个系统的真空度达到 100 Pa 左右。加热系统里面装有土壤或植物样品，使样品加热至 105℃，冷凝系统里面装有试管用来收集样品蒸发产生的水汽，通过冷凝机能使试管冷却至−100℃。不同的土壤或植物样品水分含量不同，因此抽提时间也不相同。为了保证样品中的水分尽可能完全地被抽提，土壤抽提时间不少于 2 h，植物样品不少于 4 h。实验结束后随机选取

20 个样品（10 个土壤样品，10 个植物样品）进行烘干称重实验，以检验该装置抽提水分的误差情况。通过实验对比，绝大部分植物和土壤样的抽提误差都控制在 3% 以内，达到同位素分析要求，可以认为土壤和植物样品在进行抽提的过程中没有产生同位素分馏现象。

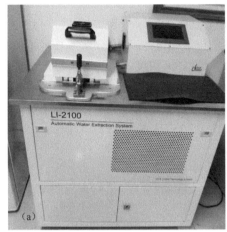

图 5-40　液态水同位素分析仪

所有经低温真空抽提后的土壤水使用 LGR（Los Gatos Research）公司的液态同位素分析仪（DLT-100）进行测试分析 [图 5-40（b）]，采用了光腔衰荡光谱技术，将传统吸收光谱中对光强绝对值的测量转变为光强衰减时间的测量，从而避免了光强波动对测量结果的影响。然而，近年来大量研究表明，利用液态同位素分析仪测试分析的土壤样品的同位素结果可能与同位素质谱仪的测量结果有一定的差别，这种差别可能是由于在真空抽提过程中土壤水样中混有一些与水分子类似光谱吸收峰的有机物质（甲醇和乙醇），易干扰激光同位素分析仪的吸收光谱，进而造成同位素值间存在误差。为了消除这些有机物质的污染，土壤样品都需经过光谱污染校正软件（LWIA-SCI）进行诊断，LWIA-SCI 可诊断出每个样品的宽带（broad band，BB）系数和窄带（narrow band，NB）系数。BB 表示样品受乙醇污染的影响，其会使测量的同位素值偏低，故进行校正时需在原来测量值加上偏差值；NB 表示样品受甲醇影响，其使测量的同位素值比真实结果偏高，因此在校正时需在测量值基础上减去偏差。通过上述步骤分别得到 NB 和 BB 与 δ^2H、$\delta^{18}O$ 之间的光谱校正关系：

$$\Delta\delta^2H\ (y)\sim \ln\ (NB)\ (x)\text{：}y=0.25x^2-0.46x+1.18\quad (R^2=0.995,\ p<0.01)\qquad (5-31)$$

$$\Delta\delta^{18}O\ (y)\sim \ln\ (NB)\ (x)\text{：}y=0.17x^2-0.29x+0.73\quad (R^2=0.995,\ p<0.01)\qquad (5-32)$$

$$\Delta\delta^{18}O\ (y)\sim BB\ (x)\text{：}y=-6.33x+6.38\quad (R^2=0.995,\ p<0.01)\qquad (5-33)$$

为了评价校正的精度，随机选择 21 个样品在中国林业科学研究院稳定同位素比率质谱实验室用稳定同位素质谱分析仪（Thermo Finnigan，MAT，Bremen，Germany）进行测量，随后将质谱仪结果与校正前后的同位素值进行比较。在校正前质谱仪结果与光谱激光测量的结果的差异为 3.13‰（σ=2.27），校正后两者的差异为 0.14‰（σ=0.16）。因此，通过曲线校正能有效消除甲醇和乙醇污染后带来的影响。将对有干扰的同位素值进行校正。

3. 稳定同位素技术在生态学研究的实际应用举例

1）水分利用效率研究

δ^{13}C 值可相对有效地评估 C_3 植物叶片中细胞间平均 CO_2 浓度，根据 Farquhar 和 Sharkey（1982），植物的 δ^{13}C 值可由式（5-34）来表示：

$$\delta^{13}C_p = \delta^{13}C_a - a - (b-a) \times C_i/C_a \tag{5-34}$$

式中，$\delta^{13}C_p$ 和 $\delta^{13}C_a$ 分别为植物组织及大气 CO_2 的碳同位素比值；a 和 b 分别为 CO_2 扩散和羧化过程中的同位素分馏；C_i 和 C_a 分别为细胞间及大气的 CO_2 浓度。植物组织的 δ^{13}C 可反映出 C_i/C_a 和大气 CO_2 的碳同位素比值，C_i/C_a 与叶光合羧化酶和叶片气孔行为有关，C_i/C_a 与水文温度等可引起气孔行为改变的环境因子有关。另外，根据水分利用效率的定义，植物水分利用效率也与 C_i 和 C_a 有密切的联系，这可从式（5-35）～式（5-37）看出：

$$A = g \cdot \frac{C_a - C_i}{1.6} \tag{5-35}$$

$$E = g \times \Delta W \tag{5-36}$$

$$WUE = \frac{A}{E} = \frac{C_a - C_i}{1.6 \Delta W} \tag{5-37}$$

式中，A 和 E 分别为光合速率和蒸腾速率；g 为气孔传导率；ΔW 为叶内外水气压差。这样，δ^{13}C 值可间接地揭示出植物长时期的水分利用效率：

$$WUE = C_a \left(1 - \frac{\delta^{13}C_a - \delta^{13}C_p - a}{b-a}\right) \Big/ 1.6 \Delta W \tag{5-38}$$

由于植物组织的碳是在一段时间（如整个生长期）内累积起来的，其 δ^{13}C 值可以指示出这段时间内平均的 C_i/C_a 及长期 WUE 值。

植物的水分利用效率与叶片 δ^{13}C 值正相关（Dawson et al.，2002）。δ^{13}C 值是一种遗传性状，所以通过测定叶片 δ^{13}C 值可以用来衡量植物间水分利用效率的差异。空气湿度和土壤含水量降低会导致环境可利用水分减少，干旱胁迫加重，从而使叶片气孔导度下降，气孔关闭最终导致 δ^{13}C 值增大。

植物叶片 δ^{13}C 值与细胞间 CO_2 浓度（C_i）之间存在紧密关系，δ^{13}C 值随 C_i 值增大而降低，由以上公式可见 WUE 与 C_i 值相关，高的 WUE 与 δ^{13}C 值相关。因此，植物的长期水分利用效率可以通过叶片的 δ^{13}C 值来指示（Ehleringer and Cooper，1988）。

Pate 和 Arthur（1998）为研究 WUE 与 δ^{13}C 关系，在澳大利亚相距 10 km 的两个人工桉树林（*Eucalyptus globules*）进行研究，首次利用树干韧皮部树液的 δ^{13}C 值研究植物利用水分的季节变化，在雨水供水样地（Eulup）内，δ^{13}C 值为 -27.6‰～-20.2‰，在灌溉供水样地（Albany）内却没有表现出明显的波动；在秋季水分胁迫时，雨水供水样地韧皮部树液 δ^{13}C 值为 -20.6‰～-19.6‰，而在样地 Albany 内为 -26.7‰～-23.7‰。可见植物叶片在生长过程中 δ^{13}C 值是变化的，不同季节植物水分利用效率的变化是植物本身生理生化与生长季内环境因子共同作用的（图 5-41）。

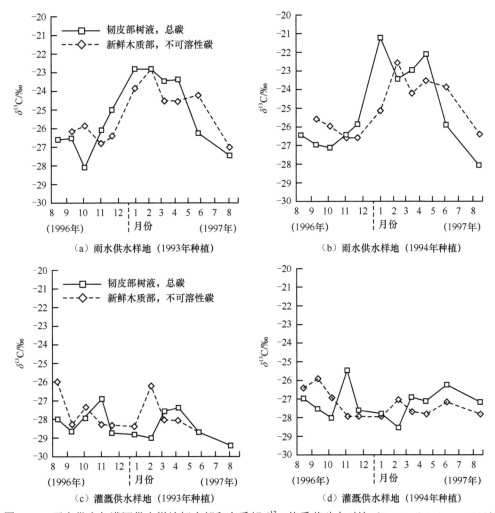

图 5-41　雨水供水与灌溉供水样地韧皮部和木质部 $\delta^{13}C$ 值季节动态对比（Pate and Arthur, 1998）

2）通量来源拆分研究

Keeling 曲线以生物学过程前后的物质平衡原理为基础，将稳定同位素组成测定与物质浓度测定相结合，利用植被不同高度样点之间同位素组成和 CO_2 浓度之间的差异，构建同位素组成与 CO_2 浓度倒数之间的线性关系，该直线的截距即为生态系统呼吸释放 CO_2 的同位素组成（Yakir and Sternberg, 2000）。Keeling 曲线法与微气象法结合，能够区分光合和呼吸对整个生态系统碳通量的贡献，利用氢氧同位素的 Keeling 曲线还可以区分蒸腾和蒸发占生态系统蒸散的比例。

Keeling 曲线的基础是生物学过程前后的物质平衡，即群落冠层或相邻边界层气体浓度是大气本底浓度与增加源的气体浓度之和，这种关系可以用式（5-39）来表示（以 CO_2 为例）：

$$C_a = C_b + C_s \qquad (5-39)$$

式中，C_a、C_b 和 C_s 分别表示生态系统中大气的 CO_2 浓度、CO_2 浓度的本底值和添加源的 CO_2 浓度。式（5-39）不仅适用于 CO_2，也适用于生态系统其他气体，如水蒸气或甲烷（Pataki et al.，2003）。将式（5-39）的各项组分分别乘以各自的 CO_2 同位素比值（$\delta^{13}C$），就能够得到稳定同位素 ^{13}C 的质量平衡方程：

$$\delta^{13}C_a \times C_a = \delta^{13}C_b \times C_b + \delta^{13}C_s \times C_s \qquad (5\text{-}40)$$

式中，$\delta^{13}C_a$、$\delta^{13}C_b$、$\delta^{13}C_s$ 分别表示 3 个部分的同位素比值。将式（5-39）和式（5-40）合并之后我们就可以得到：

$$\delta^{13}C_a \times C_a = C_b \times (\delta^{13}C_b - \delta^{13}C_s)(1/C_a) + \delta^{13}C_s \qquad (5\text{-}41)$$

式中，$\delta^{13}C_s$ 是生态系统中自养呼吸和异养呼吸释放 CO_2 的整合同位素比值。由此可见，$\delta^{13}C_a$ 和 $1/C_a$ 的直线在 y 轴的截距为 $\delta^{13}C_s$。在冠层尺度，Keeling 曲线截距表示植被和土壤呼吸释放 CO_2 的 $\delta^{13}C_s$ 在空间上的整合。同时，它也表示植被和土壤不同年龄碳库（周转时间和 $\delta^{13}C$ 值不同）在时间上的一种整合。

利用 Keeling 曲线法求得的生态系统呼吸释放 CO_2 的 $\delta^{13}C$ 值（$\delta^{13}C_r$），能够反映出所有植物物种土壤根系和微生物呼吸释放 CO_2 的 $\delta^{13}C$ 同位素组成，能够将叶片尺度的同位素判别外推到生态系统尺度，在时间尺度上，生态系统呼吸所表示的不仅仅局限在一个生长季内，它是一个生态系统内不同年龄碳分解释放的整合（Kaplan et al.，2002）。

冠层 CO_2 净吸收的减少以及光合吸收 CO_2 的减少均与土壤呼吸 CO_2 的释放有关。同位素测量及冠层尺度通量测量与 Keeling 曲线法相结合，可将冠层 CO_2 或水的净通量区分为不同组分通量。以冠层与大气 CO_2 交换为例，假设 F_N 为净通量，F_1 和 F_2 是两个初级通量组分（如光合 CO_2 吸收和土壤呼吸 CO_2 释放），三者的同位素组成分别为 δ_N、δ_1 和 δ_2。根据同位素质量平衡法：

$$F_N \cdot \delta_N = F_1 \cdot \delta_1 + F_2 \cdot \delta_2 \qquad (5\text{-}42)$$

能够推导出通量 F_1 和 F_2 的计算公式：

$$F_1 = F_N \frac{\delta_N - \delta_2}{\delta_1 - \delta_2} \qquad (5\text{-}43)$$

$$F_2 = F_N \frac{\delta_N - \delta_1}{\delta_1 - \delta_2} \qquad (5\text{-}44)$$

F_N 可以通过微气象法测得，δ_N 可以通过 Keeling 曲线计算，δ_1 和 δ_2 可以分别通过土壤和植物样品测得。观测到的冠层边界层 ^{13}C 和 ^{18}O 同位素组成梯度通常为 0.3‰/m 或 （0.02‰～0.1‰）/(μmol·mol)CO_2（Yakir and Sternberg，2000），只有在高光合速率群落冠层或者在非常理想状态下才能够产生较大的同位素梯度。Wehr 等（2016）使用新的同位素仪器来测定一个温带落叶林三年间的生态系统光合作用和白天的呼吸。结果发现，生态系统的呼吸作用在白天低于夜晚（图 5-42），这是光照在生态系统尺度上抑制叶片呼吸作用的第一个有力证据。因为标准方法没有捕捉到这种效应，结果高估了站点生长季节前半部分的生态系统光合作用和白天呼吸，并且不准确地描述了生态系统光合利用效率。这些发现修正了我们对森林–大气碳交换的认识，并为研究其他生态系统冠层尺度上叶级生理动态的表现提供了依据。

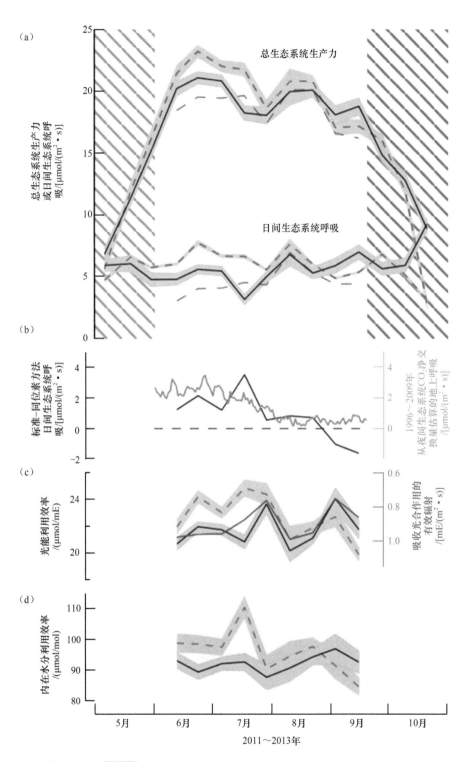

图 5-42　季节光照对地上呼吸的抑制作用和对光合效率的维持作用（Wehr et al.，2016）

3）包气带土壤水运移过程研究

包气带土壤水是指地表以下至潜水面以上非饱和带土层中的水分，其存在形式主要包括束缚水、毛管水及重力水三种类型，其中束缚水在包气带中为不可移动水，后两者为可移动水。由于受降水补给、蒸发及土壤水混合作用，这三种类型土壤水具有不同的氢氧同位素变化特征：①由于蒸发作用在接近地表部分不可移动水同位素组成较富集，表现出有限的与其他类型的水的混合；②由毛管力驱动的土壤基质发生作用的可移动水，同位素组成居中；③由重力驱动下快速运移的移动水，其同位素组成较接近于降水。这三种类型土壤水在运动过程中不断地发生变化，其氢氧同位素组成也随之发生变化（Mathieu and Bariac，1996），因此可根据不同深度土壤水的氢氧稳定同位素变化特征来分析包气带水分运移过程。

在运移过程中包气带土壤水氢氧同位素组成变化的原因主要有：不同同位素含量的降水入渗补给于土壤，与土壤水发生交换混合，原有土壤水同位素组成发生改变；土壤水在水平迁移和垂向运动过程中发生蒸发分馏，其同位素组成发生富集现象；水岩交换作用导致深层土壤水同位素组成变化。另外，降水中的同位素含量具有明显的季节性变化，这也会引起土壤水中氢氧稳定同位素组成变化。因此，通过比较分析土壤水与其他水体间的同位素组成差异，并结合不同深度土壤水同位素变化特征，揭示降水入渗过程以及水分在土壤中运移特征。

通常在包气带中土壤水的运移方式主要包括活塞流和优势流（图 5-43），活塞流在土壤机械组成较均质的包气带中，而优势流多发生于具有植物根系、大孔隙、裂隙等通道的包气带土壤中（Barnes and Allison，1988）。土壤水在包气带中不同的运移方式下其同位素组成具有明显的差异，在活塞流中表现出浅层土壤水重同位素（δ^2H，$\delta^{18}O$）在土壤上层富集于，且具有明显的季节变化特征，原因在于新水推动旧水沿着水力梯度向下运动，新水与旧水的混合由水力扩散控制；而在优势流中，水沿着快速下渗通道运移其土壤水同位素组成无明显的分层现象。

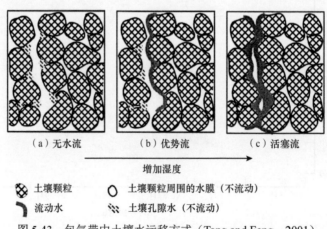

（a）无水流　　　　　　（b）优势流　　　　　　（c）活塞流

增加湿度

🔲 土壤颗粒　　　　⬭ 土壤颗粒周围的水膜（不流动）

🔲 流动水　　　　　🔲 土壤孔隙水（不流动）

图 5-43　包气带中土壤水运移方式（Tang and Feng，2001）

土壤水分不同的运移方式造成土壤水同位素组成存在明显的垂直剖面变化，据此可以辨别土壤水的运移方式。田日昌等（2009）研究发现不同植被类型下（油茶林和玉米地）其土壤水入渗和蒸发作用具有较大的差异；Gazis 和 Feng（2004）对比分析了美国东北部汉诺威（Hanover）城市的不同地区土壤水与降水中氢氧稳定同位素组成的变化，并指出不同的土壤水入渗方式造成该地区土壤水同位素组成在垂直方向上变化明显，特别是在连续降水影响下，以活塞流运移方式为主的土壤水同位素变化呈现一个较陡的峰值；而以优势流运移方式为主的土壤水氢氧同位素组成在土壤垂向上呈现双峰分布，这分别对应于土壤中可移动和不可移动水（图 5-43）。在这两种入渗方式中，优势流的土壤水运移速度较快，水分和污染物能较快地通过包气带进入深层地下水，使得地下水容易获得补给但同时也极易被污染。因此，优势流的研究得到国内外诸多学者的重视，这也表明包气带土壤水分运动机理的研究已由均质走向非均质领域。

4）土壤水蒸发研究

土壤水蒸发是近地表处发生的复杂的能量、热量与水量转换和交换过程，在此过程中发生相变作用，从而土壤水中同位素组成发生了分馏与富集，这也是造成浅层土壤水重同位素（δ^2H，$\delta^{18}O$）在土壤浅层富集而在深层亏损的主要原因，其在一定程度上取决于植被类型、土壤性质、土壤含水量（Allison，1982），浅层土壤水中 $\delta^{18}O$ 和 δD 关系也明显小于区域大气降水线，并在不同植被覆盖和土壤性质下其蒸发线斜率具有明显的时空差异，孙晓旭等（2012）通过室内对比砂土和黄土土壤水蒸发实验发现，砂土土壤水蒸发线斜率明显大于黄土且它们的土壤水蒸发速率也不一样（图 5-44），因此基于土壤水同位素组成变化特征来揭示土壤水分的蒸发规律和计算蒸发速率。

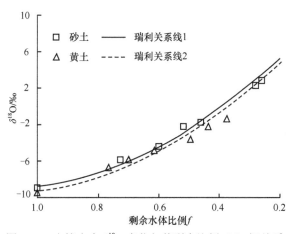

图 5-44　土壤水中 $\delta^{18}O$ 变化与其剩余比例（f）间关系

土壤水蒸发问题得到人们广泛地关注，对此国外从 20 世纪 60 年代开始在室内进行比较恒温稳态和非恒温稳态蒸发条件下探讨土壤水运动规律，在恒温稳态条件下土壤水中氢同位素 δ^2H 在土壤浅层较富集，随深度增加扩散作用逐渐减弱，氢同位素（δ^2H）组成也呈指数减小。然而，Barnes 和 Allison（1988）指出在非恒温稳态蒸发条件下包气带土壤水同位素组成存在明显的蒸发锋面，在蒸发锋面以上为水蒸气输送控制带，在其以下为液态水

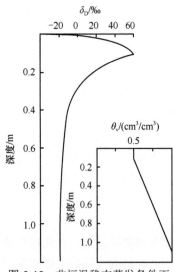

图 5-45　非恒温稳态蒸发条件下
包气带土壤水同位素组成垂直变化
（Barnes and Allison，1988）

输送控制带，δ^2H 随深度增大逐渐由富集转为亏损，在蒸发锋面处达到最大值，然后，随深度增加呈指数形式减小至常数（图 5-45），此类情况多运用于地表植被覆盖较少或者无植被覆盖的地区的土壤水蒸发研究中。已有许多学者研究了不同植被类型下氢氧同位素组成变化特征分析其蒸发的差异，侯士彬等（2008）发现荒草地土壤水中 $\delta^{18}O$ 显著比刺槐林地和侧柏林地富集，原因在于荒草地蒸发作用较强，易于发生瑞利分馏。同样，Gehrels 等（1998）在草地、荒野和森林植被覆盖下土壤水同位素组成发现了相似的变化规律。

在研究区域水分循环、能量平衡时，土壤水蒸发是不可忽略的，国内外已有大量研究基于同位素瑞利平衡分馏方法推算土壤水蒸发率（Kubota and Tsuboyama，2004）。过去的研究多基于蒸渗仪测定法、能量平衡法和涡度相关法研究地表土壤的蒸发率，如采用小型蒸渗仪测定估算土壤蒸发占总蒸发散的 5%～20%（Tsujimura and Tanaka，1998）。Tsujimura 和 Tanaka（1998）在日本北海道的川上郡 Kawakami 试验区域选择了一植被覆盖良好的湿润流域，研究发现非暴雨期间土壤水氧同位素（$\delta^{18}O$）在某一深度时趋于稳定，将土壤蒸发过程看作瑞利分馏过程，经计算得到其蒸发损失率为 3%，说明有 3%的穿透水在 Kawakami 试验流域地表土壤中被蒸发掉，约占该森林总蒸发散量的 5%，经验证该计算结果是合理的。由此可以看出，基于同位素方法可以较好地估算土壤蒸发率，但此方法需满足以下两个基本条件：①土壤水氧同位素（$\delta^{18}O$）在某一深度是均匀不变的，土壤表面活跃层下一定深度后土壤水氧同位素（$\delta^{18}O$）趋于稳定。②土壤水氢氧同位素组成仅受蒸发和土壤水混合作用影响，即集水区的蒸发过程最好发生在非暴雨径流期，以满足平衡条件。

5）土壤水滞留时间研究

土壤水（地下水）平均滞留时间是指从降水进入流域，运移到流域出口或某一被观测到土壤深度时所用的平均时间（McGuire and McDonnell，2006）。土壤水（地下水）滞留时间与流域土壤结构、地形以及植被结构等密切相关，反映了流域水体储存、运移路径、水分来源等。滞留时间的估算是进一步深入理解水循环过程的关键，可根据流域土壤水（地下水）滞留时间推算整个流域水资源的储存量、补给量及流出量。另外，滞留时间还制约着土壤水（地下水）中地球化学和生物循环过程与污染物储存，滞留时间长短表明土壤水（地下水）储存及其与地层的接触时间，决定了降水进入流域后在向河网运移的过程中发生生物地球化学反应的时间。因此，流域滞留时间的定量研究可为掌握流域水文生物地球化学系统的初步信息以及流域对人类活动和土地利用变化的敏感性提供科学依据。

氢氧稳定同位素是自然界水分子构成中的一部分，具有化学稳定性，在野外或室内易收集和分析，因此成为水体滞留时间评估的首选，水体氢氧稳定同位素的季节性变化使其能运用于计算流域滞留时间。大气降水中氢氧稳定同位素的季节性变化幅度在补给土壤水（地下水）过程中不断地被削弱，削弱的程度与包气带和含水层介质的物理属性、水力参数等密切有关。降水补给土壤水（地下水）时，随着补给路径和滞留时间的延长，其氢氧稳定同位素组成的变化幅度逐渐变小，通过对比分析降水与土壤水（地下水）中同位素组成的变化特征，结合不同的模型可估算土壤水（地下水）在含水层中的滞留时间。

估算土壤水（地下水）滞留时间的模型主要有分割模型、概念水文模型、随机模型、粒子示踪等（Amin and Campana，1996），但这些模型对滞留时间的估算需要严格的条件界定，如流域边界条件、水文资料等，因此这些模型的普适性受到限制。然而，集中参数模型是一种以滞留时间分布模型为基础且适应性较广的模型，可根据天然的或人工的示踪剂来估算滞留时间。集中参数模型由一个去卷积的同位素输入函数［降水的同位素组成，$C_{in}(t)$］和一个土壤水（地下水）滞留时间分布函数［响应函数或权函数，$g(\tau)$］来计算同位素的输出［基流同位素组成，$C_{out}(t)$］。调整权函数以实现观测值和计算值的最优化适配，从而得到平均滞留时间。图 5-46 是集中参数模型确定流域土壤水（地下水）滞留时间的理解：流域受随时间变化且波动范围较大的降水输入，降水在饱和带及包气带中沿着地表或地下各

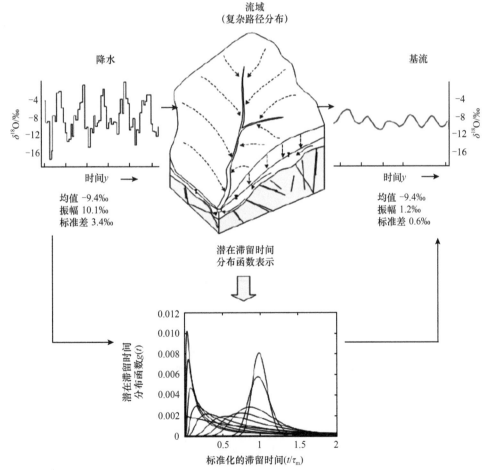

图 5-46　集中参数模型确定流域地下水滞留时间（McGuire and McDonnell，2006）

种复杂的路径进入河网,此不同的运移路径造成流域同位素输出信号(如基流)具有明显的阻尼和滞后现象,而复杂的流线分布形式用滞留时间分布函数 $g(t)$ 来代表。

常用的滞留时间分布模型主要包括活塞流模型(PFM)、指数模型(EM)、指数活塞流模型(EPM)、弥散模型(DM)、线性模型(LM)、线性活塞流模型(LPM)和正弦函数模型(表 5-3)。在目前的研究中,多数学者是采用数理统计中正弦函数模型的方法来计算的(Asano et al., 2002),该方法主要基于降水和土壤水(地下水)中 δD、$\delta^{18}O$ 和过量氘(d-excess)的季节性变化趋势与正弦或余弦函数的变化趋势相似,通过拟合计算并比较降水和土壤水拟合曲线的振幅与相(时间)的位移,从而计算出自地表到某一特定土壤深度之间的土壤水的滞留时间。

表 5-3　土壤水(地下水)常用滞留时间分布模型

模型	滞留时间函数	参数说明
活塞流模型	$C_{out}(t) = C_{in}(t-\tau)\exp(-\lambda\tau)$	
指数模型	$g(t') = T^{-1}\exp(-t'/T)$	T 为示踪剂的运移时间
指数活塞流模型	$g(t') = \dfrac{\eta}{T}\exp(-\eta t'/t_t + \eta - 1)t^{-1},\quad T \geq T(1-\eta')$ $g(t') = 0,\quad T \leq T(1-\eta')$	η 为流动系统总体积与运移时间按指数分布的水体积之比
弥散模型	$g(t') = (4\pi t'^3 / PeT)^{-1/2}\exp\left[-\left(1-\dfrac{t'}{T}\right)^2 T \times Pe/t'\right]$	Pe 为贝克来数,$Pe^{-1}=D/vx$;D 为弥散系数,v 为沿水流方向的稳定平均流速;x 为含水介质的某种特征长度
线性模型	$g(t') = \dfrac{1}{2T},\quad t' \geq 2T$ $g(t') = 0,\quad t' \leq 2T$	
线性活塞流模型	$g(t') = \dfrac{\eta}{2T},\quad T(1-\eta^{-1}) \leq t' \leq T(1+\eta^{-1})$	δ 为同位素输出值;β_0 为同位素平均值;A 为同位素变化振幅;φ 为滞后相位;β_{cos} 和 β_{sin} 为三角函数的回归系数;c 为角频率
正弦函数模型	$\delta = \beta_0 + A\left[\cos(ct-\varphi)\right]$ $A = \sqrt{\beta_{cos}^2 + \beta_{sin}^2}$	

6)壤中流研究

目前划分径流中各组分最常见的方法是氢氧同位素方法,氢氧同位素技术的应用为水循环研究提供了新的手段。氢氧同位素(δD 和 $\delta^{18}O$)以不同的比率存在于自然水体中,其组成大小是区别不同水体的理想指标,在水循环中,水通过蒸发、凝聚、降落、渗透和径流参与水循环,水体氢氧同位素组成在径流的形成、运移以及混合等过程能敏感地响应环境条件变化且会发生不同程度相态变化,从而引起各个阶段同位素分馏作用,继而能够反映自然水体在相态变化以及径流与地表物质接触过程中的氢氧同位素分馏,通过氢氧同位素组成可以将径流分割为坡面径流、壤中流、地下径流等类型。目前环境同位素方法可以准确估算径流贡献来源和比例,具体方法为在研究区域内的一次降水事件前后,以固定的时间间隔在一个坡地的不同坡位或在流域内的不同位置采集土壤水、壤中流、地表径流和大气降水，通过比较分析不同水体间的氢氧同位素特征，探讨壤中流在坡地或者流域内的运移方式和运移路径。所以，氢氧同位素在壤中流的研究中可作为良好的天然示踪剂。

利用氢氧同位素方法对壤中流的研究取得了许多进展。利用氢氧同位素对壤中流的产流来源进行研究时发现，壤中流的来源可分为新水和旧水，新水即一次降水径流事件中补充的水分，而旧水则为降水前储存在土壤中或者地表的水分。新水和旧水对于径流的补充方式各有不同，如在降水落到地表后，径流接收到降水补充的水分开始产流，而当雨水入渗到土壤中以后，降水前储存在土壤中的水分（即旧水）会被"驱替"出来，融入本次降水径流过程所产生的壤中流中，形成壤中流产流，进而产生新旧水混合的结果（顾慰祖等，2010）。谢小立等（2012）运用氢氧同位素方法对红壤坡地的壤中流发生机制进行了研究，结果表明浅层土壤壤中流和深层土壤壤中流来源不同，且水分来源主要为原有的土壤水分。有研究基于氢氧同位素分割径流确定新水和旧水对壤中流的贡献，特别是利用模型确定新水和旧水对壤中流的具体贡献比例。同时，在一场降水径流过程中新水和旧水对径流各有一定的贡献，通常随着径流过程的不同，新旧水对于径流的贡献也是一个动态的过程（顾慰祖，1992）。

然而，氢氧同位素方法在壤中流及径流组分分割研究中也存在许多产生误差的因素，径流分割过程中误差主要来源于：①同位素测量技术本身存在的误差；②雨水在降落的过程中受到二次蒸发以及当地气候等因素的影响，造成降水中氢氧同位素组成发生变化；③同位素组成的高程效应；④壤中流运移过程中，矿物质可能会溶解于壤中流；⑤氢氧同位素随着时间和空间的变化会发生一定的改变，进而产生误差（Pellerin et al.，2008）。另外，氢氧同位素方法很难确定各个壤中流来源贡献的具体起止时间，同时氢氧同位素方法无法精确地计算产流量的大小，这些都是氢氧同位素方法研究中有待于解决的问题。许多研究者结合水化学示踪法和氢氧同位素方法进行研究，对所获得的信息进行多角度分析，将壤中流的运移路径和水分来源进行识别与分割，进而达到更准确地认识壤中流的形成、滞留时间和运移路径的目的（丁文峰和李勉，2010；Yang et al.，2011）。

$$\delta_E = \frac{\alpha^* \delta_L - h\delta_A - \varepsilon}{(1-h) + \Delta\varepsilon/1000} \approx \frac{\delta_L - h\delta_A - \varepsilon}{1-h} \tag{5-45}$$

$$\varepsilon^* = 1000(1 - \alpha^*) \tag{5-46}$$

$$\varepsilon^* = \varepsilon^* + \Delta\varepsilon \tag{5-47}$$

$$\Delta\varepsilon = (1-h)C_K \tag{5-48}$$

式中，α^*是水汽平衡时稳定同位素的分馏系数；h是相对湿度；δ_A是周围大气中的稳定同位素比值；ε是包括平衡分馏ε^*和动力分馏ε_k之和；$C_K=(D/D_t)n-1$，D是包含轻同位素$H_2^{16}O$的扩散系数，D_t是重同位素$H_2^{18}O$和$D_2^{16}O$的扩散系数，对于平滑的水面，取$n=1/2$时，C_K取14.3‰。

在瑞利蒸发模型中，温度是影响蒸发水体中稳定同位素分馏最重要的外部因子，平衡分馏的进程完全取决于温度。Majoube（1971）提出当温度在273.15～373.15 K时，平衡分

馏系数 α^* 与温度（T）的关系如下：

$$\ln\alpha^*_{^{18}O} = 2.0667 \times 10^{-3} - 1.137T^{-2} \times 10^3 + 0.4156T^{-1} \qquad (5\text{-}49)$$

$$\ln\alpha^*_D = -52\,612 \times 10^{-3} - 24.844T^{-2} \times 10^3 + 76.248T^{-1} \qquad (5\text{-}50)$$

δ_E 的实验估算：① δ_P 的推算；② 蒸发器实验。

通过标准蒸发器估算 δ_A。在蒸发器盛有一定体积的湖水，设置于湖岸边或漂浮于湖面上，则由式（5-44）可得到：

$$\delta_E = \frac{\alpha_{V\_L}\delta_{LP} - \delta(1 - h - \Delta\varepsilon) + \varepsilon}{h} \qquad (5\text{-}51)$$

式（5-51）实验操作条件困难，则可使用蒸发线，其与斜率间存在以下近似关系：

$$S_{LP} \approx \frac{(\delta_L - \delta_A)\,h + \varepsilon}{1 - h} \qquad (5\text{-}52)$$

蒸发线斜率可由蒸发器水量变化与剩余水中 δ 值求得，由此可推算 δ_A。

5.1.5 核磁共振技术

核磁共振（nuclear magnetic resonance，NMR）技术是一种分析物体结构、探测地下水的有效手段，已有多年发展历史。目前该方法被广泛地应用于医学、生物、物理、化学等领域，并已有建树（陈斌等，2014）。近 20 年来，NMR 也开始应用于近地表地球物理学中，主要应用在岩石样品分析、质子磁力仪、地下水探测和测井等领域。使用 NMR 技术来探测地下水是一种新型的地球物理探测技术。由于仪器、数据处理、正向建模、反演和测量技术的持续改进，NMR 技术不断进步，在地下水探测中发挥着举足轻重的作用（Hertrich et al.，2009；Nuber et al.，2013）。

地面核磁共振（surface nuclear magnetic resonance，SNMR）技术又称磁共振地下探测技术，具备灵敏度高、探测效率高、深度大等优点。目前已有的物探方法包括高密度电法、地质雷达法、陆地声呐法和微地震法，这些方法受到自身原理的限制，都是通过间接反演水分的方式找水（Samouëlian et al.，2005；Sudha et al.，2009）。不同于这些地球物理方法的是，SNMR 技术是唯一一种能够直接估算地层水含量和孔隙结构的地球物理方法，并且操作所需人力较少，劳动强度低（Behroozmand et al.，2015）。

1. 组件构成

地面核磁共振找水仪主要由 PC 控制系统单元、电源转换单元——DC/DC 转换单元和接收/发射单元三部分组成（图 5-47 和图 5-48）。其中 PC 负责记录、显示、存储数据；DC/DC 转换单元负责转化电压，将蓄电池提供的 24 V 电压转换成 400 V，供发送机的交变电流发生器使用；接收/发射器是整套仪器的核心装置，负责将其产生的拉莫尔频率的电流脉冲供入天线，形成激发磁场，并接收 NMR 信号。另外还配有天线（包括一个地上铜制线圈变频器、两个地下线圈变频器，地上线圈既是发射天线也是接受线圈，长度为 100 m）、转换开关、调谐单元、电瓶等设备。

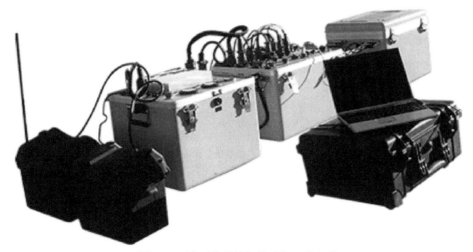

图 5-47　地面核磁共振找水仪配套组件

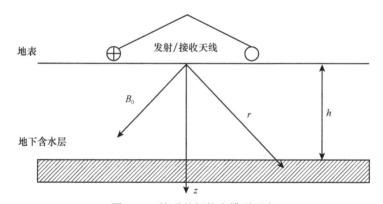

图 5-48　核磁共振找水模型示意

h 表示埋深；B_0 表示地磁场方向；z 表示电磁脉冲信号；r 表示 NMR 信号

2. NMR 原理

1）原子核特性

A. 原子核动量矩

原子是自然界中构成一般物质的最小单位，由原子核和围绕原子核运动的电子组成。而原子核由质子和中子组成，质子和中子统称为核子。实验表明，原子核会围绕自身自旋，同时原子核又具备一定的体积和质量，为此用动量矩 L（又称角动量）来描述原子核的自旋运动，其计算公式为

$$|L| = \frac{\left[I(I+1)\right]^{1/2} h}{2\pi} \tag{5-53}$$

式中，I 为原子核的自旋量子数，不同的原子核的自旋量子数各不相同，并且需遵循一定规律不能随意改变；h 为普朗克常数。

B. 原子核磁矩

原子核中质子带正电，当其自旋时会产生电流进而带有一定磁性，所以用磁矩来描述原子核的磁性，其计算公式为

$$i = \frac{ev}{2\pi r} \qquad (5\text{-}54)$$

$$|\boldsymbol{\mu}| = i\boldsymbol{S} = i\pi r^2 = \frac{evr}{2} \qquad (5\text{-}55)$$

式中，e 为电子电荷；r 为圆半径；v 为速度；$\boldsymbol{S}$ 为圆电流的面积矢量；μ 为磁矩。

这里引入原子核磁旋比概念，其计算公式为

$$\gamma = \frac{|\boldsymbol{\mu}|}{|\boldsymbol{L}|} \qquad (5\text{-}56)$$

最终推导出原子核磁矩：

$$|\boldsymbol{\mu}| = \gamma|\boldsymbol{L}| = [I(I+1)]^{\frac{1}{2}}\gamma h 2\pi \qquad (5\text{-}57)$$

C. 原子核能级

当外界无磁场（$\boldsymbol{B}$）时，磁矩的取向是任意的。而当施以外磁场 $\boldsymbol{B}$ 时，对于 I 不为 0 的自旋核，磁矩取向不是任意的，而是量子化的，可用磁量子数 m 表示。此时自旋核在沿着 z 轴方向的外磁场 $\boldsymbol{B}_0$ 进动，除围绕自转轴自旋外，还会绕磁场 $\boldsymbol{B}_0$ 进动，称为拉莫尔进动（图 5-49）。

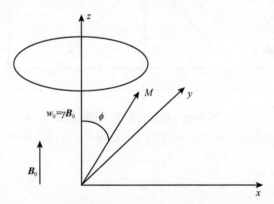

图 5-49　自旋核在 $\boldsymbol{B}_0$ 场中的拉莫尔进动（李振宇，2006）

如果核磁矩的一个确定分量的最大值和它的核磁矩相等，也就是这两个能级对应于核磁矩在磁场方向上和与磁场相反的方向上的投影。因此，相邻子能级的间距为 $\mu B/I$，$\mu B/I$ 通常写作 $g\mu_{\rm N}B$，$\mu_{\rm N}$ 是核磁子，$g=\mu/(I\mu_{\rm N})$ 是分裂因子，记作 $g_{\rm N}$。若要引起相邻能级的跃迁，电磁场的频率 f 需满足条件：

$$hf = \frac{\mu B}{I} = g\mu_{\rm N}B \qquad (5\text{-}58)$$

2）核磁共振

核磁共振是一种量子效应。根据量子力学原理，具有非零磁矩的原子核置于稳定外磁

场中时，处于低能态的核磁矩如果吸收了交变电磁场中的能力跃迁到高能态并形成吸收光谱，这种现象即核磁共振。产生核磁共振必备三个重要条件：①不为零的原子核自旋量子数；②外磁场 $\boldsymbol{B}_0$；③与 $\boldsymbol{B}_0$ 相垂直的射频场 $\boldsymbol{B}_1$。而一般要想引发核磁共振现象，可通过以下两种方法：一是扫频，即固定磁场强度，改变射电频率对样品进行扫描；二是固定射电频率，改变磁场强度对样品进行扫描。

研究核磁共振现象除了要考虑交变磁场、稳定磁场作用之外，还要考虑晶格对原子核的弛豫作用和原子核间的弛豫作用。

A. 晶格作用

原子按照一定的几何规律进行列阵排布，可以用假想的线将这些原子进行连接，便形成了一个具有几何意义的空间网格。这种表示具有一定排列规律的原子的空间架构称为晶格。晶格作用是指，晶格本身无时无刻不在做热运动，而原子核位于晶格之中，并与整个晶格系统联系密切。因此，宏观的物质可认为由原子核系统和晶格系统组成，两系统相互作用，进行着能量交换，当两者不再进行能量交换时，就达到了热平衡状态。这时核粒子数能级分布服从玻尔兹曼分布，高能级粒子数要比低能级的少。

当原子核系统和晶格系统组成在静磁场中达到热平衡时，宏观物质获得较小的净磁矩。此磁矩是一定体积的原子核内与每个质子相关的所有磁矩的总和，并且指向与静磁场相同的方向。热平衡下的净磁化矢量由居里定律给出：

$$M_0 = \frac{n\gamma^2 h^2}{4K_{\mathrm{B}}T} B_0 \tag{5-59}$$

式中，n 是单位体积的质子数；γ 是质子的旋磁比；h 是简化的普朗克常数；T 是温度；K_{B} 是常数。

B. 弛豫作用

在激发脉冲施加以前，核自旋系统处于平衡状态，宏观磁化矢量 $\boldsymbol{M}_0$ 与地磁场 $\boldsymbol{B}_0$ 方向相同 [图 5-50（a）]。在激发脉冲作用期间，磁化矢量吸收电磁能量而偏离地磁场方向 [图 5-50（b）]；激发脉冲作用结束后，磁化矢量释放电磁能量，又将朝 $\boldsymbol{B}_0$ 方向恢复 [图 5-50（c）]。使核自旋从高能级的非平衡状态恢复到低能级的平衡状态，这一过程称为弛豫。

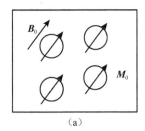 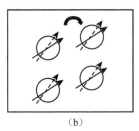 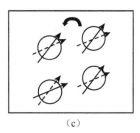

图 5-50　核自旋系统的三个状态示意（李振宇，2006）

3）地面核磁共振探测地下水原理

如上所述，依赖不同物质原子核弛豫性质差异产生的 NMR 效应。通过向铺在地面上的线圈（发射线圈）供入频率为拉莫尔频率的交变电流，形成交变磁场，激发地下水中的氢核能级跃迁,产生氢核特有的旋进频率。利用接收线圈接收 NMR 信号,通过信号强弱和衰减快慢判断水中质子数量,即地下自由水含量的多少,从而形成了一种能直接探测地下水的技术与方法。

为此须建立地下水含量与自由感应衰减(free induction decay,FID)信号的对应关系。通过地面发射线框对地下发射交变磁场,水体中氢核在稳定地磁场作用下产生宏观磁矩 $\boldsymbol{M}$ 将既沿稳定地磁场 $\boldsymbol{B}_0$ 方向做拉莫尔进动又沿 $\boldsymbol{B}_1$ 方向进动,从而产生旋动。旋动的频率与交变磁场强度成正比。由于接收线圈的磁感应在真实含水层是不均匀的,其表达式为(于德浩等,2019)

$$\varepsilon(t) = -\int_v \boldsymbol{\beta}(r)\frac{\partial}{\partial t}\boldsymbol{M}_0(r,t)\mathrm{d}v \tag{5-60}$$

式中,$\boldsymbol{M}_0(r,t)$ 是单位体积内的磁矩;$\boldsymbol{\beta}(r)$ 是接收线圈在含水层中某点的磁场强度。

3. SNMR 的找水实例

水文地质勘查是环境勘查中的重要部分,对探究地下水源、保护环境、合理开采用水都有着重要影响。随着现代技术的发展,已有多种方法用于水文地质勘查中。其中包括:①高分辨率地震法,可为水文地质构造分析、地层划分等提供有效的资料,可解释地层及基岩裂隙含水性;②遥感技术,根据地物波的曲线特性进行解译,适用于大尺度范围,但易受地表环境和遥感影像拍摄时间影响(王志强,2019)。另外,随着核磁共振方法在地学中应用的逐步加深,它为水文地质勘查拓宽了新的思路。该方法利用不同原子核弛豫性质差异产生的核磁共振效应,通过对地表线圈的反复通断电,观察核磁共振信号的变化规律,从而获得地下水资源信息。不同于其他方法的是,核磁共振找水技术是唯一一种可以直接探测地下水资源的方法,它具备相对较高的精度,并可获取更多的水文参数。下面介绍几项该技术的应用实例。

综合 SNMR 找水的应用研究发现,该方法在地下水探测和水文地质研究中已有大量案例。该方法可探测一定深度范围内(200 m)各水层的深度,可定量评估含水层的渗透参数、导水系数、埋深、含水量,可预估开采指标钻孔出水量及上述参数在平面和断面上的变化情况。为解决某防护工程供水问题,于德浩等(2019)对该工程区进行了地下水探测。探测点位于一个河道内,当地磁场强度为 54 507.04 nT 时,探测线圈长为 50 m,激发频率为 2322 Hz,叠加次数为 8~16 次。根据探测结果,该测点在 2 m 深处有一层地下水,在 8 m 深处含水率最大,可为 4%。在 8~50 m 随着深度的增加,含水量逐渐降低。说明该地区地下水是由地表水渗透形成的,水量受降水影响显著。应采用拦截工程,拦截地表水保障工程用水。

近年来,SNMR 技术除了在工程地质的应用之外也逐步应用于水文土壤学,尤其是冻土区的研究中,其优势在地理学基础研究中初步突显。多年冻土融化可以改变土壤的结构,使土壤变得不稳定,常规方法难以监测其变化。因此,使用非侵入性方法探测多年冻土的变化已成为近地表地球物理学领域的一个重要领域(Minsley et al.,2012)。在地球物理方法中,SNMR 探测对土壤中未冻结的水分敏感(Callaghan et al.,1999),因此 SNMR 逐渐成为探测寒区冻土层的一种极具发展潜力手段。最近发表的一些研究表明,SNMR 可用于探测地下沉积物中的未冻结部分(Lehmann-Horn et al.,2011;Parsekian,2013)。

北极生态系统中的湖泊对水文、地球化学循环起到重要作用。由多年冻土融化和沉降形成的湖泊被称为"热喀斯特湖"。在热喀斯特湖下的融化带称为"融区"。对于任意一个北极湖，根据其季节性冰层状况可分为以下三类：浮冰湖、坚冰湖和过渡冰湖。浮冰湖下液态水较多，会促进湖底区域融化；坚冰湖在冬季可使 95% 的湖水冻结。为探究湖冰和湖底土壤冻融的关系，Parsekian 等（2019）利用 SNMR 对阿拉斯加北部 10 个湖泊的湖底冻土进行了探测。在测量之前，在湖泊中心首先用 75 m 和 90 m 的巨磁阻（giant magneto resistive，GMR）线圈进行了实验。该作者通过每年春季的 SNMR 探测探究湖泊浮冰与湖底冻土的关系。实验结果表明，浮冰湖的湖底下有固体孔隙水，而坚冰湖下没有显示出与陆地多年冻土相似的 NMR 信号。虽然在浮冰湖下探测到冻土，但是又受限于 SNMR 的探测深度，并没有测量出冻土的厚度。但这一结果最终还是支持了湖的冰层控制湖底多年冻土层的冻融动力学假说。

另外，Parsekian（2013）利用 SNMR 探测了热喀斯特湖下的多年冻土层深度。研究者在三个地点收集了 SNMR 数据，在其中两个地点，测量了热喀斯特湖下方多年冻土环境中未冻结区域的深度和范围。在另外一个地点，测量到多年冻土层的深度。作者将 SNMR 初始振幅数据用于块状反演方案中，以获得一维水深深度分布图。这三个地点的反演结果如图 5-51 所示。该方法适用于含水量急剧变化的地质层，其结果表明通过使用已知的湖泊深度和相关含水量数据与 SNMR 构建关系，可以成功获得湖底冻土层的深度。SNMR 探测结果表明在卡里布湖（Caribou）湖底存在与湖底相连的冻土层，并且在数据验证方面，SNMR 结果与 TEM 的数据和多年冻土现场的钻孔数据高度吻合（图 5-51）。此外，该学者还假设了湖底冻土层可能存在的五种场景（图 5-52）。这些场景将帮助未来的研究人员利用 SNMR 数据预估多年冻土的厚度和变化。

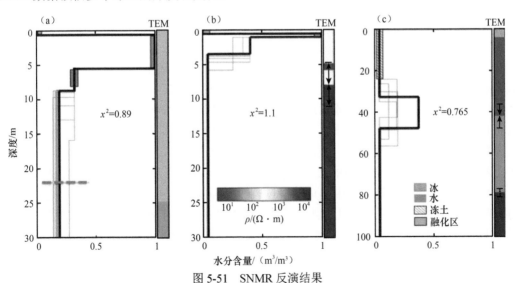

图 5-51　SNMR 反演结果

（a）南极爱丝湖（Ace），（b）卡里布湖（Caribou），（c）博南萨溪（Bonanza Creek）。每个图中的黑线代表最佳拟合模型，灰线表示拟合数据的模型范围，灰色虚线表示探测的最大深度灵敏度。黑线上的彩色框显示了冻土层厚度和含水量的反演约束条件。TEM 电阻率测深图以彩色条和选择误差棒的形式绘制。ρ 为电阻率，χ^2 为卡方统计量（Parsekian，2013）

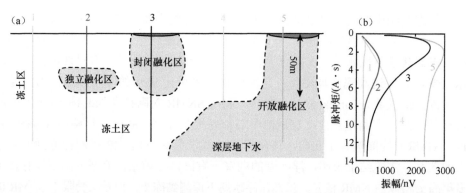

图 5-52　多年冻土环境中的五个可能的场景（a）及 NMR 测深（b）。场景 1 是湖底的多年冻土层（超出了 SNMR 测量的探测范围）；场景 2 是湖底的孤立冻土区；场景 3 是湖底的封闭冻土区；场景 4 是在湖底探测到深层地下水的场景；场景 5 是湖底深层地下水与冻土层相连的场景（Parsekian，2013）

5.1.6　径流观测

1. 径流的概念和分类

径流指流域降水或冰雪融水除去截流、入渗、填洼、蒸散发等损失后，在重力作用下由地面或地下途径汇入河网，形成流域出口断面的水流。根据形成界面可将径流分为地表径流和壤中流。地表径流指地面以上运动的径流，壤中流是地面以下各种形式的径流的统称。不同尺度地表径流和壤中流过程的观测数据是土壤水文学研究的基础。目前地表径流的观测方法已较为成熟，主要通过径流小区、径流场及各类量水堰等方法观测不同尺度的地表径流过程。由于地下水文地质结构的复杂性和现有观测技术的局限性，壤中流产流过程的观测是目前水文土壤学面临的一个难题。

壤中流根据运行机制可划分为基质流和优势流，在实际野外环境中，两种类型的水流经常同时发生（Hendrickx and Flury，2001）。基质流指在土壤基质中以活塞流形式均匀流动的水流，具有运动速度较慢，横截面土壤内沿不同位置流向和流速相同，符合对流扩散理论和达西定律等特征。优势流指通过土壤裂隙和孔洞等大孔隙通道快速、不均匀、优先流动的径流。优势流反映了土壤水分由均质向异质转变的流动机制，是流域上游水源地集水区暴雨径流形成的主要机制，也是理解流域径流响应降水过程的核心研究内容。优势流在孔隙、达西和区域三个不同的尺度均会形成。在孔隙尺度上，优势流通常在根系通道、蚯蚓洞穴、裂缝等不规则孔隙中形成，绕过较致密且渗透性较低的土壤基质，从阻力最小的孔隙路径中运移，形成单个孔隙或孔隙网络等多种不同特征的流动路径。在达西（土体）尺度上，由于水力特性和地形（局部凹陷、大石块等）等空间异质性，优势流可以漏斗流、指流、侧向流和不稳定流等形式形成。在区域尺度上，优势流以管流为主。Tromp-van Meerveld 和 McDonnell（2006a）在新西兰 Maimai 森林流域的典型坡面挖了一个长 20 m 深约 1 m 的沟槽，通过在开挖剖面安装集水槽和在大孔隙安装软管分别观测了基质流和管流的产流特征，147 次降水产流事件的分析结果表明，管流与壤中流存在显著的线性相关性，占总壤中流的 42%。

壤中流的研究方法大致有四种，分别是沟槽法、布设土水势网等间接观测、地球物理方法和同位素/水化学示踪方法。其中，沟槽法指通过在山坡横截方向开挖沟槽（trench）或者试坑（pit）并在垂直剖面安装集流装置用以收集壤中流。该方法具有多年的应用历史，是研究壤中流形成过程最传统、最根本的方法，也是目前唯一一种可以直接观测壤中流产流过程的方法（Woods and Rowe，1996；McGlynn et al.，2002；Hu and Li，2019）。早在 20世纪 60 年代，Whipkey、Hewlett、Hibbert 等水文学家采用该方法观测了土壤中饱和、非饱和形态的侧向渗流，探究了侧向壤中流的产流特征及主要控制因素（Whipkey，1965）。尽管沟槽法是目前观测壤中流产流过程最直接、最有效的方法被广泛应用于壤中流形成机理、营养物质迁移等方面的研究，但该方法依然存在明显的不足和局限（Aulenbach et al.，2021）。本节将从沟槽法的野外布设方案、优势和局限以及在水文土壤学中的应用实例三个方面概述沟槽法及壤中流观测在水文土壤学中的应用。

2. 沟槽法的野外布设方案

1965 年，Whipkey 首次采用沟槽法观测了侧向壤中流产流过程，发现了滞水层界面对壤中流及优势流形成的重要性。此后沟槽法一直被用于壤中流的观测研究。沟槽法的野外布设通常包括两个步骤：①开挖沟槽；②布设壤中流集流装置，并通过软管将集流装置收集的壤中流导流进流量计，实现观测壤中流流量过程的目标。野外布设方案具体如下。

（1）开挖沟槽：沟槽开挖的方向通常是山坡的横截面方向。沟槽的长度和深度根据实验目标自行确定。在早期研究中多采用开挖试坑的方式观测壤中流，试坑的长度和深度在 1～2 m（Noguchi et al.，2001）。随后研究结果表明，同一坡面不同试坑之间的观测结果存在较大差异，表明受土壤结构强烈空间异质性的影响，基于试坑法的观测结果无法准确反映整个山坡的壤中流产流特征。为了提升研究结果的准确性，在之后的研究中研究人员增加了开挖试坑的宽度，将开挖宽度从较窄的试坑演变为较宽的沟槽。由于沟槽法施工难度的限制，大多数研究中沟槽的深度在 2 m 以内，宽度在 5 m 左右（Hrnčíř et al.，2010），个别研究沿整个山坡修建了长约 20 m（Burns et al.，2001；Tromp-van Meerveld and McDonnell，2006a）或 60 m（Woods and Rowe，1996）不等的大型沟槽。

（2）布设壤中流集流装置：在开挖的沟槽中，在朝山坡坡顶方向一侧的土壤剖面上安装各种样式的壤中流集流装置（图 5-53）。壤中流集流装置通常由软管和长条形的集流水槽两部分构成。软管通常插入土壤剖面的大孔隙中用于观测大孔隙流、优势流或管流。长条形水槽用于观测基质流。最后通过软管将大孔隙流和基质流导流进各式的自记录流量计（通常以不同容量的翻斗式流量计为主），实现观测壤中流流量过程的目标。

3. 沟槽法的优势和局限

沟槽法最大的优势是可以直接、连续地观测壤中流流量过程。该优势目前尚没有更为成熟的方法可替代。近 50 年来同位素示踪技术和地球物理技术（如电磁感法、探地雷达、高密度电阻率成像法、核磁共振技术等）在壤中流形成过程研究中发挥了重要作用，但其均无法在时间尺度上连续观测壤中流过程。截至目前，在以壤中流形成机理为目标的研究中，沟槽法仍然是必不可少的研究方法，研究结果也常被用于同位素示踪技术、地球物理

图 5-53　以往沟槽法观测壤中流的野外布设景观（Blume and van Meerveld，2015；
Aulenbach et al.，2021；McDonnell et al.，2021a）

技术以及模拟研究结果的验证和校准（Kirkby，1977）。

　　尽管沟槽法在壤中流形成机理研究中具有尚不可被替代的作用，但该方法也存在诸多明显局限，主要体现在四个方面：①难以观测长时间序列的壤中流过程。该方法最终会暴露出一个土壤剖面在空气中，在布设完成中期可以较好地观测壤中流流量过程，随着土壤剖面的持续渗流，该土壤剖面非常容易滑塌。例如，虽然国内外壤中流观测研究已有多年历史，但长时间序列（大于 1～2 年）的壤中流流量过程观测数据目前依然极为少见（Woods and Rowe，1996）。②无法观测深层壤中流。由于担心剖面滑塌，现有研究中沟槽法的观测深度全在 2 m 以内，深层（风化岩石层）壤中流尚未观测。③开挖沟槽会对坡面本身水力势网和流线造成影响，沟槽法无法反映不同水源在滞水层界面转换、流动的过程信息（Kirkby，1977）。④野外布设成本高，研究周期长、风险大。该方法野外布设费时费力，研究周期长，且布设完成后存在容易滑塌等失败风险。由于以上诸多缺点，同时随着 20 世纪 80 年代之后同位素示踪技术和地球物理方法的发展与广泛应用，以及计算机技术发展推动模型模拟精度的提高，导致近年来基于沟槽法的壤中流过程观测研究的数量急速减少。然而壤中流机理的探究依然需要通过大量不同环境的观测实验解析其产流特征，率定控制壤中流产流的关键参数，构建关键参数与壤中流的定量关系。为此，水文土壤领域资深科学家专门发文呼吁目前仍然需要加强壤中流产流过程和土壤结构的综合观测研究（Burt and McDonnell，2015）。

4. 沟槽法在温带和热带地区水文土壤学研究中的应用实例

基于沟槽法的壤中流过程的研究可以追溯到 1965 年，以往相关研究主要集中在温带和热带地区较为湿润的森林流域。尽管 1965 年之前已有科学家提出了壤中流机理的猜想，或通过水文分割方法或实验室内控制实验研究了壤中流的存在（Hursh and Brater，1941），但都未能在野外直接观测到壤中流。Whipkey（1965）在位于美国俄亥俄州哥伦比亚的一个森林采用沟槽法首次直接观测了壤中流流量过程。该研究中沟槽宽 2.44 m，深 1.5 m，分 4 层观测（0～56 cm 砂壤土层、56～90 cm 砂壤土层、90～120 cm 壤土层、120～150 cm 黏土层）。研究结果表明，壤中流最大的组分来自砂壤土层和壤土层的过渡层；下层质地较细的土壤作为滞水层为侧向壤中流的形成提供了界面；较深的黏土层流量最小但是最稳定，表层的砂壤土层流量最不稳定。该研究的贡献主要在于直接观测了壤中流流量过程，并发现了滞水层界面对壤中流形成的重要性。

Woods 和 Rowe（1996）在新西兰一个森林流域（Maimai），沿整个坡面布设了一个长60 m、深 1.5 m 的沟槽集流系统（未分层观测），采用 30 个小水槽分段观测了整个山坡横截面的壤中流产流过程。研究结果表明，壤中流产流具有强烈的空间变异性，产流过程因地形的收敛和发散而明显不同，提议模型研究者将地形指数加入到模型框架中。

Freer 等（1997）在 Woods 和 Rowe（1996）的基础上，结合美国亚特兰大东南部帕诺拉山区森林流域一个基于 20 m 长沟槽的研究，对比了两种不同气候和下垫面条件下的壤中流产流特征，结果表明，岩石（滞水层）地形是壤中流产流的主要控制因素。

Burns 等（2001）在 Freer 等（1997）研究的同一个沟槽中采集壤中流样品，通过水化学示踪和端元模型分析了溪流的水分来源，结果表明，河岸带地下水径流是溪流最大的水分来源，占溪流总径流的 50%，在涨水和退水阶段贡献率可达 80%～100%；山坡径流通常先穿过河岸带地下土层，然后再汇入溪流中。

Tromp-van Meerveld 和 McDonnell（2006a）在新西兰 Maimai 森林流域，通过一个长20 m、深约 1 m 的沟槽研究了 147 次降水事件中壤中流的阈值行为，结果发现壤中流与降水量之间存在明显的阈值关系，当降水量小于 55 mm 时，壤中流产流较少；当降水量大于 55 mm 时，壤中流出现 2 个量级的上涨。管流是壤中流中的一个重要组分，呈现出与壤中流类似的阈值行为（图 5-54）。随后 Tromp-van Meerveld 和 McDonnell（2006b）进一步分析了控制阈值行为的物理机制，在山坡上以 2 m 或 4 m 的间距密集布设了一块长宽 44 m×20 m 的观测阵列，研究了土壤与岩石（土岩）界面瞬时饱和态水分的时空格局与壤中流流量过程的关系，结果表明，当降水量小于 55 mm 时，尽管山坡上有部分区域土岩界面饱和，但整个山坡饱和态区域并未连通，壤中流流量较小；当降水量大于 55 mm 时，整个山坡土岩界面的饱和形态区域连通，此时壤中流流量出现较之前 5 倍的增长，最大可达 75 倍。基于该结果，作者提出了"填充–溢出"（fill and spill hypothesis）假说，即下渗土壤降水会先填充滞水层界面低洼地形，当低洼地形水分填充后多余水分开始外溢，坡面饱和态区域在空间上联通，此时径流流量出现剧烈的非线性增加现象，产流表现出阈值行为。目前该假说已经在不同气候区进行验证，并很好地解释了不同气候区的阈值行为（Coles and McDonnell，2018；McDonnell et al.，2021b）。

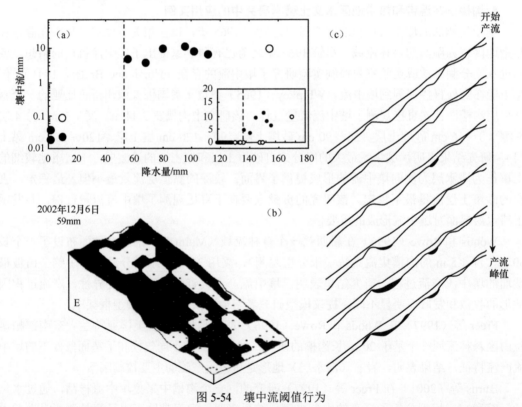

图 5-54　壤中流阈值行为

（a）壤中流与降水量的阈值关系，（b）降水 59 mm 后山坡土岩界面饱和态水分的空间格局，（c）填充和溢出假说示意

（Tromp-van Meerveld and McDonnell，2006a，2006b）

5. 沟槽法在高寒区水文土壤学研究中的应用实例

以往高寒区径流过程的研究对象主要集中在地表径流，对壤中流形成机制的研究极为匮乏，该问题成为目前寒区水文学研究的前沿和难点问题。由于高寒区环境恶劣，交通偏

远，开展观测实验的难度大，以往壤中流相关研究主要基于同位素/水化学示踪方法或模拟方法，在径流水源划分、路径分析、过程模拟等方面取得重要进展（Carey and Woo，1999，2001；Wang G et al.，2017）。然而上述方法无法捕捉壤中流的流量过程，无法建立壤中流与相关因素的定量关系。造成上述问题的原因是：缺乏壤中流流量过程的观测技术和观测数据，缺乏壤中流过程及地球关键带结构的观测实验。

Hu 等（2020）在"青海水文土壤小流域"（Qinghai Hydroped Watershed）（37°25′N，100°15′E；8.9 hm^2）采用沟槽法观测了坡面壤中流产流过程，结果发现，以往应用于温带和热带地区的沟槽法在高寒环境中不适用，主要原因是：①强烈的冻胀和消融过程导致沟槽剖面非常容易滑塌；②沟槽开挖剖面暴露在空气中，导致土层内部的冻融过程受到空气的影响，进而无法观测到真实的壤中流产流过程。在以往观测方案基础上，Hu 等（2020）对沟槽法观测方案进行了改进，体现在两个方面，一是改进了集水槽的形状，新方案采用了较宽的集水槽，集水槽的高度根据相邻两个滞水层之间的厚度决定，集水槽布设层数由滞水层层数确定。在集水槽后侧焊制一个长方体孔隙铁箱，用于收集任意冻结深度的侧向壤中流。二是采用了从深层到浅层逐层原状回填沟槽的方案，通过塑料软管将集水槽收集的壤中流导流进自记录翻斗式流量计。该方案同时避免了沟槽容易塌方、无法观测深层壤中流和非植物生长季壤中流过程观测难的问题，实现了全年不同季节土壤到岩石层多层壤中流产流过程的野外自动监测（图 5-55）。

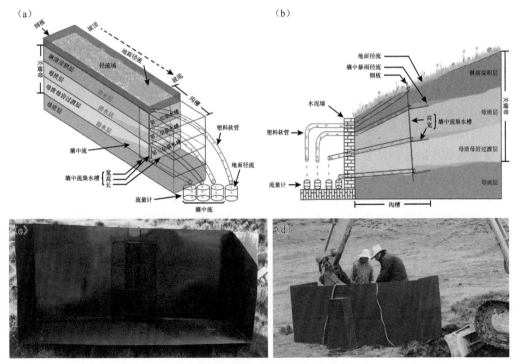

图 5-55　改进后的壤中流集流系统

（a）和（b）为集流系统正面和侧面示意图；（c）和（d）为集水槽正面和侧面照片

研究结果表明，坡向对阴阳坡主要径流组分具有重要影响（图 5-56）。阳坡主要径流组分是地表径流，占阳坡总径流量的 84%～97%；阴坡主要径流组分是壤中流，占阴坡总径流量的 89%～97%。阴坡径流量是阳坡的 11 倍。在阴坡，深层壤中流（风化岩石层）是径流的一个重要组分，占总流量的 22%～38.0%。

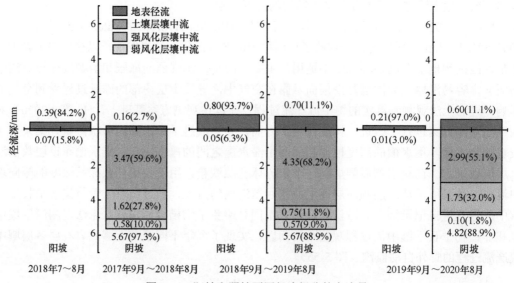

图 5-56　阳坡和阴坡不同径流组分的产流量

受冻融过程影响，地表径流和壤中流在不同季节表现出多种完全不同的产流模式。地表径流全年存在 2 种不同的产流模式（图 5-57），分别是地面冻结期的地表径流和地面非冻结期的超渗地表径流；壤中流存在 5 种不同的产流模式（图 5-58），分别是消融主导期壤中流、消融和降水复合主导期壤中流、降水主导期壤中流、冻结和降水复合期壤中流，以及完全冻结期壤中流。

受降水和冻融过程共同影响，径流随季节变化在关键带垂直剖面上呈现出模式化的运动特征（图 5-59），表现为：在夏季，降水量和消融深度达到全年最大值，降水下渗补充各发生层含水量，各发生层产流达到全年最大且产流量较为均衡。在秋季，地面逐渐冻结并阻断了降水和深层地下水的联系，地表径流和壤中流逐渐成为两个独立系统，降水分配为地表径流或冻土界面以上的浅层土壤水，冻土界面以下土壤水以独立内排水行为形成壤中流，并从浅层到深层逐渐断流。在冬季，降水和冻融深度达到全年最大，水分被冻结储存，几乎不产生径流。在春季，降水和冻土消融水同时成为径流形成的水源，该时期液态土壤水在冻土界面聚积形成侧向壤中流，同时壤中流形成的滞水层界面会随消融锋面下移而向下移动。

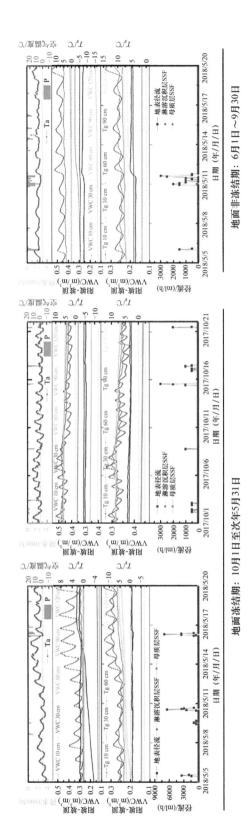

图 5-57　阳坡地表径流不同季节的产流模式

VWC 指土壤含水量，T_g 指土壤温度

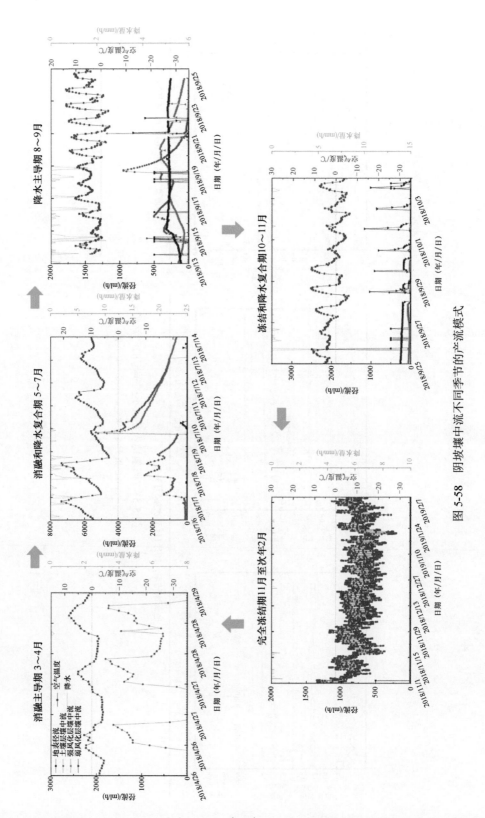

图 5-58　阴坡壤中流不同季节的产流模式

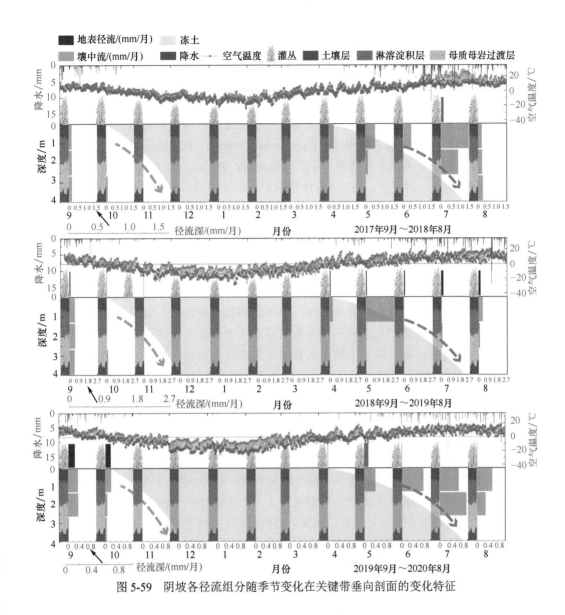

图 5-59　阴坡各径流组分随季节变化在关键带垂向剖面的变化特征

5.2　水文土壤学制图

5.2.1　土壤测绘、土壤调查和土壤空间信息

1. 水文土壤学和计量土壤学

　　水文土壤学是土壤科学的一个综合领域，它结合了土壤发生学、土壤物理和水文学的概念，以理解不同尺度上的水土相互作用（Lin et al.，2005，2006）。另一个植根于土壤学的综合领域是计量土壤学（Pedometric），它结合了土壤科学、地理信息科学和统计学，定义为"应用数学和统计方法研究土壤的分布和发生"（Heuvelink，2003），是根据土壤的确

定性、随机性和组成来量化土壤变化。计量土壤学的部分内容即数字土壤制图（Digital Soil Mapping，DSM），是一种基于环境协变量的预测性方法，也被称为预测性土壤制图和定量土壤调查。DSM 最主要的基本构成是土壤协变量、土壤采样、建立制图模型或方法和制图验证。DSM 能够传达给定区域中指定土壤类型的地理分布信息，通过野外和实验室的土壤观测与知识以及相关环境变量推断土壤类型和土壤性质的时空变化的数值模型，创建和填充一定分辨率的空间土壤信息数据库（Lagacherie，2008）。土壤调查与制图获得的土壤图件和调查报告等是获取土壤信息的基本手段（潘剑君，2010）。水文土壤学是研究土壤、景观和水文之间关系的一种手段，这与 DSM 明确的地理性质具有一致性，二者之间联系和发展可以改善空间土壤制图与基于过程的模型构建（Lin，2011b）。因此，DSM 有助于促进土壤学和水文学的一体化发展。

2. 土壤空间信息和土壤调查

土壤的空间分布是土壤形成与发展过程的体现（朱阿兴等，2018）。土壤调查是获取土壤属性特征和时空演变信息的有效方式（McBratney et al.，2000）。传统土壤调查中，土壤专家凭借土壤知识及主观判断在野外采样，存在周期长、成本高、过程复杂和主观性等缺点。21 世纪初，基于地理信息系统、地表数据获取技术和数据挖掘技术的 DSM 逐渐兴起，可以更快和更便捷地收集大量的土壤空间数据，为全球化研究、生态水文动态模拟、土壤资源管理、可持续土地利用提供大尺度、高精度的土壤信息（黄思华等，2020）。土壤采样的研究从土壤科学的单一领域拓展到多学科交叉研究，在方法技术手段上从概率理论的应用走向对地统计学模型、深度学习和知识挖掘的算法结合，应用研究上也重点关注生态监测与保护、精准农业、污染修复等全球化问题。

土壤样点数据的直接获取方式是野外采样，土壤采样通过选择代表性样点为数字土壤制图提供数据源。采样方法主要有基于概率统计理论、样点空间自相关和环境因子辅助三种。受传统抽样设计中概率统计理论的影响，认为土壤属性的空间变异具有随机性，样本的选择基于给定的误差和概率，主要包括简单随机采样、系统采样和分层随机采样等（Yang et al.，2018）。然而，土壤属性变化在地理空间中具有空间自相关性，是地统计学的研究对象。因此，以地统计学理论为基础形成了基于样点空间自相关模型的采样方法，主要工具包括协方差函数和变异函数，结合克里金插值法，依据土壤的空间变异性和自相关特性来获取全局代表性样点（Wang et al.，2009）。另外，近年来土壤采样研究开始挖掘土壤本身的形成、发生以及与环境协变量之间的协同变化关系。环境因子辅助采样方法的理论基础是土壤与环境因子存在协同关系，利用环境因子辅助采样设计以提高采样效率。环境因子辅助的采样方法大体上可分为三类：一是基于专家知识的目的性采样方法；二是基于环境因子分层的拉丁超立方采样方法；三是基于环境因子相似性的代表性采样方法（朱阿兴等，2018；黄思华等，2020）。

为了解决从区域到全球范围的资源问题，土壤属性信息和空间信息需要更明确和详细。因此，土壤科学家需要提供新的空间土壤信息，特别是以一种易于纳入 GIS 的数字格式，并可以与其他空间数据交互分析（Lin，2012b）。土壤调查项目的主要目标相对一致，即描绘整个景观单元（如绘制地图单元多边形），提供关于这些地图单元的土壤属性和土壤解译的信息。美国土壤调查部门表示土壤调查的作用是获取有关土壤的事实，进行分类和绘制地图，为其他人的解译提供良好的基础。然而，当前有些土壤调查信息难以调查（Hartemink et al.，2010），如碳储量的计算、分布水文模型、养分循环和消耗以及气候变化的观测。模型因子（也称为环境协变量和附加数据）由 GIS 中包含的环境层表示。通常优先考虑基于光栅的地理数据集，如数字高程模型（digital elevation model，DEM）和遥感图像的衍生产品，因为它们提供了一个与土壤属性相关的测量值或插值的密集网格。如果土壤 DSM 因素比土壤观测更容易获得，并且与土壤属性或类别有很强的物理联系，那么通过关联土壤和环境因素来开发 DSM 模型是一种有效的定量空间预测方法（Gessler et al.，1995）。这种方法有利于开发适用于较小尺度的定量土壤空间预测方法，而不只是基于土壤观测之间的空间插值的方法。

传统的土壤地图（和相关的表格数据）已经被数字化，生成代表土壤类别和土壤性质的空间范围的数字地图产品。一些数字化的土壤地图使用栅格格式，每个网格单元被分配一个土壤类别或土壤属性值（Grunwald et al.，2011），但大多数这些数字地图使用向量格式来表示由一个或多个土壤类型或分类（如土壤系列或土壤分类单元）组成的多边形。无论是显式（土壤性质）还是隐式（土壤类别），这些数字数据库都可以用来表示水文和水生形态特征的空间变化。例如，土壤调查地理（SSURGO）数据库有美国最详细的土壤地图数据，提供了 1∶12 000 到 1∶125 000 的多边形土壤类别地图。地图单元代表一个或多个土壤类别，并链接到每个组分土壤的估计属性数据表。SSURGO 的数据通过美国农业部自然资源研究局土壤网调查（USDA-NRCS Web Soil Survey，WSS）较易获取。根据汇总统计，WSS 的特征和解译需求最大，表明了水土之间的性质的重要性。其中，水文土壤组、地下水位深度和排水等级是排名前三的土壤等级，与水文特性或过程相关的重要土壤特征有砂、粉、黏粒百分比和土壤有机质含量等。

3. 土壤空间信息在水文土壤学中的应用

传统的土壤数据经常被用于可视化、分析或模拟土壤性质和水文过程之间的关系，或者土壤变异性和水文土壤性质之间的关系。例如，使用 SSURGO 数据库和美国国家土壤地理数据集（The State Soil Geographic，STATSGO）来检验美国西部多孔分层的范围和空间分布，多孔分层主要分布在土壤表面，其气泡状多孔的特征通过限制渗透来促进地表径流和积水（Turk and Graham，2011）。另外，Vepraskas 等（2009）还使用 SSURGO 数据来检查水文形态性质和解译土壤利用。首先测量多个土壤类型的地下水位波动，然后将其他历史气候数据纳入水文模型，计算长期的地下水位波动，并推算更大陆地面积的水文建模结果，进一步使用这些数据和模型来考虑气候变化对土壤排水类别的影响，从而考虑土壤利用和管理的变化。

在水文建模中，土壤特性是这些模型最基本的输入参数之一。流域建模系统（WMS）、SWAT 模型（soil and water assessment tool）和 TOPMODEL 等模型在区域和流域尺度进行建模时，SSURGO 数据是最常用的土壤输入参数。对于陆面和区域的气候，使用可变下渗容量模型（VIC）、Noah 陆面模型（Noah）和通用陆面模式（CLM）等进行气候、水文和生态系统建模，常用美国 CONUS 土壤数据库的 1 km 数据。该数据库基于 STATSGO，包括土壤质地、基岩深度、容重、孔隙率、渗透率、有效持水能力等参数。

通过参数化陆面水量平衡，可以将陆面气候模型作为大尺度水文模型（Wood et al.，1998）。全球陆面模型，如 CLM、MOSIAC 和 VIC，土壤数据来自全球陆地数据同化系统（GLDAS）。在其他领域，GLDAS 中的土壤数据来自全球土壤数据集，包括砂粒、粉粒、黏粒和孔隙率等。这些特性的空间表示是根据联合国粮食及农业组织（Food and Agriculture Organization of the United Nations，FAO）土壤地图，该地图与全球 1300 多个土壤单体的数据库相关。GLDAS 数据的空间分辨率为 0.25° 或 1°。土壤性质驱动了陆面系统中的多数交换，全球的数据集将增加人们对大气反馈的理解（Zaitchik et al.，2009）。

4. 数字土壤制图的应用

世界上多数地区已有的数字土壤制图比例尺非常小（1∶10 万或更粗），不能充分代表土壤的变异性。目前可用的大部分数字土壤制图实际上是多个传统土壤地图的汇编，最初是截屏地图，然后进行数字化（Grunwald et al.，2011），但将现有的纸质地图数字化不是 DSM。例如，虽然 SSURGO 和 STATSGO 都是数字产品，但它们均基于纸质地图，后来被转换为基于向量的多边形地图。SSURGO 的土壤地图最初由大约 3000 个独立的土壤调查得到，这些单个地图的年份和尺度不同并使用不同的制图概念进行创建，还经常使用不同的土壤组分和估计的属性数据来代表相同的土壤景观特征。因此，地图单元组成和估计的土壤属性数据的不连续造成与地理政治边界相关的数据中经常存在人工边界，引起绘制的土壤属性以及土壤使用和管理的不连续性。

土壤变异通用模型的基础是

$$Z(s)=m(s)+\varepsilon'(s)+\varepsilon''(s) \tag{5-61}$$

式中，s 是二维位置；$m(s)$ 是确定性分量；$\varepsilon'(s)$ 是空间相关随机分量；$\varepsilon''(s)$ 是纯噪声（微观尺度上的变化和测量误差）。这个模型由 Matheron（1969）首次引入，并已被视为各种环境研究中数量空间预测的一般框架。

基于各种 DSM 模型，预测变量也依赖于深度和时间，因此土壤变异的通用模型可以进一步推广到三维空间和时空域（3D+T）：

$$Z(s,d,t)=m(s,d,t)+\varepsilon'(s,d,t)+\varepsilon''(s,d,t) \tag{5-62}$$

式中，d 是从地表向下以米表示的深度；t 是时间。确定性分量 m 可以进一步分解为单空间、单时间、单深度或三者的混合。Grunwald（2005）讨论了时空统计土壤模型，但该土壤绘图领域仍处于试验阶段。Hartemink 等（2010）列出了多数现有的数字土壤调查图的局限性，具体如下：①静态；②通过土壤信息聚集成的土壤类别不易与定量应用兼容；③用于创建土壤调查而收集的关于区域土壤资源的信息相对过于普遍；④被不当缩放；⑤将信息表示为多边形不易与其他多数基于光栅的自然资源数据相结合。同样，Zhu（2006）强调，土壤变异的空间和属性推广为离散类，使得土壤调查信息与其他形式用于环境建模的连续空间数据不兼容。综上所述，DSM 可以更好地利用土壤信息，通过提高现有的数字土壤地图的质量，并直接创建基于光栅的功能性土壤特性数据，用于水文土壤学研究和水文建模。

5.2.2 数字土壤制图：理论基础与制图方法

1. 数字土壤制图理论基础

数字土壤制图反映了土壤的空间分布特征和规律，土壤的空间分布是土壤形成与发展过程的体现，其主要有三个理论基础，分别为土壤成土因子学说、地理学第一定律和数学理论（孙孝林等，2013；朱阿兴等，2018）。土壤成土因子学说认为土壤是母质、气候、生物、地形、时间和人类活动成土因素综合作用的产物。地理学第一定律认为空间上距离越近的点土壤属性越相似。数学理论主要有马尔科夫链（Markov chain）、贝叶斯（Bayesian）概率和函数理论等。

1）土壤空间预测模型基础

状态因素或 Clorpt 模型长期是土壤制图的科学原理（Jenny，1941，1980），最初由 Dokuchaev 和 Hiligard 提出，后来由 Jenny 详细阐明。

A. 状态因素或 Clorpt 模型

状态因素模型在 2.3 节已进行了总结。Clorpt 模型表明，通过联系土壤属性与一个或多个状态因素的观测差异，开发一个函数或模型来解释两者之间的关系，其中已知的状态因素可以用来预测新位置的土壤属性。Clorpt 模型的一个重要特质是这些因素是定义土壤系统状态的变量（状态因素）（Jenny，1961）。但为了连接因素和过程，Clorpt 模型还需其他模型的补充来解释不同尺度上的多种过程。

土壤科学家为使土壤–景观的局部复杂性从整体上合理化，发展了土壤–景观关系的概念模型。他们在许多适宜和有研究目的的地点观测土壤连续体来获得土壤–景观关系的隐性知识。为了分割土壤连续体，土壤科学家常依据自然边界，如地形划分、不同岩石或沉积物之间的界面、坡度或坡形的变化，以及不同年代、起源、内部结构与不同地形之间的联系（Wysocki et al.，2011）。土壤调查中使用的其他常见边界包括不同的植物群落，或沿坡度梯度预先定义的地形突变，这对土地管理十分重要。为了明确地图单元中独特的土壤组分的景观位置（如土壤描述），土壤科学家使用了严格定义的地貌描述。

虽然水文过程没有被认为是 Clorpt 模型中的一个状态因素，但水在土层内和跨景观的迁移和储存是多数成土作用的驱动力。因此 Runge（1973）命名水是替代性土壤因子模型中除了有机质和时间之外的第三个因素。与 Jenny（1941）的状态因子模型相比，Runge 包含了 Simonson（1959，1978）的过程系统模型的要素。在 Clorpt 模型中，水文因素包括大气（降水量和时间）和陆地（蒸腾量、地下水位波动或侧向流、水力梯度或与地表水邻近度），由气候和地形分别代表（Jenny，1941；Buol et al.，2003）。这种区别有助于区分区域和局部对土壤水文的影响。

因此，水文与每个状态因素均间接相关。降水和蒸散量的气候变化控制着进入地表的水的数量和时间。地形会影响降水的再分布，通过地形效应、集中径流或者是太阳辐射的差异而影响蒸散发的变化。生物体，特别是植被，不仅响应可利用水的差异（由于气候和地形的影响），而且还通过拦截和消耗用水直接影响水量。总的来说，水文不是一个独立的状态因素，而是一个受状态因素影响的过程集合。

B. Scorpan 模型

McBratney 等（2003）提供了状态因素模型的修正形式。这个修正后的公式为

$$S = f(s,c,o,r,p,a,n) \tag{5-63}$$

式中，S 是一组土壤属性（S_a）或类别（S_c），被认为是其他已知土壤属性或类别（s）、气候（c）、生物（o）、地形（r）、母质（p）、年代或时间（a）以及空间位置（n）的函数。Scorpan 公式还明确包含了空间（x、y 坐标）和时间（$\sim t$）。因此，Scorpan 公式可以扩展为

$$S[x,y,\sim t] = f\left(s[x,y,\sim t],c[x,y,\sim t],o[x,y,\sim t],r[x,y,\sim t],p[x,y,\sim t],a[x,y],[x,y]\right) \tag{5-64}$$

这种扩展表明，Scorpan 是一种地理模型，其中土壤因素是可以在地理信息系统中表示的空间层。

与 Clorpt 模型不同的是，Scorpan 模型的目的是进行定量的空间预测（McBratney et al.，2003）。这种区别证明了将土壤和空间作为因素的合理性，因为土壤属性可以通过其他土壤属性和空间信息来预测。例如，许多土壤属性是相关的，因此可以合理地相互预测。此外，Tobler（1970）的地理第一定律表明，邻近的事物在空间上是相关的，因此可以用它们之间的距离来预测。为了考虑土壤因素，先验土壤信息可以从已出版的土壤地图或土壤调查员的专业知识中获取。空间因素可以来自相对位置的指数，或通过空间自相关获取（如协同克里金法或回归克里金法）。虽然先验土壤信息是一个独立的因素，但空间信息的独立性是不确定的。在多数情况下，空间信息很可能解释了其他因素没有捕捉到的关系（McBratney et al.，2003）。修订后的 Scorpan 公式识别到先验土壤信息和空间关系有助于解释土壤空间变化。

根据 Jenny 和 McBratney 的工作（McBratney et al.，2003），Hengl（2009）定义了 6 组在 DSM 中的主要土壤协变量，分别为地表原始光谱和多光谱图像（遥感波段）；DEM 衍生的协变量；气象数据；基于植被和土地覆盖的协变量；土地调查和土地利用信息，如人为建筑物、土地管理政策、土壤肥力等图集；基于专家经验的协变量，如土壤描述或土壤母质或地质描述（手动或半自动准备）；土壤过程和特征的经验图。

C. STEP-AWBH 模型

考虑到人为要素对土壤性质观测的重要性，Grunwald 等（2011）提出了一个新的概念模型用于理解地球上特定位置、在给定的深度（z）和时间（t_c）上，大小为 x（长=宽=x）的像素（p_x）的土壤特性：

$$SA(z,p_x,t_c) = f\left\{\sum_j^n \left[S_j(z,p_x,t_c),T_j(p_x,t_c),E_j(p_x,t_c),P_j(p_x,t_c)\right]\right\} \tag{5-65}$$

$$SA(z,p_x,t_c) = \int_{i=0}^m \left\{\sum_j^n \left[A_j(p_x,t_i),W_j(p_x,t_i),B_j(p_x,t_i),H_j(p_x,t_i)\right]\right\} \tag{5-66}$$

式中，目标土壤特性（SA）是一个函数关于相对静态环境因素个数（j=0, 1, 2, ···, n）（仅在 t_c 处），主要包括附属土壤特性（S）、地形特性（T）、生态特性（E）和母质（P），以及动态环境条件下的个数（j=0, 1, 2, ···, n）（其值代表随时间变化的动态 t_i，i=0, 1, 2, ···, m），主

要包括大气特性（A）、水文特性（W）、生物特性（B）和人为特性（H）。该模型在空间上是明确的，因为它将以上方程中包含的所有特性限制到一个特定的像素位置。该模型时间也是明确的，表现在以上方程中包含 t（时间）。这刻画了与目标土壤特性 SA 协同变化和发展的 STEP-AWBH 特性的空间变化及时间演化。与 Scorpan 模型相似，STEP-AWBH 模型反映了现有土壤信息和空间位置作为土壤模型中具有预测能力的关键属性。

STEP-AWBH 模型将水文特性（W）从地形特性（T）和大气特性（A）因素中区分出，并正式囊括在人为特性（H）中。在过去的因子土壤模型中，地形间接表示了水文对土壤发生过程的影响。STEP-AWBH 模型试图克服对现实的简化，其中 T 表示地形特性（如海拔、坡度、坡面曲率和复合地形指数），已被证明与土壤属性相关（Grunwald，2009）。然而，水在土壤中的流运和运移过程依赖于 A（大气特性，如到达土壤表面的降水），土壤表面条件（如盐结壳、残留物、植被覆盖的密度和组成），决定入渗、深层渗透和侧向流过程的内部土壤特征（如土壤质地和土壤有机质），控制地表入渗和深层含水层的母质（地质构成），以及增强或抑制土壤表面或靠近土壤表面的水流的地形特性。因此，在 STEP-AWBH 模型中，W 是与 T 分开获取的。W 测量使用常见的基于物理的方法（如测量入渗和土壤湿度）、经验评估（如平均含水能力或长期上/下地下水位），或者遥感（如使用土壤湿度传感器，如来自欧洲航天局（European Space Agency，ESA）的土壤水分和海洋盐度卫星（Soil Moisture Ocean Salinity，SMOS）地球探测器任务或使用加拿大雷达卫星（RADARSAT）反演土壤湿度等。具体来说，卫星反演的水文特性已经成为一个直接测量集，能够提供覆盖较大区域的像素特定值。由于水文特性在空间和时间上都有变化，它们可以表示为一系列空间和时间上明确的数据输入到式（5-66）中，如在 2 年时间区域里的所有像素按月计算的土壤湿度，或者时间上的集合（如 3 年的土壤水分的平均值、最小值和峰值）。同样地，其他水文特性（W）、大气特性（A）、生物特性（B）和人为特性（H）的变量也可以输入到式（5-66）中，在明确的空间和时间条件下（如离散时间 2021 年 1 月 1 日的温度）或在一段时间内的汇总数据（如 2010～2020 年的年平均气温）。H 代表不同的人为特性，它们可以在较短或较长的时间内对 SA（z, p_x, t_c）起作用，将 SA 转移到不同的状态，如温室气体排放、石油泄漏和过度放牧等。

随着计算机技术和大数据的兴起，对土壤制图不确定性评估的需求不断增加。Walker 等（2003）将不确定性定义为"与相关系统完全理想化条件下的确定性相比，无法实现的任何偏差"。测量的目的是减少决策的不确定性，而规划土壤取样活动的目的则是在项目预算和目标准确度之间找到最佳值。Refsgaard 等（2007）审查了用于评估和表示一般环境数据中的不确定性的一般框架。在这个框架中，对如何描述不确定性进行了区分，即是否可以通过以下方式来完成：概率分布或上限和下限；一些不确定性的定性指示；场景，其中模拟了部分可能的结果。此外，不确定性可以通过专家判断来评估，如所使用的工具或方法是否可靠，可靠程度如何，或测量不确定性变量的实验是否正确进行。最后，可以评估不确定性信息的持久性，即有关变量随时间变化的不确定性的信息。

2）环境协同变量信息的生成

在数字土壤制图中，将体现土壤环境空间变化的地理变量称为"环境协同变量"。环境协同变量的选择是数字土壤制图的关键，一方面所选变量可以体现土壤空间变化，除土壤成土因子外，还包括体现土壤空间变化的其他因子，如作物生长状况等；另一方面所选变量的空间变化信息要易于获取。数字土壤制图中常用的环境变量空间信息有气候、地形和生物等。但环境变量空间信息难以直接获取，常常采用新的技术方法进行状态因子的替代。目前，Scorpan 或 Clorpt 因素通常从航空影像和地形地质图获取。遥感和地貌测量的发展使得这些辅助信息更容易用 GIS 的格式量化。地形属性可直接或间接由 DEM 计算得到，所以是最容易量化且直接相关的状态因素（McBratney et al.，2003）。许多土壤地貌和水文景观模型基于地形。然而，在某些情况下，给定区域可能不存在所有相关的状态因子替代，因此可能需要手动解释和数字化（MacMillan et al.，2010）。此外，并不是所有的状态因素都与它们量化的预测因子直接相关。例如，通常没有预测模型对年代（或时间）的直接估计（Noller，2010）。相反，年代通常是从母质、相对景观位置或表面反射率间接推断出来的。下面是由 DEM 和遥感影像（remotely sensed imagery，RSI）衍生的一些最常见的环境协变量。

A. 数字高程模型

随着时间的推移，地形对局地土壤的区分有主要影响。根据 Simonson（1959）模型，地形是水分再分配的代名词，为土壤中的转移、输入和输出提供动力。在更陡峭处，地形还会影响太阳辐射和地形效应。沿着山坡，最常见的土壤变化是土壤水文和侵蚀过程的结果，这种土壤模式被 Milne（1936）识别为土链。其他学者（Conacher and Dalrymple，1977）利用这一概念将地貌分类为不同的山坡过程占主导地位的要素，这些要素通常与土壤模式相对应。因此，山坡模型较为普遍，但实际上并不是所有的山坡要素（如山肩、坡麓或崖壁）都一定存在于任何给定的山坡上。区分山坡要素通常基于地面几何形状（如坡度和坡面曲率）和相对位置（如坡度长度或产流面积）。在其他地形情况下，邻域统计（如窗口分析）也被使用，特别是在区分宏观地貌时（Dobos et al.，2005）。由于地貌测量（或数字地形分析）的发展，DEM 很容易计算地形属性、地表参数或地貌参数（Siewert，2018）。在预测模型中，地形属性用来推断水文现象，如潜在径流、流量汇集或分散，或土壤物质的再分配（表 5-4）。

表 5-4　重要的 DEM 衍生地形属性的总结

地形属性		定义	水文土壤学意义	参考文献
局部–几何	坡度（sg）	最大变化率/（°）	流速	Olaya（2009）
	坡向（sa）	坡度的方向/（°）	流向	Olaya（2009）
	剖面曲率（kp）	坡度斜率/rad	流量加速度	Olaya（2009）
	平面曲率（kt）	垂直于坡度梯度的曲率/rad	水流汇集	Olaya（2009）
	坡面形态	sg、kp 和 kt 的分类到 9 个单元	山坡过程的分割	Pennock 等（1987）
局部–统计	标准差	表面粗糙度或复杂性		Wilson 和 Gallant（2000）
	地形范围	势能		Wilson 和 Gallant（2000）
	百分位数或排名	景观位置		Wilson 和 Gallant（2000）

地形属性		定义	水文土壤学意义	参考文献
区域	汇流面积（CA）	坡上面积/m^2	有效降水量	Moore 等（1991）
	单位水面积（SCA）	CA/网格大小/m	有效降水量	Moore 等（1991）
	地形湿度指数（TWI）	ln(SCA/sg)	水聚集或土壤饱和	Moore 等（1991）
	水流强度指数（SPI）	ln(SCA×sg)	土壤侵蚀	Moore 等（1991）
	集水区海拔	平均坡上高度	势能	Moore 等（1991）
	集水区坡度	平均坡上坡度	流速	Moore 等（1991）
	坡面流与溪流距离	相对地形位置/m	势能	Tesfa 等（2011）
	到河道的垂直距离	相对地形位置/m	冷空气泄流	Böhner 和 Antonic（2009）
	归一化高度	相对地形位置/m	冷空气泄流	Böhner 和 Antonic（2009）
	太阳辐射或日照率	太阳能的输入量/ [(kW·h)/m^2]	土壤温度和蒸散量	Böhner 和 Antonic（2009）

资料来源：Lin（2012b）。

a. 坡度

海拔的最大变化速率（如一阶导数）可以通过 DEM 网格计算，并用于表示重力影响下作用于地表和地下水流的水力梯度［图 5-60（a）］。更陡的坡度会引起更大的地表和地下水流速，以及更大的侵蚀潜力和其他迁移过程。坡面梯度也是众多区域地形属性中的一个因素（表 5-4），特别是诸如地形湿度指数、径流功率和泥沙输移能力指数等具有水文意义的地形属性。

b. 坡向、大气辐射、流向

坡向，即坡面法线在水平面上的投影的方向，通过改变大气辐射和水与沉积物的流向两种因素来影响土壤水文特征。

坡向与某个位置接收的太阳辐射量有关，特别是与坡度相结合时。太阳辐射会影响土壤温度和土壤含水量（Chamran et al.，2002），相应，又会影响植物生产力（Hutchins et al.，1976）、土壤微生物活性（Abnee et al.，2004）以及有机碳含量（Thompson and Kolka，2005）。当模型预测的空间范围较大，包括多个山坡和多种坡向时，需要将坡向纳入预测模型中。尽管坡向对土壤过程和特性有影响，但由于坡向是圆形变量，较难与其构建关系，并不经常用于预测建模。将坡面转换为线性尺度通常可以采用将坡面划分为类或者使用太阳辐射代替。太阳辐射的估计较为复杂，需要使用者输入纬度、大气特性和时间频率［图 5-60（d）］，但能够解释地形阴影（邻近的山丘）和坡度梯度的差异（Beaudette and O'Geen，2009）。

坡向决定了受重力影响下的水和沉积物在景观中的流向，进而能够用来确定贡献面积。坡向较易计算，但由于它必须划分方形网格单元之间的流动比例，流向的计算较为困难。目前有多种确定流动方向的算法，它们被简单地分类为单流向（single flow direction，SFD）算法（如 D8）或多流向（multiple flow direction，MFD）方法［如 FD8、确定性无穷大（D∞）和多重确定性无穷大（MD∞）(Seibert and McGlynn，2007)］。SFD 算法是基

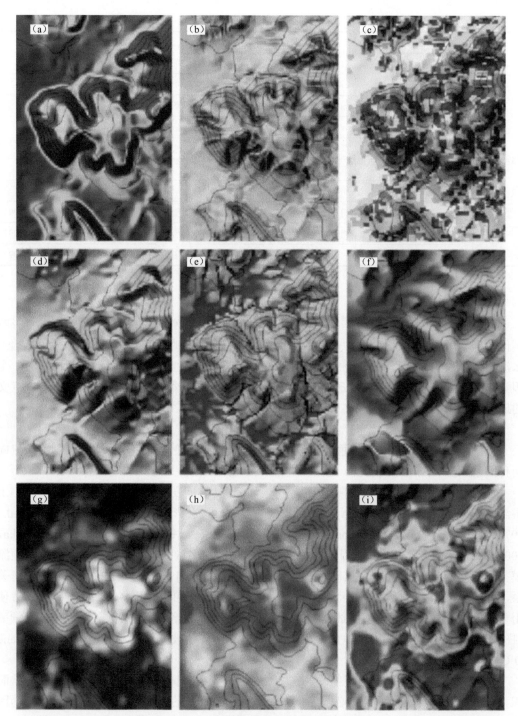

图 5-60　常见的来自 DEM 和 RSI 环境协变量的例子，有阴影和 30 m 等高间隔的影响

（Gallant and Wilson，2000）

（a）坡度，（b）平面曲率，（c）坡面形态，（d）太阳辐射，（e）地形湿润指数，（f）坡面流到河道的距离，（g）假彩色合成（绿色、红色、近红外线），（h）缨帽变换（tasseled cap trasform，TCT）的假彩色合成（亮度、绿度、湿度），（i）归一化植被指数

于模拟地表径流累积过程提取汇水信息的主要算法之一，其基本思想是认为水向周围流动时，全部流向高程最低的方向。SFD 算法包括最早、最经典的 D8 算法，以及后续的 Rho4/Rho8 算法、Lea 算法、D∞ 算法等（秦承志等，2006）。SFD 适合于模拟水流在沟谷等地形中的汇流机制，确定河网和流域边界，由于模型简单、应用方便而得到了广泛的应用（如通用 GIS 软件 ArcInfo、GRASS、面向数字地形分析的软件 TOPAZ 等）。但是 SFD 模型不能模拟水流在坡面上漫散流动的情况，其计算结果中经常出现大量不合理的平行流现象。为解决 SFD 不适于模拟实际表面（尤其是坡面）水流的问题，多流向算法开始出现。MFD 方法的基本思想是认为水流应向邻域中所有高程较低的方向进行分配。MFD 能较好地模拟水流在坡面等地形上的漫散流动，其水流向周围所有低高程方向分配的思想较 SFD 而言，物理意义比较明确，更符合流向的实际情况。由于 MFD 可以对沿山坡的渗流弥散进行建模，当需要准确量化水文学特征（如汇流面积、地形指数等）精细的空间分布模式时，MFD 明显优于 SFD 方法。不同的 MFD 方法可以产生基本相似的结果，但每个 MFD 计算渗流弥散存在显著差异，因此要对地表径流进行假设。例如，已知 FD8 算法产生过度弥散，而 D∞ 算法产生弥散不足（Seibert and McGlynn，2007），MD∞ 算法是 FD8 和 D∞ 之间的媒介。即使忽略 MFD 建模地表径流理论方法的不同，贡献面积的水文土壤响应也可能因土壤分层、下垫面特性或 DEM 的固有性质而有所不同。

c. 坡面曲率和形状

坡面曲率是地面坡度在坡降最大方向上度量出的地面高程变化率（二阶导数），可以反映出实际的坡度陡缓情况，能够科学地反映地面地形的变化程度（Olaya，2009）。坡面曲率类型强调了坡度形状的不同坡向，最常见的是平面曲率和剖面曲率。这种分类有助于解释坡面过程，如土壤和水的再分布、径流和垂直入渗 [（图 5-60（c）]。平面曲率（面曲率）是对于地面曲率处于水平方向上的分量，反映的是这一点等高线所具有的弯曲度，会影响局部水流的汇集或分散。平面曲率为正值时表示该像元的表面横向凸起，为负值时表示该像元的表面横向凹入，为零时表示表面为线性。剖面曲率是对于地面曲率处于垂直方向上的分量，指示最大坡度的方向，会影响局部水流的加速或减速。剖面曲率为正值时说明表面开口朝上凹入（流速将加大），为负值时说明该像元的表面向上凸（流速将减小），为零时表示表面为线性。许多基于 DEM 的土壤和土地分类方法已经试图自动生成不同坡面形式与其他相似的分类。但任何土地分类均具有主观性，应与可识别的生态现象和环境特性相对应。

d. 汇流面积和水文指标

汇流面积（CA）、坡上面积或径流量积累代表特定等高线长度（如网格大小）的陆地坡上的面积。CA 是径流流动方向的产物，该参数的值有许多基于过程的解释。首先，CA可以用来估计一个区域从上坡接收到的有效降水量（假设没有雪的渗透或风的再分配）。其次，CA 估计了一个流域内不同位置的空间连通性，因此可以用来推断景观位置（Gessler et al.，1995）。最后，CA 可以用来量化径流的汇集和分散，而不考虑曲率。CA 常应用于DSM，较为常见的是单独或与其他地形属性结合作为与土壤湿度或侵蚀相关的指标。

有一些水文指标是 CA 和其他地形属性的乘积，包括坡度和坡面曲率（表 5-4）。在抽样设计和模型开发中使用最广泛的水文指标是地形湿度指数（TWI）等复合地形指数 [图 5-60（e）]。TWI 由单位汇水面积（CA/网格大小）（SCA）与坡度的比值的自然对数计算得到，表示了地形对土壤湿度空间分布的控制（Wilson and Gallant，2000）。从坡顶到河岸，TWI 随 CA 的扩大与坡度的减小而增加。TWI 值越大，表明该区域土壤水流更容易达到饱和状态进而产生径流，因此 TWI 被广泛地应用于计算产生径流的饱和汇流面积（张彩霞等，2005）。

水流强度指数（SPI）是衡量径流侵蚀率的指标，是 SCA 和坡度乘积的自然对数（Wilson and Gallant，2000）。高 SPI 值与具有较高 SCA 和坡度较大的位置一致。SPI 值越高的区域表示水流具有的能量越高，因此是更有可能发生侵蚀和相关景观过程的区域。

e. 排水邻域（洼地）

从水文学的角度来看，用于计算汇流面积的径流路径信息也可以用于计算其背景变量的变化。大多数地形属性量化了邻域的地形条件（通常是一个 DEM 网格的 3×3 的窗口），可以导出许多地形属性来表示一个像元的坡上条件的统计汇总（如坡上平均坡度或坡上平均平面曲率），或者是一个像元和局部峰值或凹地之间的空间分布（如与最近河道的距离和高于最近洼地的高程）（Gallant and Wilson，2000；Olaya，2009）（表 5-4）。到局部排水/洼地的距离可以用欧氏距离或流经距离来计算 [图 5-60（f）]。将局部排水/洼地以上的高程和距离相结合，可以计算得到最近的排水/洼地的坡度。这些地形属性背景在预测建模中用于对土壤过程和土壤特性的区域影响，特别是作用于区域梯度的土壤水和地表径流。Bell 等（1992，1994）使用邻域分析来预测土壤排水等级，Arrouays 等（1995）、Thompson 和 Kolka（2005）使用地形属性模拟了土壤有机碳。多个地形属性也被证明可以预测水成土性质和土壤分类（Chaplot et al.，2000；Moran and Bui，2002）。

B. 遥感图像

遥感是在非接触的情况下，使用传感器远距离探测目标物体的能量反射率或自身辐射量（孙家抦，2013）。过去土壤测绘主要集中在航空摄影的使用上，捕捉可见至近红外部分电磁波谱的反射图像。当前有很多平台提供遥感图像 [（图 5-60g）]，最常见的是地球观测卫星。由于遥感传感器的波段不同，目前观测地表参数的遥感手段可分为光学/热红外遥感监测、微波遥感监测。由于地表各要素敏感性不同，光学/热红外遥感、微波遥感获取各参数的方式有所不同。光学/热红外传感器数据可获取土壤水分参数等，但具有易受大气中的云、水汽及其他天气状况影响的缺点，仅能获取晴空条件下的地表信息。微波遥感由于对地物穿透能力较强和对地表参数更加敏感，具有全天时和全天候观测的优点（蒋玲梅等，2020）。

遥感可以提供关于各种 Scorpan 或 STEP-AWBH 因素的直接信息，包括土壤、生物体和母质，还可以与气候和时间等其他因素建立间接关系。在潮湿的环境中，反射率主要提供关于植被的信息，而在植被覆盖不完全的干旱和农业环境中可以推断出关于母质和土壤的信息，如质地、水分、有机质、铁含量、盐度和碳酸盐等（Mulder et al.，2011；孙家抦，2013）。同时，卫星的多时态频率为进一步观测陆地表面随时间的变化（通常与植被变化有关）提供了可能性。

遥感图像中广泛的潜在信息使其成为复杂的环境协变量。例如,在许多情况下,很难将特定的光谱特征从植被、地形或其他因素的混杂效应中分离出来。目前,已经发展了各种图像处理技术来识别,通常还需要再结合相关辅助数据,如 DEM 衍生产品用来区分看似相似的光谱特征。由于包含了由土地利用和非原生植被覆盖影响主导的各种模式,绘制人为改造的景观较为困难。因此,在人为改造的环境中,当预测局限于类似的土壤利用和覆盖类型时,DEM 衍生产品或可以提供更好的静态土壤特性(如土壤质地)的预测指标。在人为改造的景观中,土地利用和覆盖范围可用于开发推断土壤动态属性(如有机物)的规则。Mulder 等(2011)提供了对土壤属性的详尽讨论,其使用 DSM 的邻域和遥感进行估计。关于图像处理可以参考 Schowengerdt(2007)和闫利(2010)的相关论述。

单个卫星波段可以直接用于推断土壤特征,但通常使用遥感图像或光谱变换的衍生产品。与空间变换相比,光谱变换影响多元或特征空间,而不是图像空间(如 x、y 坐标)。光谱变换用于增强特定的光谱特征,减少原始频带的数据冗余,使光谱空间坐标按一定规律进行旋转,产生一组新的组分图像(赵英时,2013)。常见的例子是波段比值、主成分(principal component,PC)或缨帽变换(tasseled cap trasform,TC)。波段比值是指一个波段除以另一个波段的图像比率。计算方法主要有三种,分别为单波段比值(两个单波段直接进行比值运算)、线性波段比值(某几个波段经过线性组合后再进行比值运算)和非线性波段比值(某几个波段非线性组合后再进行比值运算)(王海平等,1992)。波段比值减少了原始波段固有的地形阴影,增强了分母中相对于分子的吸收特征,但同时也增加了原始波段固有的噪声(Schowengerdt,2007)。

$$单波段比值 = \frac{波段1}{波段2} \tag{5-67}$$

$$线性波段比值 = \frac{波段1 - 波段2}{波段1 + 波段2} \tag{5-68}$$

$$非线性波段比值 = \frac{波段1 \times 波段2}{波段3 \times 波段4} \tag{5-69}$$

其中最常见的比率之一是归一化植被指数(normalized differential vegetation index,NDVI),它是通过近红外(植被强烈反射)与红光(植被吸收)之间的差异来量化植被[图 5-60(i)]。这一标准化比率被用来评估绿色活植被的相对丰度和活性。许多其他比率已被用于提高干旱和半干旱环境中的各种土壤吸附特征,如碳酸盐、黏土、铁含量、有机物和颗粒大小等。

PC 是原始波段的线性组合,旨在消除它们之间的共线性(如数据冗余)。PC 分析(PCA)涉及将数据的原始坐标轴旋转到新的正交轴,该轴包含每个维度的最大信息量。PCA 只是原始波段的数学旋转,所以它依赖于数据。因此,PC 的物理解释对于每个特定的卫星场景都是独特的,并且 PC 和土壤特征之间的任何相关性都是偶然的。然而,通常第一个 PC(如 PC_1)由原始波段的整体图像亮度控制,而最后一个 PC 由随机噪声控制。

TCT 通常也称为 K-T 变换,由 Kauth 和 Thomas(1976)开发,是根据多光谱影像中土壤和植被等在多维光谱空间中信息分布规律,通过经验性线性变换多波段影像得到相互正交的各个分量。TCT 类似于 PCA，是原始波段的线性组合 [图 5-60（h）]。但与 PCA 所不同的是，TCT 的旋转是固定的。根据 TCT 固定的变换矩阵可以将原始影像投影综合变换为具有物理意义的亮度（Brightness）、绿度（Greenness）和湿度（Wetness）特征向量三维特征空间，可充分反映裸土岩石、植被覆盖度和水分信息。TCT 主要是为 Landsat 卫星和其他一些卫星开发的，而 PC 可以由 DEM 衍生产品或遥感图像的组合产生（表 5-5）。

表 5-5　Landsat 5 专题制图（TM）和 Landsat 7 增强专题制图（TM+）的常见光谱转换总结

光谱变形	定义	说明	Scorpan	参考文献
NDVI	$(NIR-R)/(NIR+R)$	植被丰度	生物、气候	
土壤调节植被指数（SAVI）	$(1+L)[(NIR-R)/(NIR+R+L)]$	干旱和半干旱环境中的植被丰富度	生物、气候	Huete（1988）
碳酸盐指数	R/G	碳酸盐自由基	土壤、母质、年龄	Amen 和 Blaszczynski（2001）
铁指数	R/MIR_2	二价铁	土壤、母质、年龄	Amen 和 Blaszczynski（2001）
黏土指数	MIR_1/MIR_2	羟基（如黏土）	土壤、母质、年龄	Amen 和 Blaszczynski（2001）
硅氧指数	$(MIR_1-MIR_2)/(MIR_1+MIR_2)$	石膏土	土壤、母质、年龄	Nield 等（2007）
钠指数	$(MIR_1-NIR)/(MIR_1+NIR)$	钠质土壤	土壤、母质、年龄	Nield 等（2007）
粒径指数（GSI）	$(R-B)(R+G+B)$	表面结构	土壤、母质、年龄	Xiao 等（2006）
PC	数学旋转			
PC$_1$	图像亮度			
PC$_{2-n}$	变量			
PC$_n$	随机噪声			
TCT	固定数学旋转			Huang（2002）
TC$_1$		土壤亮度	土壤、母质	
TC$_2$		绿度	生物、气候	
TC$_3$		湿度（水分）	土壤	
TC$_4$		浑浊度		

注：B=蓝光波段反射率，G=绿光波段反射率，R=红光波段反射率，NIR=近红外波段反射率，MIR_1=中红外 1，MIR_2=中红外 2，L=常数。

资料来源：Lin（2012b）。

2. 数字土壤制图方法

目前数字土壤制图方法主要包括基于要素相关性、空间自相关以及要素相关性和空间自相关相结合的方法。基于要素相关性的数字土壤制图是通过土壤属性（或类型）与环境因子（要素）的关系，推测土壤类型或土壤属性的空间分布，进而生成土壤图。基于要素相关性的推测方法主要有传统的统计学方法、机器学习与数据挖掘方法、基于专家知识的土壤制图和基于样点个体代表性的方法等。基于空间自相关的数字土壤制图是根据空间自相关理论，建立描述目标地理变量空间自相关性的模型，并结合待推测点的空间位置，推测目标地理变量在该点的特征值（Goovaerts，1999）。根据空间自相关分析的范围不同，可分为全局空间和局域空间自相关分析。空间自相关和要素相关性相结合的数字土壤制图方法既考虑土壤属性空间分布具有自相关特征,也考虑土壤与土壤环境要素的关系。代表方法有协同克里金插值法、回归克里金插值法、地理加权和回归模型等。本小节讨论了 DSM 中一些最常见的数学和统计模型以及机器学习方法应用(Zeraatpisheh et al.,2019)。

1)数学和统计模型

数学和统计模型是根据土壤与地理环境变量之间的统计关系,推测土壤属性的空间分布并生成土壤图的方法(Moore et al.,1993;McBratney et al.,2003)。线性模型是建立土壤属性与影响因子之间的定量线性关系的模型。常用的线性模型包括普通线性模型、广义线性模型(generalized linear model,GLM)和广义附加模型等。判别分析是根据已知样本集建立判别函数,然后根据判别函数或函数集来确定未知样本的所属类别(Dobos et al.,2001;朱阿兴等,2018)。前文介绍的 Scorpan 模型或 STEP-AWBH 模型与经验的传统土壤制图方法相似,是土壤属性与模型因素之间的函数关系,是用数学方法来表示,而不是概念模型(Ryan et al.,2000)。这些数学和统计模型使用土壤数据、专业知识或已有的土壤地图进行拟合或训练。但在生态建模中最重要的考虑因素不是所采用的统计模型,而是分析人员的生态知识和统计技能,积累更好的土壤数据能改善土壤特征的空间预测(Minasny and McBratney,2007)。

A. 广义线性模型

最常用的回归和分类模型之一是 GLM,这是经典线性模型的一种改进形式,旨在处理线性模型的主要假设无法满足的情况。GLM 由随机成分、系统成分和关联函数(link function)三部分组成,通过关联函数构建响应变量(因变量)的数学期望值与线性组合的预测变量之间的关系(Dobson,1990)。GLM 不需要因变量服从正态分布,因变量可以响应指数型分布,如二项分布、泊松分布、伽马分布及高斯分布等。优化线性模型的一个结果要求参数用最大似然法迭代估计,而不是用最小二乘法解析推导。另一个结果是排除了方差分析的使用而采用偏差分析,这是对观测值与模型拟合之间差值的测量,在高斯分布中等于残差平方和。GLM 在土壤科学中的使用通常通过转换来优化线性模型以解决替代分布,但可能会影响转换尺度上可加性的解释,如标准差和方差等统计值应谨慎使用(Lane,2002)。

除了能够处理多个分布之外,GLM 还有其他优势,如能够同时使用分类预测变量和连续预测变量。与线性模型一样,它们允许预测因子和多项式中的项之间具有相互作用,从而为更复杂的数据结构建模。为了确定这种相互作用,可以使用如决策树模型等方法。GLM 虽然提高了精度,但使用交互作用会增加模型内的共线性,对于较为复杂的数据集易产生不相关变量伪相关的现象(Park and Vlek,2002)。

B. 克里金插值法

克里金插值法是以样本反映的区域化变量的结构信息(变异函数)理论为基础,根据待推测点周围或块段有限邻域内的样本数据,对待推测点进行的一种无偏最优估计的方法,是地统计学的主要内容之一(朱阿兴等,2018)。克里金插值法是 Scorpan 模型的一种特殊情况,其中只考虑了空间位置(n)因子。克里金插值法通过考虑相邻观测点之间的距离,采用局部加权平均值来估计新点的值。运用克里金插值法不仅可以得到预测结果，还可以得到预测误差，有利于评估预测结果的不确定性。克里金插值法首先需要生成变异函数和协方差函数，用于估算样点值间的统计相关（空间自相关），再预测未知点的值。

与其他传统插值方法相比，克里金插值法的结果更精确，更符合实际；缺点是克里金插值法依赖于空间关系（变异函数）的确定，要求样本数量较多、分布均匀、样本代表性好，而且区域化变量的结构信息要满足二阶平稳假设（朱阿兴等，2018）。土壤特性是环境协变量的结果，将土壤空间变化的确定性成分作为环境协变量的函数有助于建模，用克里金插值法可以得到残差随机分量。克里金插值法的变量包含了确定性和随机分量，包括协同克里金插值法和回归克里金插值法。与其他地统计学模型相比，Bishop 和 McBratney（2001）已经证明了回归克里金插值法的优越性。然而，Scull 等（2005）发现在景观尺度上当土壤采样没有在接近空间相关性的平均范围时，多元线性回归优于回归克里金插值法。

C. 模糊逻辑

模糊逻辑是布尔逻辑的另一种选择，布尔逻辑通过 0（否）或 1（是）来确定给定类的成员资格。模糊逻辑用隶属度替代了布尔真值，输入数值与隶属度二者的关系通过隶属度函数确定，常用的方法是三角形或者梯形。模糊逻辑处理通过允许土壤在 0~1 的部分成员来定义土壤–景观连续体的模糊性。与克里金分析、回归或分类不同，模糊逻辑并不是一个真正的统计模型，因为"它不评估其预测的准确性"（Heuvelink and Webster，2001）。模糊逻辑和布尔逻辑的区别在于，模糊逻辑是基于可能性论，而布尔逻辑则是基于概率论。于是，模糊逻辑是衡量土壤与某一类别的相似性，而不是其属于该类别的概率（Zhu，2006）。Zhu（2006）认为"土壤分类是基于可能性，而不是概率"，因此模糊逻辑是定义土壤类别的方法。

模糊逻辑的优点是允许代表土壤的地理分布和不同属性的连续性质。模糊逻辑在 DSM 中最突出的应用是由 Zhu 和 Band（1994）以及 Zhu 等（1997）开发的 SoLIM 模型（土壤–景观推理模型，soil-landscape inference model）。模糊逻辑利用经验丰富的土壤科学家的专业知识来正式确定土壤特征和环境协变量之间的关系。结合土壤科学家的专家知识既是优点又是缺点，优点是可以明确地总结一个土壤科学家已积累的较大价值的专业知识；缺点是土壤科学家的专业知识是主观的，缺乏推断的统计依据。

2）机器学习

A. 决策树和随机森林模型

决策树（decision tree）是一类基于树结构进行决策的常见的机器学习方法，一棵决策树包括一个根节点、多个内部节点和叶节点。叶节点和其他节点分别对应决策结果和属性测试（Guisan et al.，2002）。决策树学习的关键是如何选择最优划分属性。随着划分过程不断进行，希望决策树的分支节点所包含的样本尽可能属于同一类别，这个过程不断进行直到每个结果都被正确分类，即节点的"纯度"越来越高。"信息熵"和"基尼指数"是度量样本集合纯度最常用的指标。对于连续响应（如回归树），使用的划分标准是残差平方和，而对于分类响应（如分类树），有三个划分标准可选择，所有这些标准都寻求优化正确分类结果的比例。剪枝是决策树学习算法解决"过拟合"的主要手段，基本策略有预剪枝和后剪枝（Quinlan，1993）。如果修剪成较少的叶子，该树的整体准确性几乎不会受到影响。为了确定一个最佳的停止点，通常使用交叉验证法。这种修剪方法产生了叶子数量与偏差解释量的关系图。最佳停止点是图上斜率等于或低于最小交叉验证误差的标准差的位置。

Hastie 等（2009）列出了决策树三个值得注意的限制。第一，由于树的构造特性是数据驱动的，它们本质上是不稳定的，数据中的任何变化都可能产生不同的树。因此，对 DSM 的研究（Park and Vlek，2002；Scull et al.，2005）已表明当通过一个独立的数据集进行验证时，基于树的模型的性能不如参数模型好。第二，对于连续的响应树不产生连续的预测而是进行较为不现实的分级预测。然而，对于噪声较多的数据集，McKenzie 和 Ryan（1999）认为这不是一个问题。第三，Hastie 等（2009）引证了树有可能用足够的数据获取可加性结构，但决策树模型构建的过程难以利用数据中的这种结构。

为了克服决策树模型的局限性，人们提出了一些构建树时的修改，如提升法（Boosting）（Freund and Schapire，1997）、装袋算法（Bagging）（Breiman，1996）和随机森林（Random Forest，RF）（Breiman，2001）。Boosting 是可将弱学习器提升为强学习器的算法，主要关注降低偏差。Bagging 是并行式集成学习的代表，主要关注降低方差。RF 是 Bagging 算法的扩展变体，在以决策树为基学习器构建的 Bagging 集成的基础上，在训练过程中引入随机属性选择。每一个修改都会创建一个由多棵树组成的模型，通常被称为一个集合。通过构建森林而不是一棵树，从而提高准确性并降低模型的敏感度。在 Boosting 过程中，森林通过反复重新权衡数据集中错误分类和正确分类的观察结果来生长。在 Bagging 过程中，森林通过获取数据集中观察结果的重复引导样本来生长。在随机森林中，通过获取数据集中观察结果和预测因子的重复引导样本来生长森林。虽然这些集成方法通常比一棵树可以得到更好的估计，但也损失了可解释性。

B. 通用梯度回归模型

GBM 是通用梯度回归模型（generalized boosted regression models）的简称。在机器学习中常用的算法有三种，分别是 GBDT（gradient boosting decision tree）、XGBoost 和 LightGBM。GBDT（Taghizadeh-Mehrjardi et al.，2020）是一种迭代的决策树算法，类似于随机森林。但随机森林使用装袋，GBDT 使用梯度提升，该算法既可以解决回归问题，也可以解决分类问题，因此该算法更适合高偏差、低方差希望降低偏差的情况。GBDT 首先建立一系列性能较弱的基学习器。其中，第一个基学习器的性能极其有限，为了提高模型性能，之后建立的一系列模型都在前一个模型的基础上通过学习特征到残差的映射而不断修正，从而提高后续模型的准确率。在进行预测结果的性能评估时，根据每个基学习器的预测性能赋予权重，综合考虑所有模型的预测值。在 R 语言 gbm 包中，可以实现 GBDT。主要参数有：① shrinkage。学习速率，一般来说学习速率越小，模型表现越好，但耗费的内存和计算时间也相应增加。② n.trees。该参数指迭代的次数，如果选取过大，可能会导致过拟合。③ interaction.depth。每棵树的分叉数目，这个参数控制着提升模型的交互顺序。

C. 支持向量机

支持向量机（support vector machine，SVM），可用于分类与回归分析的有监督机器学习算法。对于训练样本，每个被用于训练的观测数据被标记为二分类类别中的其中一个，从而成为非概率的二元线性分类器。SVM 模型将样本中的观测数据在特征空间上用点来表示，并构建一个拟合数据的最优超平面，使得在该特征空间上所有的观测能以间隔最大的方式被区分开（Ding et al.，2016）。

5.2.3　结合水文土壤属性的数字土壤制图

水文土壤学利用土壤特性来表征土壤内的水文行为，是理解、测量、建模和预测整个景观水通量的框架，其中结构、功能和尺度是关键问题（Lin et al.，2006）。在 DSM 的背景下，结构可以影响水文土壤特征的空间排列［表示土壤属性的像素或地图单位，如地下水的水力导度等；土壤分层，如不透水的脆磐层（fragipan）或基岩的深度；土壤分类，如有效持水能力较低的土壤类型］。观测到的结构是土壤–景观系统中随时间变化的通量和过程的结果，可以提供功能信息。DSM 产品可以充分扩展水文土壤学概念和在空间领域的理解。数字土壤调查数据能够获取水文形态特性和水文过程，适用于土地利用和土壤管理的决策，水文、生态或其他陆面模型的输入，未取样或未观测地点的土壤特征估计。

1. 影响水文过程的土壤特性数字制图

水文过程受到土壤性质空间分布的显著影响，如土壤传输、储存和与水发生的反应（Park et al.，2001）。土壤特性对水文过程的影响越来越显著，土壤水分格局在小尺度（大约范围 <100 m）受土壤类型、质地和地形等土壤特性控制。在大尺度上，景观异质性使观测到的水文响应具有时空变异性，土壤性质的信息缺乏则会阻碍水文领域的发展（McDonnell et al.，2007）。土壤空间结构在水文响应和水文建模中具有重要作用，许多研究已说明了土壤空间数据在流域尺度水文响应建模中的使用，并讨论了现有土壤数据的局限性（Vertessy et al.，2000）。土壤特性的空间变异性对水文过程的显著影响表现为降水在径流中的再分配、地下水的横向和垂直再分配以及山坡和流域尺度上土壤水分的空间分布（Güntner and Bronstert，2004）。土壤特征的垂直变化，如不连续和突变边界将影响入渗、深层渗透和蒸散作用。此外，垂直异质性（如黏土防渗层，质地不连续、胶结层或致密层）会促进土壤水的横向再分配。土壤性质的垂直和横向变异性均会影响水文响应，在山坡和集水区尺度上十分显著。因此，加强对山坡和流域的土壤性质的理解有助于模型构建与预测水文响应能力的提高（Troch et al.，2009）。

1）土壤分层

长时间（如千百年甚至更长远的时间）的土壤成土过程会在与土壤表面大致平行的方向形成土壤发生层，不同分层具有各自的性质和组成（Ma et al.，2017）。某些土壤层的类型或层序列是土壤内水文过程的结果，可进一步验证土壤中的水流大小和方向。淋溶和淀积过程可以转移黏土矿物、铁氧化物、腐殖质、碳酸盐和其他土壤成分。正是由于水文和成土之间的这些联系，DSM 方法可以应用于预测土壤分层的空间分布（表 5-6）。同时，一些土壤层（如胶结层）的存在通过限制根系生长，储存更多（或更少）植物可用的水，促进横向水流或产生上层滞水影响土壤–水–植物的相互作用和水文过程。

表 5-6　使用 DSM 方法预测具有水文意义的土壤特性的研究案例

土壤特性	资料来源	土壤属性或分类	预测因素			
			地形属性	遥感图像	其他	空间范围
土壤分层和剖面特征	Moore 等（1993）	层厚	√			田块
	Zhu 和 Band（1994）	层厚	√	√		局部
	Gessler 等（1995）	层厚	√			局部
	Boer 等（1996）	土壤厚度	√			局部
	McKenzie 和 Ryan（1999）	土壤厚度	√		气候、地质	局部
	Sinowski 和 Auerswald（1999）	土壤厚度	√			局部
	Ryan 等（2000）	土壤厚度	√	√	气候	局部
	Park 等（2001）	层厚	√			局部
土壤水力性质	Bell 等（1992，1994）	土壤排水等级	√			局部
	Cialella 等（1997）	土壤排水等级	√	√		局部
	Thompson 等（1997）	水生形态指数	√			田块
	Chaplot 等（2000）	水生形态指数	√			田块
	Campling 等（2002）	土壤排水等级	√	√		局部
	Chaplot 和 Walter（2002）	水生形态指数	√			区域
	Peng 等（2003）	土壤排水等级	√	√		局部
	Liu 等（2008）	土壤排水等级	√	√	近端传感	田块
	Lemercier 等（2012）	土壤排水等级	√	√	地质	局部
水文土壤特性	Zheng 等（1996）	有效水容量	√			局部
	Lark（1999）	土壤含水量	√			田块
	Ryan 等（2000）	有效水容量	√	√	气候	局部
	Pachepsky 等（2001）	土壤持水性	√			田块
	Romano 和 Palladino（2002）	土壤持水性	√			局部
	Malone 等（2009）	有效水容量	√	√		局部
其他土壤性质	Moore 等（1993）	有机物，粉粒、砂粒含量	√			局部
	Arrouays 等（1995）	有机物，黏粒含量	√		气候	局部
	de Bruin 和 Stein（1998）	黏粒含量	√			田块
	Razakamanarivo 等（2011）	有机碳	√		土地利用类型	区域
	Odgers 等（2012）	有机碳	√		土地利用类型	区域
	Poggio 和 Gimona（2014）	有机碳		√	容重、pH、层厚	区域

注：空间范围包括田块≤0.25km²，局部=0.25～10⁴km²，区域=10⁴～10⁷km²。

资料来源：Lin（2012b）。

已有许多 DSM 成功应用于预测土壤发生层形成的例子。许多研究都集中在表土厚度的测绘（Zhu，2000；Hengl et al.，2004）。另一个共同的目标属性是与储水能力和植物可用水等重要水文属性有关的土壤深度或限制层的深度（McKenzie and Ryan，1999；Sinowski and Aureswald，1999）。

2）土壤特性

数字土壤制图（DSM）是建立土壤类别和属性数据集的一种有效方法。土壤科学家应用 DSM 在改善水文参数估计方面取得了许多进展。利用 DSM 开发的土壤属性图在水文土壤学中作为模型的输入，或通过土壤转换函数［PTFs，由 Bouma 等（1989）定义］，用于这些模型的必要的其他特性，如质地、有机碳、结构等的预测以及土壤空间信息的推断（McBratney et al.，2003；Grunwald，2009）。土壤质地与颗粒分布对通过土壤的水流速率有很大的影响，是所有水文模型的关键输入参数。许多 DSM 已经生产了土壤质地的地图（例如，McBratney et al.，2000；Melendez-Pastor et al.，2008）。土壤性质的成因和空间分布均受到多尺度特征的影响，为了在预测模型中解释这种效应，Behrens 等（2014）提出了一种超尺度的 DSM 地形分析方法，用于描述多个尺度上的地貌特征。但对于其他重要的水文土壤特性，如土壤结构、容重和饱和导水率（Ksat），用 DSM 方法来描述这些特性的研究还不足。目前已有研究将考虑了土壤质地修正土壤结构后的土壤水力特性用于陆面模型，发现小尺度的土壤结构特征显著地改变了更大尺度上的水文响应（Bonetti et al.，2021）。在区域尺度上，模型涵盖土壤结构后显著改变了湿润区和植被区的入渗过程与径流分配；在全球尺度上，地球系统模型的空间分辨率较低及其无法模拟强降雨和短降雨事件弱化了土壤结构对地表通量和气候的影响（Fatichi et al.，2020）。另外，多数研究忽略了土壤中生物的物理活动改变土壤结构的关键作用。

DSM 产品提高土壤性能的代表性可以给水文学家提供更好的信息。土壤储水是一种基本的生态系统服务，通常由测量或估计的属性决定，包括发生层厚度、土壤质地、岩石碎屑含量和根系限制层的深度等。土壤储水的量化对于理解水分运移至关重要，当超过给定的土壤储存容量时可以预测径流。对于气候建模，需要土壤水分储存的有关信息来预测用于蒸腾的水量。有效的持水能力受基岩深度或水力限制层深度的影响。DSM 用于预测土壤水分可利用性的应用已有丰富的研究（Pachepsky et al.，2001；Sommer et al.，2003）。由 DSM 产生的英国水文土壤类型（HOST）分类方案可以用于预测未测量流域的河流流量，已广泛应用于水文研究，例如干旱评估，河流流量模拟和绘制地下水脆弱性等（Baggaley et al.，2020；Gagkas，2021）。

2. 基于水文特征影响的土壤特性制图

水文土壤学特性是计量土壤学模型和 DSM 的常见结果（表5-6），水是土壤形成的主要因素并直接影响土壤性质。在区域的水文土壤评估中，DSM 用于确定土壤性质的空间分布，进而参数化水文模型（van Tol et al.，2015）。

许多观测的土壤物理、化学和形态性质是由土壤内的水文条件或过程造成的。排水等级、可利用含水量和水文形态特征等土壤水文形态对于土壤利用和管理以及土地利用决策非常重要，是评价土壤适宜性和局限性的主要因素。基于 DSM 预测水文土壤特性的方法主要有传统土壤调查法、空间插值法、土壤–景观模型法、遥感影像法。最早利用 DSM 对水文土壤特性的定量预测是 Troeh（1964）通过坡度和坡面曲率预测了土壤排水类别。氧化还原特征（如铁锰浓度等）和土壤饱和的深度与持续时间以及还原条件直接相关，并为土壤或景观中水分长期累积和持续存在的位置提供证据。利用再氧化特征（种类、数量、大小、颜色、形状和位置）可以确定土壤排水等级、含水条件和水土条件（USDA-NRCS，2010）。另外，SOC 的变化通常是由局部或区域气候和地形因素驱动的水文函数（Collins and Kuehl，2001）。例如，在地中海地区降水通过影响土壤侵蚀强度来影响 SOC 的积累（Martínez-Mena et al.，2012），但在流域尺度上土壤有机质含量与降水呈负相关（Gong et al.，2017）。因此，SOC 的空间分布与生物量生产的水分利用率和/或土壤饱和有关，这限制了有机物的分解。利用 DSM 方法绘制 SOC（或土壤有机质）已在不同的尺度上得到证明，并通过不同的方法不断改进。例如，添加全球土壤近红外光谱库等提高预测 SOC 和质地的准确性（Brown，2007；Guerrero et al.，2014）。

流域的水文响应是流域内单个山坡的水文响应之和，故水文土壤特性受山坡水文过程强烈影响，进而用 DEM 导出的地形属性易于构建地形和山坡水文过程之间的关系。以往将数字土壤测绘和水学学相结合的研究在景观水平上绘制土壤地图，根据环境协变量的景观水平分布收集的土壤数据成图后可以转换为单个山坡尺度（van Tol et al.，2015；van Zijl et al.，2016）。类似的土壤–景观建模方法已被用于预测土壤的水文形态特性、水分含量、有效水容量和土壤持水特征曲线。许多关于景观尺度上土壤湿度和山坡水文的研究例子已经详细描述了水文状态之间的关系（如观测到的地下水位的深度和持续时间）和土壤形态学特征，如 D'Amore 等（2000）、Lin（2006）表明观察土壤形态特性、再氧化特征、土壤自然结构体表面特征和孔隙结构，在山坡和集水区尺度上有助于解释水的运动性质和水储存的区域。然而，铁和锰并不是唯一受水文影响的土壤成分，碳、氮、钙、磷等元素的分布可能与水文条件和过程有关（Vasques et al.，2010）。Thompson 等（1997）、Chaplot 等（2000）、Chaplot 和 Walter（2002）已经证明可以发展结合了土壤剖面中多种土壤颜色特征的土壤颜色指数（如表层的颜色和厚度），并使用 DSM 方法绘制了水成土的范围。

5.3 水文土壤学模型

水文土壤学模型是对不同时空尺度土壤和水相互作用的物理、化学和生物过程及其反馈机制的模拟刻画，可以对土壤水文特征的变化进行预测。土壤特性决定着土壤水力参数，进而决定着水的空间分布与运移（van der Meij et al.，2018）；反之，水文过程通过迁移和转化土壤物质，在长时间尺度上影响着土壤发育的方向与速率。因此，现有水文土壤学模型可以归结为三大类模型，即土壤成土模型、土壤水力参数模型、土壤水分动态模型（图 5-61）。

有关土壤成土模型的内容已经在 2.3.4 节（成土过程模型化）进行了概述，相关模型已在表 2-2 进行了总结。土壤水力参数是对土壤水分运动进行定量模拟与预测的基础，包括土壤特征曲线、水力传导度、水分扩散率等。直接测定土壤水力参数往往需要花费大量的人力物力，因此通过有限的测量数据，利用模型对土壤水力参数进行预测是最常见的手段。

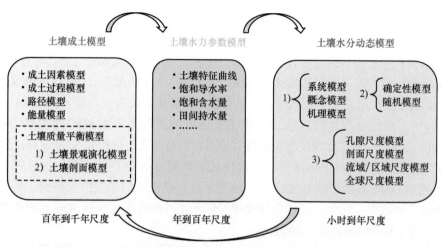

图 5-61　水文土壤学模型分类

土壤水力参数模型可以分为两大类，一类是土壤水力参数刻画模型，这类模型利用少量的土壤水分–水势测量数据，得到整体的土壤水力特征曲线，或通过测量的饱和导水率，得到模拟的非饱和导水率。另一类模型是土壤水力参数反演模型，这类模型通过土壤机械组成、容重、有机质含量等土壤物理属性数据，对土壤水力参数进行预测，在大尺度水文土壤过程模拟中比较常见。土壤水分动态模型可以模拟土壤水分在不同自然及人为条件下的动态变化及分布规律，在不同的视角下，土壤水分动态模型有不同的分类方式（图 5-61 和表 5-7）。根据模型的机理性程度，可以分为系统模型、概念模型、机理模型三大类；根据是否考虑驱动因子的随机性，可以分为确定性模型与随机模型；根据空间尺度的不同，可以分为孔隙尺度模型、剖面尺度模型、流域/区域尺度模型及全球尺度模型。

表 5-7　代表性土壤水分动态模型分类

分类		模型
按机理性分类	系统模型	统计回归模型：康绍忠（1993）；Wang 等（2007）；Santos 等（2014）；统计插值模型：线性插值；克里金插值；CO-克里金插值；时间序列分析模型：康绍忠（1993）；指数消退模型：马孝义等（2002）
	概念模型	水量平衡公式法；水分胁迫系数法
	机理模型	土壤水运动方程：白金汉–达西定律；Richards 方程；入渗过程模型：Green-Ampt 模型；Philip 入渗模型；土壤优势流模型：DLA 模型；IP 模型；根系吸水模型
按随机性分类	确定性模型	Richards 方程
	随机模型	Eagleson（1978）；Laio 等（2001）
按空间尺度分类	孔隙尺度模型	Navier-Stokes 方程；Yang 等（2014）
	剖面尺度模型	HYDRUS 模型；MODHMS
	流域/区域尺度模型	TOPMODEL 模型；SHE 模型；SWAT 模型
	全球尺度模型	WBM 模型；DBH 模型

5.3.1 土壤质量平衡模型

2.3.4 节已经简要论述了成土因素模型、成土过程模型、路径模型和能量模型，因此本章不再详细说明，这里以土壤质量平衡模型为例来说明土壤成土模型。

1. 土壤景观演化模型

描述土壤演化的模型有 Kirkby（1977）模型、SoilGen2 模型（Finke，2012）、COMISSION模型（Ahrens et al.，2015）、OC-VGEN 模型。将水和沉积物动态交换真正考虑进去的模型是土壤景观演化模型（SLEMs）。这些模型不断发展，并被用来研究百年到千年尺度上的土壤–景观系统的复杂动力学，同时承认土壤景观发育中土壤物质的地貌再分布作用（Minasny et al.，2015）。SLEMs 模拟了多种土壤发生过程和地貌过程，产生了细节丰富的结果，同时减少了计算量。模型的结构与过程界限取决于模拟目标。例如，多层模型 CREEP 和 SPEROS-C 建立的目的是研究山坡碳动态，因此它们只考虑这些过程（Rosenbloom et al.，2001）。Yoo 和 Mudd（2008）模拟了山坡的化学演化，而在它们的模型中，只考虑了可动和不可动土层的化学风化与迁移过程。Be2D 模型模拟了山坡铍–10的再分布，因此只考虑了与铍–10 运输有关的过程（Campforts et al.，2016）。mARM5D和 SSSPAM 模型聚焦于土壤质地的演化，主要考虑物理风化过程（Cohen et al.，2015；Welivitiya et al.，2016）。MILESD 和 Lorica 计算了一系列土壤形成过程，这些过程在整个土壤剖面的发育中相互作用（Temme and Vanwalleghem，2016）。在（模型）已包含的地貌过程中，土壤通过作用于土壤表面的侵蚀过程，或通过发生在整个剖面的蠕动过程而彼此联系，但是目前没有一个模型用横向地下水流来联系土壤。

当前 SLEMs 中的成土过程仅仅是一维垂向，横向方向的地下过程，如溶质、有机质、活动性铝、铁和黏土的运移目前还不能被模拟。这些过程在（土壤）固体和溶质的山坡尺度再分配中是很关键的。没有它们，模型就会错误地预测土体尺度上这些土壤成分的质量平衡，进而导致土壤和景观发生错误解释。

目前有大量的水文土壤模型、地下水模型、土壤演化模型和土壤景观演化模型。在不同的水文模型和土壤发生模型之间已经成功地实现了一些耦合（Jarvis et al.，1999；Jacques et al.，2008；Finke，2012）。然而，与 SLEMs 的耦合目前仍然很缺乏（Ma et al.，2017），尽管这种耦合模型的发展对于使 SLEMs 适用于全球变化背景很关键（Minasny et al.，2015）。

与土壤水文过程相比，土壤和景观的演化出现在不同的时空尺度。土壤水文过程经常在孔隙到土体尺度被描述，而土壤–景观演化是从土层到整个流域尺度。土壤和景观性质的变化在 100 多年或 1000 多年后才会变得明显，而土壤水文过程则在小时到季节时间尺度变化。这些土壤水文的快速循环变化与成土和地貌的缓慢累积变化是以某种方式协同演化的（Lin，2011b）。但这些过程的时间尺度差异使在 SLEMs 中加入水文过程变得复杂。由于目前的建模方法计算量很高，在一个流域进行千年时间尺度的精细水文过程模拟几乎是不可能的。

2. 土壤剖面物质迁移模型

描述黏土迁移的模型有 Campforts 等（2016）、Temme 和 Vanwalleghem（2016）等。黏土迁移过程导致了淋溶层或漂白层的形成。典型的淋溶土层顺序是（O—）Ah—E—Bt—C，其中表土黏土运移进入 Bt 层。Bt 层的水力学功能可以变化很大：Bt 层可以是不透水的（Lin，2010b），也可以是高透水的（Rieckh et al.，2012）。直观地看，土层中黏土的淀积作用会通过堵塞土壤孔隙而降低水力传导度。然而，黏土同时也是土壤团聚体的重要构建材料。黏土含量的增加也可以造成土壤结构形成加快，从而提高水力传导度。在黏土迁移的过程，水控制着黏土颗粒的移动和运移。黏土颗粒的输送量不仅取决于水流量，还取决于流速、雨滴影响下颗粒的分离和土壤的水文状况（Jarvis et al.，1999）。对于 SLEMs 来说，这一细节要求太高，SLEMs 目前使用简化的过程和更大的时间步长来模拟黏土迁移（Campforts et al.，2016；Temme and Vanwalleghem，2016）。当前 SLEMs 计算黏土迁移的方法是基于有限的数据，在空间和时间上采用统一的速率常数。Egli 和 Fitze（2001）对脱钙速率的模拟方法也可用于黏土迁移，使用渗流和到洪积层深度之间的经验关系，利用空间可变渗透来衡量黏土迁移率。然而，要建立这种关系，还需要额外添加关于黏土迁移率的实地数据。

Ahrens 等（2015）给出了一个机理模型（COMISSION）的示例，以模拟灰壤中的垂向 SOC 浓度和动态。微生物相互作用、矿物吸附和垂直运移的联合模拟，促进了土壤剖面放射性碳年龄的精确模拟，从而可以区分不同的碳源（carbon source）。同样，由于高计算要求和所需的输入参数，这种详细程度对于 SLEMs 是不可行的。此外，COMISSION 中的垂向运移不是由水通量控制的，而是由具有一定颗粒速度和平均孔隙水速度的平流方程控制的，而在每个固定深度，土壤对矿物的最大吸附作用在该模型中被设置为固定值。这意味着模型不能动态地响应水流和土壤特性的变化，而这种响应是土壤和景观综合演化所必需的。

3. 土壤景观演化模型修正应用案例

Temme 和 Vanwalleghem（2016）以改进 Lorica 模型为例，说明了改进水文过程对于土壤景观演化建模的潜力。Lorica 是一个土壤景观演化模型，它用一年的时间步长来计算各种成土和地貌过程，成土过程的速率是地表以下深度的偏函数。在没有地貌过程和统一的起始条件的景观中，每种土壤都是相同的，因为土壤深度没有空间变化。接下来将展示在这种地貌稳定的景观中，添加水分渗透函数的不同成土过程速率如何导致模拟的土壤多样性。简单地将动态时间步长合并到 Lorica 模型中，用于计算超渗产流或融雪造成的日径流事件。随后可以简单模拟水在景观尺度上的重新分配导致渗透率在空间上的变化，因此这种模拟可以量化学风化和黏土迁移的速率。在初始黏土含量为 33% 的二维起伏山坡上运行了普通版 Lorica（常规版 Lorica）和调整版 Lorica（水文 Lorica），以说明两种模型设置之间的差异（图 5-62）。实例说明了改进的入渗模块在模拟成土多样性方面的潜力。

图 5-62 展示了在地形起伏的区域模拟的黏土成土过程。由于空间范围小，坡度低，不存在地貌过程引起的高程变化。因此，传统 Lorica 的结果显示整个景观中的土壤是相同的。少量黏土从表土上脱落并向下迁移。水文 Lorica 表明，由于较高的入渗，地表洼地的黏

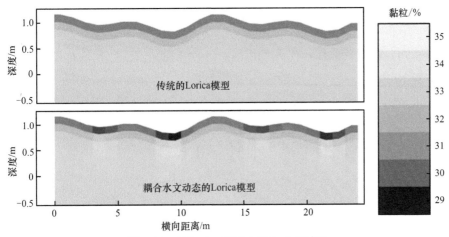

图 5-62 在 Lorica 模型中加入水文过程

土迁移增加。这种模式与土壤小尺度变化的现场证据相吻合。例如，Knuteson 等（1989）表明，在浅表洼地中，由于向下流动，黏土发生了移位，而在水分整体向上移动的区域周围则没有这种过程。Šamonil 等（2016）发现树木倒下造成的小洼地促进了灰化过程的加速，可能是增加了凋落物和水分输入。根据土壤的性质，这可能导致土壤演化过程中的趋同或分化（Šamonil et al.，2018）。

Lorica 水文模块的微小变化可以模拟研究中发现的类似模式，进一步实施和完善水文和成土过程将有助于模拟各种环境下的景观尺度水和土壤形成的再分配。然而，在土壤景观演化模型中模拟这些过程之前，有必要进一步开发模拟大规模土壤水文过程的方法。

5.3.2 土壤水力参数模型

1. 土壤水力参数刻画

描述土壤水力参数通常用到水分特征曲线（water retention curve，WRC）和水力导度方程（hydraulic conducitvity function，HCF），常用的土壤水分特征曲线模型和水力导度方程有 Brooks-Corey 模型（Brooks and Corey，1966）、Tani 模型（Tani，1982）、Russo 模型（Russo，1988）、van Genuchten-Mualem 模型（Mualem，1976；van Genuchten，1980；van Genuchten and Nielsen，1985）、Kosugi 模型（Kosugi，1994）等，其中广为适用且学界普遍接受的是 van Genuchten-Mualem 模型。

作为 WRC 的 van Genuchten 模型表示如下：

$$S_e = \frac{\theta - \theta_r}{\theta_s - \theta_r} \tag{5-70}$$

$$S_e = \left[1 + \left(\alpha |\Psi| \right)^n \right]^{-m}, \quad m = 1 - 1/n, \ 0 < m < 1 \tag{5-71}$$

式中，S_e 是有效土壤饱和度；θ 是土壤体积含水率；θ_r 是残余土壤含水率；θ_s 是饱和土壤含水率；Ψ 是土壤基模势；α 是土壤进气值的倒数；n 是描述土壤孔隙分布的指数，m 与 n 满足转换关系。

将式（5-70）和式（5-71）代入 Mualem（1976）的孔隙大小分布模型中即可得到 HCF，表示如下：

$$K(\Psi) = K_s \frac{\left[1 - \left(\alpha \cdot |\Psi| \right)^{n-1} \left[1 + \left(\alpha \cdot |\Psi| \right)^n \right]^{1/(n-1)} \right]^2}{\left[1 + \left(\alpha \cdot |\Psi| \right)^n \right]^{L(1-1/n)}} \tag{5-72}$$

或

$$K(\theta) = K_s \left(\frac{\theta - \theta_r}{\theta_s - \theta_r} \right)^L \left\{ 1 - \left[1 - \left(\frac{\theta - \theta_r}{\theta_s - \theta_r} \right)^{1/m} \right]^m \right\}^2 \tag{5-73}$$

或

$$K(S_e) = K_s S_e^L \left[1 - \left(1 - S_e^{1/m} \right)^m \right]^2 \tag{5-74}$$

式中，$K(*)$ 是不同形式的非饱和导水率；K_s 是土壤饱和导水率；L 是经验孔隙连通系数，通常设为 0.5。要构建 WRC 和 HCF，需要 θ_r、θ_s、α、n、K_s 共 5 个参数，统称为 van Genuchten-Mualem 模型的关键参数。

2. 土壤水力参数反演

用于反演土壤水力参数的 PTFs 主要参考 Cosby 等（1984）、Saxton 等（1986）、Saxton 和 Rawls（2006）等的模型。PTFs 是采用容易获得的土壤属性的函数来描述难以获得的土壤属性。函数范围从查找表（类别 PTFs）到回归树（如持水性，Pachepsky and Rawls，2003），多元线性回归得出的连续方程（如土壤水力参数，Wösten et al.，2001；土壤容重，Tranter et al.，2007）和神经网络分析（如土壤水力参数，Schaap et al.，2001）。PTFs 的发展正在进行中，在升尺度、不确定性和异质性问题上有了很大的改进（Tóth et al.，2015；van Looy et al.，2017）。关于土壤传输函数的更多细节，可以参考其他（综述性）论文（Pachepsky and Rawls，2003；Pachepsky et al.，2006；Vereecken et al.，2010；van Looy et al.，2017）。

5.3.3 土壤水分动态模型

1. 概述

土壤水分动态模型主要用于模拟土壤水分在不同自然及人为条件下的动态变化及分布规律，进一步模拟分析植被耗水过程、污染物迁移过程。对于各种土壤水分动态模拟模型，可以从不同的角度对其进行分类。

1）不同空间尺度土壤水分动态模型的尺度

从研究尺度来看，土壤水分的动态变化一般可分为土体尺度、农田尺度、区域尺度，其空间尺度范围分别为 $1 \sim 10 \text{ m}^2$、$10 \sim 10^2 \text{ m}^2$、$> 10^2 \text{ m}^2$（李保国等，2000）。目前土壤水分动态模拟的研究多针对土体尺度，但对于气象、土壤、作物等因素的空间变异性还缺乏考虑。在农田尺度下，若气象因素变化不大，同时土壤、作物等的空间分布比较均匀，则可以利用土体尺度的方法和模型进行研究。但对于区域尺度，则需要考虑以上因素的空间变化，主要采用水量平衡方法进行分析。

2）土壤水分动态模拟的系统模型、概念模型和机理模型

从模型是否考虑土壤水分运动机理的角度来看，土壤水分动态模拟模型包括系统模型（经验模型）、概念模型（水量平衡模型）和机理模型（水动力学模型）。

系统模型主要根据土壤水分变化与主要影响因素的关系或土壤水分序列自身的动态变化规律，建立不同的经验性模型。

概念模型主要指水量平衡模型，利用一定时段内土壤水分的输入和输出模拟植物根系层土壤水分的动态变化。水量平衡模型多以常微分方程或差分方程的形式来描述。

机理模型在达西定律和连续方程基础上建立土壤水运动的基本方程——Richards 方程。该方程同时考虑了土壤蒸发、作物蒸腾与根系吸水等界面过程，可建立土壤–植物–大气连续体（soil-plant-atmosphere continuum，SPAC）水分运移模型（雷志栋等，1988；康绍忠，1993）。Richards 方程和初始、边界条件构成一定解问题，求解土壤蒸发（上边界条件）与根系吸水速率（源汇项）的定解问题可得到不同条件下的土壤水分时空变化特征。

3）土壤水分动态模拟的确定性模型和随机性模型

从模型是否考虑土壤水分动态变化的不确定性角度来看，土壤水分动态模拟模型主要分为确定型模型和随机模型。不确定性主要来源于气象、土壤等因素的随机性。目前常用的水量平衡模型和水动力学模型多数为确定性模型。系统模型通常利用数理统计和随机过程理论建立随机模型。在确定性水量平衡模型与土壤水动力学模型的基础上，考虑具有时域随机性与空间变异性的模型输入（降水、蒸腾等）与参数（土壤特性等）可得到相应的随机性模型。

时域随机性的量化先用适当的随机过程模型来描述降水、蒸腾等的随机变化特性，再建立描述土壤水量平衡或水分运动的随机微分（差分）方程模型或状态空间模型，求解得到土壤水分动态的概率分布。空间变异性通过分布式模型和概率分布函数两种方法处理。分布式模型将研究区域分成若干子区，在每个子区内的水分输入或参数为确定量，利用一维水量平衡模型或水动力学模型模拟和预测土壤水分动态综合各子区结果，得到研究区土壤水分的时空变化（Bouraoui et al.，1997）。概率分布函数可以描述有关模型输入及参数的空间变异特性，利用参数的若干随机生成样本模拟土壤水分动态（Bierkens，2001）。

2. 土壤水分动态模拟的系统模型

系统模型一般不着重考虑土壤水分动态变化的机理，而是根据土壤水分变化与其主要影响因素的关系或土壤水分序列自身的动态变化规律，建立各种各样的经验性模拟模型。

1）统计回归模型

通过对土壤水分与其影响因素进行相关分析，建立反映其相互关系的回归模型进行水分动态模拟与预报（康绍忠，1993），如根区土壤水分与地表植被生存状况具有密切联系，进而可利用植被因子定量化表征植被生存状况，并通过其与土壤水分的统计回归关系来模

拟下垫面关键带的水分剖面特征（Santos et al., 2014）。该方法显式表征了土壤水分与其影响因素之间的定量关系，可以方便地应用于较大尺度的土壤水模拟研究，但土壤水对影响因素变化的响应与其外部环境具有密切关系，且响应时效具有滞后性，因此建立的统计回归关系具有很高的时空异质性，不利于无资料区的直接推广，难以得到准确的土壤水模拟结果。

2）统计插值模型

在特定的气候–下垫面组合中，地表与一定深度土壤水分具有较为稳定的统计关系，因此可基于表层水分按深度构建统计关系或进行插值来模拟相应的水分剖面特征，具体的插值方法有线性插值、克里金插值、CO-克里金插值以及水文模型耦合随机取样的线性插值（Zeng et al., 2017）等。插值法原理简单、计算方便，在气候和下垫面环境（植被、地形、土壤等）较为均一的条件下适用于大尺度深层土壤水分模拟，但对于普遍存在异质性的下垫面环境，其模拟精度受到限制，对于缺乏实测数据验证情形，其推广能力十分有限。

3）时间序列分析模型

利用时间序列分析模型研究土壤水分序列的动态变化特性，将土壤水分的变化分解为趋势项、周期项和随机项，各项叠加即可对土壤水分动态变化进行模拟（康绍忠，1993）。

4）指数消退模型

通过对土壤水分消退规律的分析可以建立土壤水分动态模拟的指数消退模型。对于一定深度的土层，降水或灌溉等水分输入使土壤储水量增加，而蒸散发及深层渗漏等水分输出使得土壤储水量减少。一般情况下，除较大降水或灌溉后短期内会造成一定的（下边界）深层渗漏外，其他时间段的土壤储水量减少由蒸散发主导。因此，假设土壤水分消退阶段水分消退率与储水量成正比，即可得出土壤水分的指数消退关系（经验递推模型），这种关系在不同的气象、作物、土壤等条件下不同（马孝义等，2002）。

5）ANN 模型

土壤水分动态指数消退模型只是简单地把土壤水分随时间的变化假设为指数变化过程。但实际上，土壤水分变化规律十分复杂，土壤水分消退过程的蒸散发、下边界水分通量等与气象、土壤水分等因子之间具有复杂的非线性关系。ANN 中的前馈型反向传播网络（BP网络）具有较强的自学习能力和处理非线性问题能力，因此，可以用来反映土壤水分消退与气象、土壤、植被等影响因素之间的复杂关系。研究表明，现有的土壤水分动态 BP 网络模型可以较好地用于模拟和预报资料相对缺乏地区的土壤水分动态（尚松浩等，2002）。ANN 模型对输入数据的依赖较高，其适用的空间范围有限。

ANN 目前已在降水径流和径流预报的水文模拟、土壤转换函数的建立等方面被广泛应用，其在使用遥感产品反演土壤水分、蒸散发、植被指数等方面也取得了一定成果（van der Meij et al., 2018）。在一些案例中，使用神经网络模型计算的土壤水分精度甚至高于物理过程模型（Elshorbagy and Parasuraman, 2008），但这种方法十分依赖于输入变量的选取。

3. 土壤水分动态模拟的概念模型

土壤水量平衡模型是一种概念模型，通过一定时段内土壤水分的输入和输出来确定土壤水分的动态变化。

在土壤水量平衡的各要素中，主要水分收入项包括降水量（P）、灌溉量（I）等；主要水分消耗项包括蒸散发量、地面径流量（R）等；而根系层底部水分交换量（Q，以渗漏为正）在深层水分向上补给情况下属于收入项，而在向下渗漏情况下属于消耗项。这些水分平衡项中，降水和灌溉较易观测，蒸散发量通常通过模型模拟的方法来获得。例如，农田蒸散发可以使用参考作物蒸散发量和作物系数来进行估算。

参考作物蒸散发量是一种假想的参考作物在充分供水条件下的蒸散发量，主要受气象因素控制。根据 FAO 的定义（Allen et al.，1998），参考作物高度为 0.12 m，叶面气孔阻力固定为 70 s/m，反射率为 0.23，参考作物蒸散发量可根据 PM（Penman-Monteith）公式计算。

作物系数是充分供水条件下作物蒸散发量与参考作物蒸散发量的比值，它综合反映了实际作物与参考作物的差别，主要取决于作物种类、生长发育阶段等因素。作物系数包括单作物系数和双作物系数两种处理方法（Allen et al.，1998），前者综合反映实际作物与参考作物蒸散发量的差别，而后者则将蒸发和蒸腾分开来考虑。

根系层底部水分交换量可采用不同的方法进行估计，如简化法（近似认为 0）、零通量面法、经验方法等，根据土壤水量平衡原理，当径流量可以忽略时，土壤储水量的递推关系为

$$W_2 = W_1 + P + I - K_s K_c \mathrm{ET}_0 - Q \tag{5-75}$$

式中，W_1 和 W_2 分别为时段始、末的根系层储水量；P 为降雨；I 为灌溉量；ET_0 为参考作物腾发量。

应用以上递推模型时，首先需要确定模型中的有关参数，包括作物系数 K_c 的有关参数、土壤水分胁迫系数 K_s 的有关参数以及根系层底部水分交换量 Q 的有关参数等。假设模型中所有参数构成参数向量 $\boldsymbol{p}$，根据以上水量平衡模型递推得到的根系层储水量为 V_k，相应的实测储水量为 U_k，可以根据实测值与计算值的误差平方和最小来率定模型参数向量 $\boldsymbol{p}$，即

$$\min, z = \sum_{k=1}^{M} \left[V_k(\boldsymbol{p}) - U_k \right]^2 \tag{5-76}$$

参数确定后，经过一定的检验，即可利用水量平衡模型来模拟分析不同气象、灌溉条件下的土壤水分动态变化规律，并用于指导田间水分管理。

4. 土壤水分动态模拟的机理模型

经验性、概念性的土壤水分模型虽然可以在简化水分运移复杂性的基础上从不同的侧面描述土壤水分动态变化的特点及规律，但仍然缺乏对土壤内部水分运动关键过程的详细描述。但土壤水动力学模型则从土壤水分运动的基本物理方程出发，能够描述不同下垫面条件（裸地、植被覆盖）、不同边界条件（蒸发、入渗）及土壤冻融等情况下的土壤水分运动过程，为土壤水分的合理调控提供坚实的理论依据。

1）土壤水分运动基本方程

根据非饱和土壤水分运动的达西定律和连续方程，可以推导出土壤水分运动的基本方程，即 Richards 方程。在土壤各向同性、固相骨架不变形、土壤水分不可压缩的条件下，三维 Richards 方程为

$$\frac{\partial \theta}{\partial t} = \frac{\partial}{\partial x}\left[K(\psi)\frac{\partial \psi}{\partial x}\right] + \frac{\partial}{\partial y}\left[K(\psi)\frac{\partial \psi}{\partial y}\right] + \frac{\partial}{\partial z}\left[K(\psi)\frac{\partial \psi}{\partial z}\right] - \frac{\partial K(\psi)}{\partial z} \tag{5-77}$$

式中，θ 为土壤含水率；ψ 为基质势；$K(\psi)$ 为土壤非饱和导水率；t 为时间；x、y 为水平方向空间坐标；z 为垂直方向空间坐标（向下为正）。

一般情况下，土壤水分运动主要发生在垂直方向，此时垂向一维 Richards 方程为

$$\frac{\partial \theta}{\partial t} = \frac{\partial}{\partial z}\left[K(\psi)\frac{\partial \psi}{\partial z}\right] - \frac{\partial K(\psi)}{\partial z} \tag{5-78}$$

式（5-78）同时包含 θ 和 ψ 两个未知量，称为混合型 Richards 方程。在求解时需要增加一个附加方程，即反映 θ 和 ψ 关系的土壤水分特征曲线。由于两者间存在滞后，土壤水分特征曲线并非一条单值曲线，但在实际应用中通常可以用一条单值曲线来概化。为便于求解，可得到仅含有含水率 θ 或基质势 ψ 的 Richards 方程，分别称为 θ 方程和 ψ 方程，即

$$\frac{\partial \theta}{\partial t} = \frac{\partial}{\partial z}\left[D(\theta)\frac{\partial \theta}{\partial z}\right] - \frac{\partial K(\theta)}{\partial z} \tag{5-79}$$

$$C(\psi)\frac{\partial \psi}{\partial t} = \frac{\partial}{\partial z}\left[K(\psi)\frac{\partial \psi}{\partial z}\right] - \frac{\partial K(\psi)}{\partial z} \tag{5-80}$$

式中，$C=\mathrm{d}\theta/\mathrm{d}\psi$ 为比水容量；$D=K/C$ 为土壤水分扩散率。

以上 3 种形式的 Richards 方程各有不同的特点和适用范围。混合型方程是 Richards 方程的基本形式，需要与土壤水分特征曲线方程联立求解，通常具有较低的质量平衡误差，在 Richards 方程求解中较为普适。θ 方程以土壤含水率为变量，引入的扩散率只是一种数学上的处理，方程求解比较方便，但不能反映土壤水分运动的本质，且由于自然条件下土壤结构通常呈现分层现象，不同土层界面处 θ 呈现不连续变化，可能导致方程失效，因此通常用于均质非饱和土壤水的模拟。ψ 方程是比较常用的一种形式，可用于描述分层土壤水分运动、饱和-非饱和流动等问题，但采用有限差分或有限单元方法离散后其计算结果不易满足水量平衡关系，$C(\psi)$ 的高度非线性表现会积累模拟误差（Celia et al.，1990），在数值计算中应特别注意。

对于一个具体的土壤水分运动问题，Richards 方程加上定解条件（包括初始条件和边界条件）构成一个定解问题，才能用一定的数值方法进行求解。

2）土壤入渗过程模型

对土壤入渗过程的建模研究从 19 世纪中叶开始，到现在仍在不断改进。1856 年，法国工程师达西在市政建设中，通过实验的方法得到了描述饱和下渗的模型——达西定律；1911 年，W. H. Green 和 G. A. Ampt 通过对剖面入渗过程的研究，建立了具有一定物理基础的 Green-Ampt 模型；Horton 和 Philip 分别在 1933 年和 1957 年建立了自己的入渗模型并成为经典；在之后的大半个世纪里，针对不同的环境条件，不断有新的或者改进的入渗模型被提出，如 2016 年，张洁等在研究滑坡时，提出了适用于斜坡降水入渗的修正 Green-Ampt 模型。

3）土壤优势流模型

优势流模型有 DLA 模型和 IP 模型等。DLA 模型的一个典型特征是能产生具有分形特性的"丛"（cluster）。最初的 DLA 模型以点源作为源粒子，现今的研究中大多运用 Meakin（1983）引入的线源 DLA 模型，他运用该模型模拟了溶质迁移试验的边界条件。通过改变粒子在不同方向上的行走概率，DLA 模型既能模拟均匀分布的化学物质（如活塞流），也能模拟由大孔隙和指状流引起的复杂的分布（Wilkinson and Willemsen，1983）。该模型已成功地应用于描述优先流产生的试验结果。此外，DLA 模型已用于水文动态非饱和混合置换的黏性指状分析（Paterson，1984）。

IP 模型最早由 Wilkinson 和 Willemsen（1983）提出，他们用该模型模拟了湿润区为稳定压力势的渗透。Glass 和 Yarrington（1996）用改进的入侵渗透模型（modified invasion percolation，MIP）模拟水流速度很小、在孔隙尺度只考虑重力（忽略黏滞力）作用时，受重力驱动的指流及湿润锋结构。IP 模型模拟指状流时不存在明显可见的长度尺度，而 MIP 模型模拟重力指流时长度尺度可按指流的宽度大小顺序定义（Glass and Yarrington，1996）。基于 IP 理论构建的模型，如元胞自动机动态模型和晶格结构气体模型，已运用于水流和溶质传输规律研究（Klafter et al.，1996）。

5. 土壤水分动态随机模型

土壤水分的动态变化在气候、地形、植被和土壤自身属性等多因素的非线性影响下往往呈现出复杂的随机脉动特征，通过引入随机动力学方法可以较好地实现土壤水分平衡的定量表征，因此通过构建土壤水的概率描述可以为与土壤水密切相关的水循环过程研究提供一个有效的理论框架（Eagleson，2005；Rodriguez-Iturbe et al.，2007）。在基于土壤水分平衡的随机动力学模拟中，尤其以降雨为主导随机过程的模型居多。在基于土壤水分平衡的随机动力学模拟中，尤其以降雨为主导随机过程的模型居多。在此基础上得到的水量平衡方程通常为随机差分方程，其解为土壤水分随机变量的概率表达，可基于过程的 Chapman-Kolmogorov 方程（C-K 方程）求解出土壤水分的概率密度函数（Soil Moisture Probability Density Function），该函数的物理意义是指一定时间尺度下土壤水分动态变化过程中土壤水分取某一值（或值域）的概率大小（Porporato et al.，2001）。

早期的土壤水分动态随机模型主要用于描述生长季在理想的均质植被根区状态下呈现的土壤水分动态变化。Eagleson（1978）将随机统计理论与气候-土壤-植被系统的水循环动力过程相结合，建立了早期的随机土壤水动力学稳态模型，其解析解可以有效刻画基于土壤水运移的年均水量平衡方程。Rodriguez-Iturbe 等（1999）用显著的泊松过程（marked Poisson process）来表达降雨事件，进一步在点尺度推导出了入渗、蒸散发和深层渗漏等与土壤水分密切相关的水文过程，最终得到了季节尺度下稳态的土壤水分概率分布，可以用来评价不同的气候、土壤和植被条件对土壤水分的影响。Laio 等（2001）在 Rodriguez-Iturbe 模型的基础上进一步改进了水量平衡方程中的蒸散发项，考虑到了植被蒸腾的生理特征和土壤的水力属性，更符合实际的自然条件，在保证模型有足够程度的解析解（analytical tractability）的同时尽可能地贴合现实情况。总体而言，这一阶段的土壤水分动态随机模型有着较为统一的假设：①降雨事件用显著的泊松过程来表达；②根区土壤基质往往是单一类型，且视为一体，下垫面为半无限深理想剖面，不考虑饱水带对包气带的影响；③通常是单点尺度，忽略了地形因素对土壤水再分配的影响，即不考虑侧向流的作用；④土壤水分损失量是土壤水分的函数。在这些假设前提下不难发现，这一阶段的土壤水分动态随机模型通常适用于地形平坦且较为干旱的地区的生长季土壤水分模拟。其水量平衡方程形式如下：

$$nz_r \frac{ds(t)}{dt} = \varphi[s(t),t] - \chi[s(t)] \tag{5-81}$$

式中，n 为孔隙度；z_r 为土壤活动层深度或根系层厚度；t 为时间；$s(t)$ 为时刻 t 的土壤相对含水量（取值 0～1）；$\varphi[s(t),t]$ 是降雨入渗率；$\chi[s(t)]$ 为土壤活动层或根区土壤水分损失率。

$\varphi[s(t),t]$ 是该水量平衡方程的随机项，也是水量平衡的水分输入项，代表了降雨中真正进入土壤柱体的水量，其方程形式如下：

$$\varphi[s(t),t] = R(t) - I(t) - Q[s(t),t] \tag{5-82}$$

式中，$R(t)$ 是降雨率；$I(t)$ 是植被截留损失的降雨量；$Q[s(t),t]$ 是径流量。

蒸散发和渗漏则共同组成了该水量平衡方程的水分输出项，其方程形式如下：

$$\chi[s(t)] = E[s(t)] + L[s(t)] \tag{5-83}$$

式中，$E[s(t)]$ 和 $L[s(t)]$ 分别是蒸散发率和土壤水渗漏率。值得注意的是，该模型假设 $E[s(t)]$ 和 $s(t)$ 存在密切的关联。当 $s^* < s \leq 1$ 时，由于土壤水能充分供给，此时土壤日蒸散发率为常数，即最大土壤蒸散发率（E_{max}）；当 $s_w < s \leq s^*$ 时，土壤中的毛管连续状态出现破坏，日蒸散发损失随土壤水分线性减少，最小值为 E_w（当 $s=s_w$）；当 $s_h < s \leq s_w$ 时，由于土壤含水量不断减少，依靠毛管作用的输水机制完全破坏，土壤水仅能以膜状水或气态水的形式输移，故蒸散发项从 E_w 线性减少到 0；当 $0 < s < s_h$ 时，蒸散为 0。其中，s^* 表示特定植被类型气孔完全张开时的土壤含水率；s_w 表示土壤凋萎系数；s_h 表示土壤的最大吸湿量。

虽然早期的土壤水分动态随机模型不够完备，但因其具有严谨的数学理论基础，也与典型样点的实验观测结果具有很好的拟合度，逐渐为学界所接受，得到了逐步的发展。其中一个主要的突破就是考虑了土壤水分随深度的垂直分布特征和根系吸水的垂向异质性，进而构建了土壤水分在垂直方向不同深度的时间动态过程的概率分析框架。其中以 Guswa 等（2004）和 Laio（2006）的土壤水分概率解析解模型为代表。该模型假设：①降雨事件用显著的泊松过程来表达，作为频率为 λ_0 的一个随机序列；②在日尺度，降水入渗和重分配表征为瞬时态活塞流（piston flow），降雨降落后会瞬间进入土壤使得上层土壤的初始含水率立刻增加至田间持水量（field capacity），超过土壤上层田间持水量的水分会继续下渗至更深的土壤层，其入渗深度取决于本次降雨事件和土壤初始含水率；③土壤层为半无限深均质的理想剖面，不考虑饱水带对包气带的影响，且忽略了地形因素对土壤水再分配的影响，即不考虑侧向流的作用；④长时间尺度下植被覆盖区的入渗水分均会通过植被蒸腾作用返回大气，即根区以下不发生水分重分配过程，并且植被根系在某一土层的吸水效应与其他土层的吸水效应是独立的，这意味着植被从相对湿润的土层吸收水分的行为不会对从相对干燥的土层吸收水分产生补偿效应；⑤植物蒸腾作用与土壤不同深度的根系分布有关，核心参数是植被根系密度，忽略土壤蒸发；⑥认为长时期的气候–关键带系统的生态–水文过程是平稳过程，即降水频率 λ_0、降水强度的累积分布函数 $P_H(h)$、植被根系分布以及最大蒸腾速率在长时期周期性的生长季中是稳态的；植被在该平稳过程中是成熟体，即不考虑其生长过程；不考虑水分对植被生长的季节补偿效应。因此，此类模型适用于地势平坦、地下水位较深的水分限制区（干旱、半干旱和半湿润地区）生态系统的土壤水分动态模拟。基于以上 6 个假设，针对位于地表以下 z 深度的无穷小垂直剖面层，其长期的水量平衡可表征为

$$n\frac{\partial s(z,t)}{\partial t} = -\frac{\partial q(s,z,t)}{\partial z} - U(s,z) \tag{5-84}$$

式中，n 为孔隙度；$s(z,t)$ 是土壤深度为 z 和 t 时刻的土壤水分含量；$q(s,z,t)$ 是某一深度和时刻下的垂直水分通量（负值表示土壤水分通量向下）；$U(s,z)$ 描述的是单位土壤层的植物吸水量。

当上边界条件设为土壤水分收入通量 $q(s,z,t)$ 等于净降水率 $R(t)$，即降雨入渗土壤的部分，而净降水率可以由总降水率 $TR(t)$、植被截留 $I(t)$ 和地表径流量 $SR(t)$ 计算，公式如下：

$$q(s,z=0,t) = R(t) = TR(t) - I(t) - SR(s,t) \tag{5-85}$$

当土壤水分再分布瞬时完成、缺少降水输入和忽略土壤蒸发时，土壤水分改变仅依赖于植物根吸收（Feddes et al., 2001）：

$$U(s,z) = T_p r(z)\rho(s) \tag{5-86}$$

式中，T_p 是植被根区的潜在蒸腾率；$r(z)$ 为根密度函数；$\rho(s)$ 为水分胁迫衰减指数。

这一时期的土壤水分动态随机模型以概率的形式刻画了土壤水分的垂直剖面特征，更符合土壤水分分布的客观实际情况，也可以通过间接的方法有效评价相对应的植被分布特征。如 Laio 等（2006）利用该模型研究了长时间尺度下土壤水文剖面特征与植被根系垂直分布的关系，并深入探讨了气候变化和土壤性质对两者关系的影响机制并进行了理论解释，进一步将土壤水分剖面特征与根分布特征相结合，揭示了气候–土壤–植被共同体的紧密关系。

但这些土壤水分动态随机模型往往仅适用于水分限制区（water-limited area），而当地下水埋深较浅时，地下水在生态系统功能中扮演着不可忽略的角色，土壤水与地下水会产生紧密的交互作用，进而影响到整个土壤剖面的水循环特征。基于此，综合降水–地下水–植被的土壤水分动态随机模型逐渐发展。该类模型主要适用于与地下水有密切交互的生态系统单元，饱水带与植被根区之间充分的水力联系［如毛管上升水（capillary rise）］供给着植被根系吸水活动，由此产生的降水、植被、地下水和土壤含水量之间的强耦合关系在水循环和生态系统过程中产生了重要的反馈机制。模型通常假设：①降雨事件用显著的泊松过程来表达，作为频率为 λ_0 的一个随机序列。②土壤层的上边界即为降雨入渗，下边界即为地下水面。③在日尺度，降水入渗和再分配表征为瞬时态活塞流，降雨降落后会瞬间进入土壤使得上层土壤的初始含水率立刻增加至田间持水量，超过土壤上层田间持水量的水分会继续下渗至更深的土壤层，其入渗深度取决于本次降雨事件和土壤初始含水率。④土壤层水力属性满足各向同性。⑤植被根系分布随深度呈指数衰减，且为常数，非动态

参数，且根系吸水不会造成土壤水的再分配。⑥依据土壤水分的饱和程度，在垂直方向将土壤剖面依次划分为三个区域，分别为饱和区（s），土壤孔隙均被水充满（$s=1$）；非饱和带高水分区（$s_{fc}<s<1$）（HM），该区水分含量高于田间持水量，控制着降雨入渗、再分配、植物根吸水和来自该层以下饱和区的毛管上升水的水通量；非饱和带低水分区（$s<s_{fc}$）（LM），水分含量低于田间持水量，水力传导性忽略，因毛细管作用有限，毛管上升水无法到达该区，该区的下边界即为地下水与土壤水分作用的上限（Rodriguez-Iturbe et al.，2007；Laio et al.，2009；Tamea et al.，2009）。可以看出，该模型自上需要考虑降水随机过程对土壤剖面的水分输入，自下需要考虑地下水位的动态变化特征及其随机模拟，而土壤垂直剖面本身也细分了三个区，需要分别开展随机模拟和动态耦合研究。

6. 不同空间尺度的土壤水分动态模型

1）孔隙到地块尺度

Roth（2007）证明，在水力均衡条件下，描述孔隙尺度流体运动的 Navier-Stokes 方程，与描述剖面尺度水分运动的达西定律及 Richards 方程具有物理一致性。而在更大的尺度上，多数意见认为 Richards 方程拥有和剖面尺度一样的数学形式，但其水力传导系数需要重新定义为有效或等效参数（李新，2013），因此这种描述剖面尺度土壤水文过程的方法被大量的陆面过程模型和水文模型应用到区域尺度。Yang 等（2014）将 Navier-Stokes 方程和达西定律融合为一个方程，建立了统一化多尺度模型，可以用于从孔隙到生态系统所有尺度的土壤水流模拟。随后，Scheibe 等又开发了动态混合多尺度模型（Scheibe et al.，2015），该模型可以动态识别高反应性区域，在高反应性区域使用精细的孔隙模型，在其他区域使用较为粗糙的剖面模型进行计算，相比单一尺度模型，动态混合多尺度模型对水分运移过程的预测精度更高。

常见的田块尺度水文模型有 MODHMS 和 HYDRUS 等。HYDRUS 软件是一套用于模拟饱和-非饱和多孔介质中水分运移和溶质运移的数值模型，适用范围广，操作简便，在土壤水分氮素运移、土壤污染物运移、地下水污染风险评价方面得到了广泛运用。

2）区域尺度

流域水文模型存在诸如非线性、尺度效应、异参同效和不确定性等问题（高红凯和赵舫，2020）。全球尺度水文模型大多是基于流域水文模型升尺度而建立的，产汇流等核心模块多为借鉴流域水文模型。

流域水文模型有 TOPMODEL 模型、SHE 模型和 SWAT 模型等。TOPMODEL 是 Beven 和 Kirkby 于 1979 年提出的，是以地形为基础的半分布式流域水文模型。该模型结构简单，参数较少，并且每个参数都具有一定的物理意义，原始数据容易获得。与传统集总式流域水文模型相比，TOPMODEL 对实际水文过程的模拟更贴切，它考虑了下垫面地形的空间变异性对水文响应的影响，实现了产流面积的空间可视化，并与地理信息系统结合，易于实现数据的更新，能够实时反映下垫面的变化。SHE 是由丹麦、法国及英国的水文学者于 20 世纪 80 年代初期联合研制的。流域在平面上被划分成许多矩形网格，便于处理模型参数、降水输入以及水文响应的空间分布；垂直面被划分成几个水平层，以便处理不同层次的土壤水运动问题（赵坤等，2009）。SWAT 是一套由美国农业部开发的具有很强物理机制的适用于复杂大流域的水文模型。模型是由 701 个方程、1013 个中间变量组成的综合模型体系，可以用来预测模拟大流域长时期内不同的土壤类型、植被覆盖、土地利用方式和管理耕作条件对产水、产沙、水土流失、营养物质运移、非点源污染的影响，甚至在缺乏资料的地区可以利用模型内部的天气生成器自动填补缺失资料（赵坤等，2009）。

3）全球尺度

A. 全球尺度水文模型

全球水文模型有 VIC 模型、DBH 模型、WBM 模型等。VIC 模型是美国华盛顿大学、普林斯顿大学等机构联合开发的陆面水文模型。VIC 既可以作为陆面过程模型，同时运行能量平衡和水量平衡，还可以作为水文模型单独进行水量平衡计算。DBH 是汤秋鸿等在东京大学开发的生态水文模型（Tang et al.，2007），它把植被过程（SiB2）耦合进水文模型，同时考虑了地形等对水文过程影响；基于物理机制的产流模型，耦合了物理机制的坡面汇流和河网汇流模型。除了自然水文过程，DBH 还考虑了灌溉用水，是较早考虑人类活动的水文模型之一。WBM 是美国新罕布什尔大学 Vörösmarty 教授于 1989 年开发的全球尺度水文模型，用来模拟土壤含水量、蒸散发和产流量等主要水文过程。线性水库用来模拟山坡汇流，WTM 用来模拟河道汇流。多个参数中，田间持水量与植被和土壤联系，其他模型参数均未率定。WBM 后续加入了灌溉、水库调度、冻土等模块（高红凯和赵舫，2020）。

B. 全球尺度陆面模型

早期为了模拟陆地与大气边界层之间能量、水汽和动量过程，陆面模式（LSMs）基于生物物理模型的基础应运而生（彭书时，2020），如 SiB2 模型、CLM 模型、NOAA 模型、CoLM 模型、UKMO JULES 模型、BATS 模型、Noah-MP 模型等。陆面模式将土壤水文学中最经典的模型整合起来，建立不同的土壤水文过程参数化方案，并进行大尺度土壤水文过程模拟。然而，绝大多数陆面过程模型未包含二维/三维水文过程（Fatichi et al.，2016），对径流、壤中流等水文过程的刻画十分粗糙，难以模拟真实的流域产流汇流过程。

7. 土壤水分动态模拟应用实例

1）全球尺度根区储水容量的模拟

根区储水容量（root zone storage capacity，S_R）决定了植被的潜在最大可利用土壤水分，对地表产流和土壤水运移等土壤水循环过程具有重要影响。然而，准确观测和模拟根区储水容量是困难的，尤其是对大尺度研究而言，一方面植被根系附着于土壤深处，难以挖掘和观测，很难获得准确的植被根系剖面与分布参数，具有较高的不确定性；另一方面土壤本身具有很高的空间异质性，与根系的交互机制也十分复杂，难以在大尺度进行表征。

本小节以 Wang 等（2016）的研究为案例，介绍了基于水量平衡法，利用遥感蒸散发数据和降水数据，对全球尺度根区储水容量进行模拟，可以得到较好的模拟结果。

A. 原理

本应用实例以根区系统为研究对象，假设在最干旱时期植被所有根系会充分吸收土壤水并且基于最优化理论不会进一步生长，通过计算一定时段内系统的水分收支进而得到该时段内的土壤水分亏缺量（soil moisture deficit），并以研究周期内的最大土壤水分亏缺量来表征根区储水容量。如图 5-63 所示，首先，分别利用日总降水量（total daily precipitation，P）

与有效灌溉量（effective irrigation water，F_{irr}）和日总蒸散发量（total daily evaporation，E）表征根区系统的水分收入（F_{in}）[式（5-87）] 和水分支出（F_{out}）[式（5-88）]，并分别计算日尺度根区系统水分收支状况；其次，通过建立水量平衡方程 [式（5-89）] 计算一定时段内的累积水分亏缺量，如图 5-63 阴影区所示，其中 t_n 是计算时段的起始时间或者 $F_{in}=F_{out}$ 的时刻；再次，迭代计算一定时段内的根区土壤水分亏缺量，如式（5-90）所示，$D(t_n)$ 和 $D(t_{n+1})$ 分别表示该时段起始时刻和终止时刻的土壤水分亏缺量，据此可得到研究周期不同时段的水分亏缺量；最后，以研究周期最大水分亏缺量 $S_R(t_0 \rightarrow t_{end})$ 来表征根区储水容量 S_R，基于此得到的根区储水容量理论上即实际根区储水容量的下限。

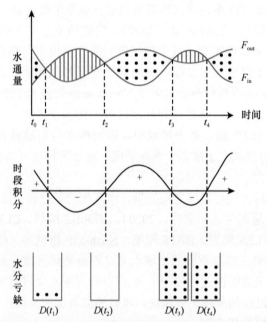

图 5-63　根区储水容量计算概念（Wang et al.，2016）

$$F_{in} = P + F_{irr} \tag{5-87}$$

$$F_{out} = E \tag{5-88}$$

$$A(t_n \rightarrow t_{n+1}) = \int_{t_n}^{t_{n+1}} (F_{out} - F_{in}) \mathrm{d}t \tag{5-89}$$

$$D(t_{n+1}) = \max\left[0, D(t_n) + A(t_n \rightarrow t_{n+1})\right] \tag{5-90}$$

$$S_R(t_0 \rightarrow t_{end}) = \max\left[D(t_0), D(t_1), D(t_2), \cdots, D(t_{end})\right] \tag{5-91}$$

B. 数据

研究分别采用两套数据计算根区储水容量，一套数据覆盖范围是 50°N～50°S（$S_{R,CHIRPS-CSM}$），另一套是全球覆盖数据 80°N～56°S（$S_{R,CRU-SM}$），具体数据详见表 5-8。

表 5-8　根区储水容量输入数据

输入数据	$S_{\text{R,CHIRPS-CSM}}$	$S_{\text{R,CRU-SM}}$
计算周期	2003～2012 年	2003～2012 年
纬度范围	50°N～50°S	80°N～56°S
月降水数据	CHIRPS	CRU
月蒸散发数据	CMRSET、SSEBop、MOD16（ECSM）平均值	SSEBop、MOD16（ESM）平均值
月灌溉数据	LPJmL（2003～2009 年）	LPJmL（2003～2009 年）
降尺度日降水和蒸散发数据	ERA-I	ERA-I

资料来源：Wang 等（2016）。

C. 结果

在半干旱萨赫勒地区、南美洲和非洲热带–亚热带草原、美国中部、印度、东南亚部分地区和澳大利亚北部地区，根区储水容量较大，而在大部分干旱和荒漠地区，以及部分湿润的高植被覆盖热带地区，根区储水容量则很低，与实地观测结果较为符合。而南美洲和非洲的热带雨林区虽同属相同的生态系统单元（如常绿阔叶林），但根区储水容量却有着明显的差异，这可能是由降水和蒸散发的时序波动造成的，也与模型未能考虑土壤水力属性有关。横向对比 $S_{\text{R,CHIRPS-CSM}}$ 和 $S_{\text{R,CRU-SM}}$ 的计算结果，发现两者在亚马孙雨林区、安第斯山脉区、中亚和撒哈拉沙漠区的根区储水容量模拟差异最大，尤其是在山脉的山岭区（如安第斯山脉和喜马拉雅山脉区），S_{R} 的模拟值总体偏大，这可能是由于过渡区数据存在较大不确定性，或者在山麓丘陵区蒸散发的供给除了降水，还存在较多的侧向流通量未能被模型考虑。

2）土壤水分动态模型应用

李中恺（2019）利用高时间分辨率的土壤水分监测数据，通过水量平衡与 Richards 反解方法相结合的手段，估算了黑河中游典型绿洲农田的生长季裸地蒸发量、作物根系吸水量（蒸腾）、田块下渗量（灌溉）及深层渗漏量。结果表明，土壤水分测量数据可以相对准确合理地估算绿洲农田的水平衡项，其估算结果在确定合理的灌溉量和灌溉频率方面应用潜力巨大。

由于试验田中的砂质土壤没有明显的分层现象，为了降低计算的复杂性，原文作者假设 0～110 cm 剖面（根区）的土壤性质是均匀的（Liu et al.，2015）。模型上边界条件设置为大气边界条件，包括实际降水、灌溉以及由 Penman-Monteith 方程计算的 2016 年生长季潜在蒸散发，数据时间分辨率为小时。覆膜种植对于上边界条件的影响根据覆盖比例来计算。为了优化模型计算速度，裸地蒸发（E）使用 Porporato 等（2002）提出的方法进行计算，即当土壤含水量位于吸湿点（θ_{h}）到田间持水量（θ_{fc}）之间时，土壤蒸发与土壤湿度线性相关，从 0 增加到 $E_{\text{p,a}}$；而当土壤含水量大于田间持水量时，土壤蒸发保持 $E_{\text{p,a}}$ 不变。计算过程中各土壤表面水通量数据被整合为一个小时尺度上均匀分布的上边界。下边界条件设置为自由渗漏条件下的土壤基质势变化，因为实验农田的地下水位（深度超过 3.5 m）远低于作物根系深度，可忽略地下水毛细上升对作物根区（0～110 cm）的影响。下边界节点 n 的渗漏率由公式 $q(n) = -K(h)$ 决定，其中 h 为局部水势（压力水头），$K(h)$ 为该水势所对应的渗透系数。

模型将测量的土壤剖面水分动态（土壤水分时间序列）作为输入项，反向求解每小时的吸水剖面（Lv，2014）。此外输入项还包括 PM 公式计算的潜在蒸散发。原本 10 min 时间分辨率的土壤水分数据均按小时平均，以滤除高时间分辨率产生的噪声。此外整个模拟过程不考虑优先流与土壤水分的侧向损失。

A. 土壤储水量与灌溉量估算

获得 TDR 水分监测系统提供的土壤水分数据之后，根区（0～110 cm）土壤储水量（S）根据式（5-92）进行计算：

$$S = \sum_{i=1}^{5} \theta_i Z_i' \tag{5-92}$$

式中，θ_i 为土层 i 的土壤含水量；Z_i' 为土层 i 的土壤厚度，由 TDR 安装位置决定，即 TDR 传感器探头上下 10 cm 范围。本研究假设实验农田中没有土壤优先流的存在。此外，假设实验农田在灌溉过程中没有地表径流产生，并且深层渗漏发生在根区土壤储水量达到最大之后（即灌溉结束之后），则灌溉量（V）可以通过下式计算：

$$V = S_{\text{max}} - S_{\text{ini}} \tag{5-93}$$

式中，S_{max} 为一次灌溉开始后根区（0～110 cm）所监测到的最大土壤储水量；S_{ini} 为灌溉前根区的初始土壤储水量（图 5-64）。

B. 农田蒸散发量与渗漏量估算

在灌溉发生之后，根区土壤水分渗漏主要分为两个阶段：①快速排水阶段；②缓慢排水阶段。在灌溉期间，根区土壤水分迅速接近饱和，紧接着开始快速排水，产生深层渗漏。灌溉结束后，随着土壤含水量的下降，非饱和导水率也快速下降，土壤水分下渗速度减弱，此时进入缓慢排水阶段。缓慢排水阶段一般会持续数天或者数月，具体时间取决于土壤质地（Bethune et al.，2008）。我们假设快速排水在灌溉结束的 24h 后即停止，则快速排水阶段的深层渗漏量（Q_1）可以通过此阶段的土壤储水量变化和实际蒸散发计算。由于灌溉后 24h 内土壤湿度较高，水分不再是蒸散发的限制因素，此时的实际蒸散发基本等于潜在蒸散发（ET_p）。Q_1 可以通过以下公式进行计算：

$$Q_1 = S_{\text{max}} - S_{24\text{hr}} - ET_p \tag{5-94}$$

式中，$S_{24\text{hr}}$ 为灌溉结束 24 h 后的土壤储水量；S_{max} 为灌溉后的土壤最大储水量；ET_p 为由 Penman-Monteith 公式计算的当天潜在蒸散发量。

相较于快速排水阶段，灌溉结束 24 h 后的缓慢排水阶段对砂土更为重要（Bethune et al.，2008）。随着土壤含水量的下降，土壤水力传导率急剧下降，土壤排水速率也随之减小，此时蒸散发和非稳态排水成为主要的两个土壤水分输出项。我们使用 Zuo 等（2002）、Guderle 和 Hildebrandt（2015）提出的估算方法来求解缓慢排水阶段的蒸散发与非稳态下渗，即通过反解一维 Richards 方程的混合含水量–水势公式，迭代搜索数值解与土壤含水量的测量值之间的最佳拟合，估算非稳态渗流和平均根系吸水量。然后将降水量与吸水项（S_p）相加得到蒸散发，此时的深层渗漏量为通过土壤剖面下边界的水通量。该方法所用的

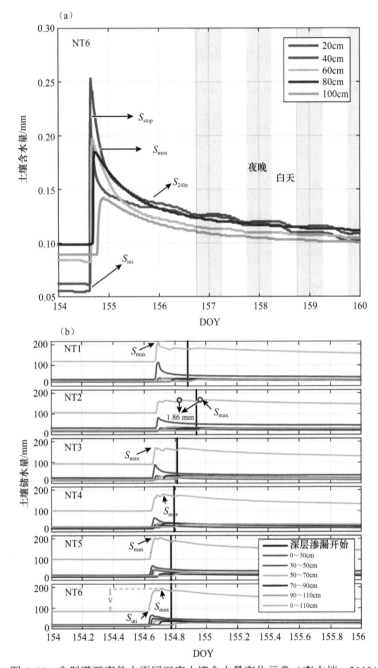

图 5-64 典型灌溉事件中不同深度土壤含水量变化示意 (李中恺, 2019)

（a）S_{stop} 指灌溉事件结束时的土壤储水量，此后表层土壤含水量开始下降；S_{max} 指土壤最大储水量；S_{24hr} 指灌溉结束 24h 后的土壤储水量，假设此时深层渗漏已经结束，蒸散发成为主要的土壤水分输出项；S_{ini} 指灌溉开始前的土壤初始储水量。图中灰色阴影代表夜间，即下午 6 点至第二天清晨 6 点。（b）验证在 2016 年 6 月 2 日的 6 次灌溉事件中，式（5-93）的假设是否正确，即深层渗漏是否在土壤储水量达到最大之后才开始。黑色实线表示各自田块（NT1~6）灌溉发生后深层渗漏开始的时间；DOY 指儒略日

一维 Richards 方程组如下：

$$C(h)\frac{\partial h}{\partial t} = \frac{\partial}{\partial t}\left[K(h)\left(\frac{\partial h}{\partial z} - 1 \right) \right] - S_{\mathrm{p}}(z,t) \qquad (5\text{-}95)$$

$$h(z,0) = h_0(z) \qquad 0 \leqslant z \leqslant L \qquad (5\text{-}96)$$

$$\left[-K(h)\left(\frac{\partial h}{\partial z} - 1 \right) \right]_{z=0} = -E(t) \qquad t > 0 \qquad (5\text{-}97)$$

$$h(L,t) = h_1(t) \qquad t > 0 \qquad (5\text{-}98)$$

式中，h 为土壤基质势（cm）；$C(h)$ 为土壤水容量（cm^{-1}）；$K(h)$ 为土壤非饱和导水率（cm/d）；$h_0(z)$ 为剖面初始土壤基质势（cm）；$E(t)$ 为土壤表面蒸发速率（cm）；$h_1(t)$ 为下边界基质势（cm）；L 为模拟根区深度（cm）；S_{p} 为吸水项（cm）；z 为从土壤表面向下的垂直坐标（cm）；t 为时间（h）。该数值模型的迭代计算过程如下：在刚开始给定一个单位时间步长（Δt），假设刚开始整个剖面吸水项（$\widetilde{S}_{\mathrm{p}im,i}^{(v=0)}$）为零，其中 i 代表不同的土层，v 代表迭代步骤，利用 Richards 方程组求出单位时长后的理论土壤含水量（$\tilde{\theta}_i^{v=0}$）。将该土壤含水量与 TDR 实测的土壤含水量（θ_i）之间的差值作为下一步开始时新的吸水项（$\widetilde{S}_{\mathrm{p}im,i}^{(v=1)}$），然后利用 Richards 方程继续计算新的理论土壤含水量。该计算考虑了不同土层的厚度，在迭代中不断利用 $\widetilde{S}_{\mathrm{p}im,i}^{(v)}$ 和 Richards 方程计算土壤水分 $\tilde{\theta}_i^v$，新的吸水项 $\widetilde{S}_{\mathrm{p}im,i}^{(v+1)}$ 由式（5-99）确定：

$$\widetilde{S}_{\mathrm{p}im,i}^{(v+1)} = \widetilde{S}_{\mathrm{p}im,i}^{(v)} + \frac{\tilde{\theta}_i^v - \theta_i}{\Delta t} \cdot d_{z,i} \qquad (5\text{-}99)$$

整个计算过程遵循 Celia 等（1990）推荐的算法，直到估算的土壤含水量与实测土壤含水量之间的差异几乎不再随迭代次数变化时，计算结束。此时的理论根系吸水项即实际根系吸水项。终止迭代计算的判断方法如下。

（1）首先利用式（5-100）得到 Richards 方程计算的理论土壤含水量（$\tilde{\theta}_i^v$）与 TDR 实测的土壤含水量（θ_i）之间的差值，然后利用式（5-101）比较本次迭代得到的差值与前一次迭代得到的差值之差：

$$e_i^{(v)} = \left| \theta_i - \tilde{\theta}_i^v \right| \qquad (5\text{-}100)$$

$$\varepsilon_{\mathrm{GH},i}^{(v)} = e_i^{(v-1)} - e_i^{(v)} \qquad (5\text{-}101)$$

（2）对于 $\varepsilon_{\mathrm{GH}}^{(v)} < 0$ 的土层，将根系吸水项设置回上一次迭代时的数值（$\widetilde{S}_{\mathrm{p}im,i}^{(v+1)} = \widetilde{S}_{\mathrm{p}im,i}^{(v-1)}$），因为本次迭代并没有提高模拟精度，对于 $\varepsilon_{\mathrm{GH}}^{(v)} \geqslant 0$ 的土层，转到步骤（3）。

（3）如果 $e_i^{(v)} > 1 \times 10^{-4}$，则继续利用式（5-100）计算 $\widetilde{S}_{\mathrm{p}im,i}^{(v+1)}$；如果 $e_i^{(v)} \leqslant 1 \times 10^{-4}$，则当前迭代的吸水项被保留（$\widetilde{S}_{\mathrm{p}im,i}^{(v+1)} = \widetilde{S}_{\mathrm{p}im,i}^{(v)}$），因为此时估算的土壤含水量和实测的土壤含水量已经十分接近了，达到了理想的拟合状态（图 5-65）。

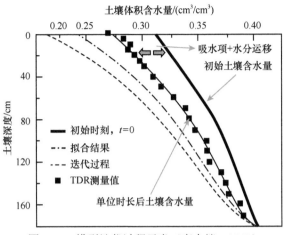

图 5-65　模型迭代过程示意（李中恺，2019）

C. 水平衡项估算结果及准确性评估

2016 年六块农田的生长季累积灌溉量、蒸散发量（根系吸水+土壤蒸发）及深层渗漏量估算结果如表 5-9、图 5-66 和图 5-67 所示。在整个生长季中，日蒸散发量介于 0.2～12 mm/d，平均日蒸散发量为 3 mm/d。经过邓肯法多重比较检验（Duncan's multiple range test），在 5% 置信水平下，六块农田间的日蒸散量没有检测到显著差异（$P>0.75$）。

表 5-9　2016 年生长季水平衡项估算结果　　　　　　　　（单位：mm）

生长季累积水平衡项	NT1	NT2	NT3	NT4	NT5	NT6
灌溉量	1186.5	760.1	652.2	840.4	683.2	867.3
深层渗漏量	651.8	288.3	170.7	340.1	212.4	364.7
蒸散发量	534.6	489.1	508.8	561.9	539.2	538.1
生长季前后土壤储水量变化	−52.7	0.17	3.6	2.2	5.44	−11.64

资料来源：李中恺（2019）。

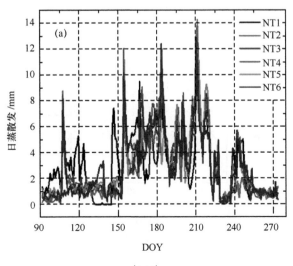

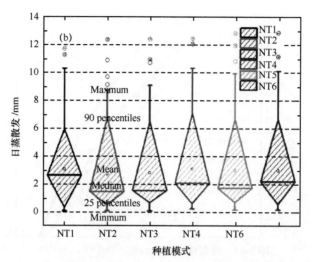

图 5-66 由 Richards 反解模型计算的 2016 年生长季日蒸散发量（李中恺，2019）

（a）日蒸散发时间序列；（b）包含最小值（Minmum）、中值（Median）、平均值（Mean）、最大值（Maxmum）、25 百分位（25 pencentiles）与 90 百分位（90 pencentiles）的日蒸散发数据线箱图。邓肯法多重比较检验在 5% 置信水平下未检测到显著差异

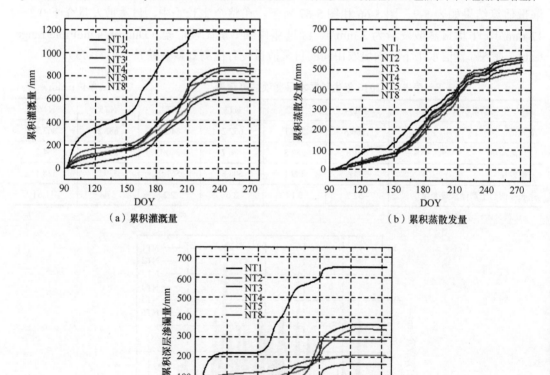

（a）累积灌溉量

（b）累积蒸散发量

（c）累积深层渗漏量

图 5-67 2016 年生长季水平衡项估算结果（李中恺，2019）

在得到农田水平衡项估算结果之后，需要对其进行准确性验证。首先使用灌溉量实测数据（通过抽水泵耗电量换算）与当地农田灌溉统计年报数据来验证使用水量平衡法估算的灌溉量的准确性。使用农田灌溉田间记录（即灌溉抽水井的耗电量）获得的六块农田生长季平均累积灌溉量实测值为 868.8 mm，而模型使用水量平衡法估算的六块农田的生长季平均累积灌溉量为 831.6 mm（六块农田依次为 1186.5 mm、760.1 mm、652.2 mm、840.4 mm、683.2 mm、867.3 mm），两者十分接近，估算灌溉量与实测灌溉量之间的误差在 4.5% 以内，表明估算结果与实际情况十分吻合。此外，水量平衡法估算的玉米田块（NT2~6）的灌溉量介于 652.2~867.3 mm，平均值为 760.6 mm，与该地区玉米农田的平均灌溉量范围一致：根据张掖市政府统计年报的数据（http://www.zhangye.gov.cn），1995~2017 年临泽县玉米农田的平均灌溉量介于 604.8~811.4 mm。因此，使用基于高分辨率土壤水分数据的水量平衡法可以较为准确地估算绿洲农田灌溉量。

其次，通过与黑河中游绿洲其他蒸散发模拟研究的实验结果相比较，评估使用一维 Richards 方程反解法估算蒸散发量的准确性。如表 5-10 所示，近 20 年来，研究者们使用了各种不同的方法来计算黑河中游绿洲玉米农田的蒸散发量，包括波文比能量平衡法、参考作物蒸散量–作物系数法、水平衡方法、Priestley-Taylor 方法、Hargreaves 方法、FAO-56 Penman-Monteith 模型、双作物系数法、涡动相关法、土壤蒸渗仪、Shuttleworth-Wallace 双源模型等。研究表明，在年份、降水量与灌溉量不尽相同的条件下，黑河中游绿洲玉米农田的蒸散发量介于 405.5~777.8 mm，日均蒸散发量介于 3.1~5.3 mm/d，与本研究使用一维 Richards 反解法计算得到的玉米农田生长季累计蒸散发范围（489.1~561.9 mm，日均蒸散发量为 3 mm/d）相符合，且两个结果的平均值十分接近（即 585.5 mm 与 527.4 mm），表明本研究蒸散发的估算结果十分可靠。

表 5-10 黑河中游绿洲玉米农田蒸散发研究　　　　　　　（单位：mm）

ET	种植周期	年份	土壤类型	灌溉量	降水量	估算方法	文献来源
651.6	4 月 11 日~9 月 18 日	2001	—	690	84.4	水平衡法	Peixi 等（2002）
513.2	4 月 16 日~9 月 22 日	2005	轻壤土	360	153.5	波文比法	Wu 等（2007）
486.2	4 月 16 日~9 月 22 日	2005	轻壤土	360	153.5	作物系数法	Wu 等（2007）
777.75	4 月 21 日~9 月 15 日	2007	砂壤土	1194	102.1	波文比法	Zhao 等（2010）
693.13	4 月 21 日~9 月 15 日	2007	砂壤土	1194	102.1	彭曼法	Zhao 等（2010）
618.34	4 月 21 日~9 月 15 日	2007	砂壤土	1194	102.1	彭曼–蒙蒂斯法	Zhao 等（2010）
615.67	4 月 21 日~9 月 15 日	2007	砂壤土	1194	102.1	水平衡法	Zhao 等（2010）
560.31	4 月 21 日~9 月 15 日	2007	砂壤土	1194	102.1	普里斯特利–泰勒法	Zhao 等（2010）
552.07	4 月 21 日~9 月 15 日	2007	砂壤土	1194	102.1	哈格里夫斯法	Zhao 等（2010）
671.2	4 月 10 日~9 月 20 日	2009	砂壤土	797	97.7	国际农粮组装推荐的彭曼–蒙蒂斯与双作物系数法	Zhao 和 Ji（2010）
640	4 月 10 日~9 月 20 日	2009	—	797	97.7	沙特尔沃斯–华莱士双源模型	Zhao 等（2015）

续表

ET	种植周期	年份	土壤类型	灌溉量	降水量	估算方法	文献来源
570～607	4月22日～9月23日	2010	壤砂土	990～1103	75	田间实验法	Rong（2012）
405.5	4月20日～9月22日	2012	黏壤土	553	95.9	水平衡与同位素法	Yang 等（2015）
450.7	4月20日～9月22日	2012	—	430	104.9	涡动相关系统集合彭曼法	You 等（2015）
554.0	4月20日～9月22日	2012	—	430	104.9		
489～562	4月10日～9月20日	2016	砂土	652～867	60.2	反演方法	本研究

最后，通过与同地区其他玉米农田下渗实验结果相比较以及将所有水平衡项估算结果代入水量平衡公式的方法来验证本研究深层渗漏量估算的准确性。由结果可知，六块农田的生长季深层渗漏量介于170.7～651.8 mm，分别占到各自田块生长季总灌溉量的26.2%～54.9%。将生长季深层渗漏估算结果与利用水平衡公式（剩余项）计算的深层渗漏相比（Rice et al.，1986），两者误差范围为2.6～43.1 mm，占总渗漏量的0.2%～17.6%。对于玉米农田来说，模型估算的生长季深层渗漏量范围在170.7～364.7 mm，与此地区其他研究者的实验结果十分接近，如Yang 等（2015）通过同位素方法得到的黑河中游绿洲玉米农田渗漏量为255 mm；李东生等（2015）使用Hydrus-1D 模型估算的张掖绿洲玉米农田渗漏量为339.5 mm，表明本研究中深层渗漏量的估算较为可靠。

8. 其他过程

1）根系吸水模型

根系吸水模型主要有Vrugt 等（2001）和Warren 等（2015）。一个明显的例子是根系吸水（及其伴随的养分吸收）过程，在生态水文模型和地球系统模型中，最常见的方法是只考虑根深深度（零维模型），将其与含水量或水势以经验方程相联系，以刻画根系吸水或蒸腾（Warren et al.，2015；Fatichi et al.，2016），还有少数模型考虑了根系生物量的垂直分布（一维）（Fatichi et al.，2012），或者使用根长/根表面积指数与土壤水力导度建立一个粗略的土壤–根系导度（Daly et al.，2004），而在三维根系水力传输过程发展方面，尽管目前已经开发出了一些可以用于定性或定量描述根系–土壤水分传输过程的三维根系吸水模型，但在多过程的模型耦合与集成方面的研究仍然十分有限（Vrugt et al.，2001；Javaux et al.，2008）。

A. 最优化假设

该方法主要基于一些关于土壤水力特性或主导植被根系生长行为的假设，利用可获取的气候、土壤和植被数据来拟合预设条件下的最优根系分布。其核心是在既定的气候和土壤环境条件下，最优根系分布会尽可能帮助植被规避水分胁迫的同时最大化其蒸腾或生长能力（Yang et al.，2016）：①最大净初级生产力（net primary productivity，NPP）假设（根系碳模型）。Kleidon（2004）基于植被生长的最大化净初级生产力假设，认为植被根系生长会增加其可获得的土壤水储量，但当根系生长到一定深度后，额外吸收的土壤水无法带来进一步的净初级生产力收益，此时达到了当前环境条件下根系生长的最优值，并利用表征植被光合生产力与土壤含水率的陆地生物圈模型和陆面模型得到了全球最优植被根长分布格局。但该方法假设全球陆面均被植被覆盖,忽略了植被稀疏地区的蒸散发主要是由裸土蒸发贡献的,在植被覆盖度较低区域具有较高的不确定性。②最优碳收益假设(根系碳水耦合模型)。该假设认为植被的生长策略是最大化其光合固碳量,进而在长期演替中形成了最优适应性根系分布。Schwinning 和 Ehleringer(2001)耦合了植被根系双层吸水-运移-蒸腾水力过程与植被生物量分配生理过程,并利用遗传算法识别干旱区植被在既定土壤水储量条件下满足最大碳收益的根系分布特征,发现浅层与深层土壤水储量的差异决定了植被根系的发展方向和相对应的地上形态特征。Guswa(2008)针对植被生长策略提出了碳成本-效益理论,植被通过增长根系吸取更多的土壤水分,加以规避长时间水分胁迫的同时得以保证植被生产更多的碳,即碳效益,但更多的根系需要植被消耗额外的碳进行维持,即碳成本,并假设植被的最优根系长度保证了额外根系增长带来的边际碳效益与边际碳成本的平衡。基于此,Yang 等(2016)利用 Guswa 模型得到了全球尺度的植被根系深度,并将该结果与 Kleidon(2004)的结果共同参数化至 Budyko-Choudhury-Porporato 水文模型进行蒸散发模拟对比研究,发现基于 Guswa 根长的模拟在流域尺度和区域尺度相较于后两套数据均具有更好的拟合度,考虑植被根长可以有效提高水文模型和陆面模型的模拟精度。③最优根系吸水-蒸腾假设(根系水力模型)。该假设优先考虑了植被根系的吸水功能,认为根的吸水效应应充分满足其蒸腾需求。van Wijk 和 Bouten(2001)对位于荷兰的 4 处森林样地的乔木根系进行了实测和模拟分析,利用遗传算法得到了满足 10 年植被需水量的根系特征分布,并参数化至 SWIF 水文模型分别进行标准根系吸水方案(SWIF-NC)和对比竞争根系吸水方案(SWIF-C)的模拟,经过对比分析发现,不同样地的乔木根系分布具有显著异质性,对比竞争根系吸水方案更能表征根系的吸水策略,与实测值拟合度更好。Collins 和 Bras(2007)通过建立生态水文模型模拟了吸水与蒸腾均衡时的最优根系分布,与实测根系剖面数据有较好的一致性,并对气候和土壤等环境因子进行敏感性分析,发现在不考虑地下水的情况下,根系分布主要是由降水入渗、蒸腾需求和土壤水力特征共同决定的。Laio 等(2006)提出了基于随机水动力学的植被根系分布模型,求解不同环境条件下植被经过漫长的自然演替,在水分供求权衡中逐渐发展形成的稳态根系分布格局,可以很好地表征天然植被的根系系统。Fan 等(2017)利用欧姆定律构建了最小叶水势(−2 MPa)下乔木根系吸水深度与 10 年模拟期最大蒸腾量之间的水力关系,得到了全球尺度乔木根系的吸水剖面和最大根系吸水深度,可以很好地表征根系吸水剖面与包气带水分剖面的相关性。但该模型未能考虑植被根系的吸水机制,无法准确获得根系分布特征。基于最优化假设的根系分布模拟可以提高人们对现实根系演化的理解,并且对根系在水文模型和陆面模型的参数化表达十分重要(Smithwick et al.,2014)。但当前的研究很少考虑酸性土壤、冻融作用和地下水等环境限制因子对根系分布的影响,是未来需要加强的地方(Schenk,2008)。

B. 动态交互法

根系结构和功能是植被与环境长期交互、协同进化的结果。相较于单株植被尺度,大尺度研究通常将植被斑块化考虑,对其根系系统进行概化,主要依赖"黑箱"模型和经验关系建立根系分布与植被水分利用和碳吸收等生理过程之间的静态函数关系,因而未能准确表征根系生长过程及其与环境的动态交互机理。为了探索单株植被所观测到的根系特征及其过程机理在斑块化的植被表达下具有怎样的效应,需要对根系的动态分布特征进行模拟。Arora 和 Boer(2003)通过改进根系剖面和根系长度经验公式中的参数表达建立了根系分布与根系生物量之间的动态关系,并在温带针叶林、热带常绿阔叶林和冻土苔原区选取多个典型样地模拟了根系随植被生长的动态变化,发现根系的分布格局会随着根系生物量的增加发生相应的变化,与实测数据有较好的统一性。然而该类方法未能显式表征影响根系动态变化的驱动机制。植被根系结构与其蒸腾驱动的吸水过程有密切关系,植被会响应土壤水分变化而调整其吸水策略(Wilcox et al.,2004),如根系分布的可塑性可以有效保证植被在遭受水分胁迫时从土层更深处吸水(Dawson and Pate,1996;Wang J et al.,2017)。植被吸水对土壤水分的动态影响不仅是根系分布的函数,也是水分在植被体内运移机理的具象表达(Molz,1981)。早期的根系吸水模型旨在详细刻画水分在复杂的根系水力结构(hydraulic architecture)系统中的传输过程(Javaux et al.,2008),这种亚植被/植被尺度的机理模型虽然可以很好地模拟根系分布与土壤水分动态交互过程,但涉及参数众多,边界条件复杂,计算量很大,不利于大尺度拓展。为此需要进一步简化根系水力结构的参数化方案,在保证其模拟精度的同时提高升尺度可行性和模拟效率。Couvreur 等(2012)将植被吸水过程概化为根系的整体行为并构建了一个"宏观"根系吸水模型,与复杂的全解析模型对比分析发现,"宏观"模型在准确预测根系分布与水分剖面协同变化的同时极大地提高了模拟效率,为大尺度模拟研究提供了可能。Bouda 和 Saires(2017)利用拓扑刻画三维根系结构并植入到一维动态水流模型中,可以很好地模拟不同功能类型植被的动态吸水过程和相应的垂向土壤水分剖面的动态变化,将该模型耦合至陆面模型(如 CLM)可以完善对大尺度根系吸水过程的表征。除了普遍关注的垂直水分异质性,植被吸水过程也会造成根区水分的水平向异质性(horizontal heterogeneity),这在以往的研究中通常是被忽略的。Couvreur 等(2014)对根区进行水平离散并对根系水力结构进行相应的升尺度表达,针对两种不同根系分布特征的植被,采用两组表征不同的根系分布–土壤水势关系的对比试验对土壤–根系系统的水分变化进行模拟研究,发现针对密根型植被,传统的一维垂向离散即可满足根区水分动态变化过程,而对于疏根型植被,根区水平向离散化可以有效提高异质性模拟精度。除了水力驱动,植被也会通过改变根系形态调整养分摄取策略以应对环境变化(de Kroon and Mommer,2006),如植被在养分充足的土壤环境条件下其根系密度会更高(Hodge,2004),当土壤养分含量升高时,根系生产力也随之增加(Yuan and Chen,2012),随着土壤养分亏缺根系生物量的分配也会减少(Hermans et al.,2006)。为此,最新的大尺度根系分布动态模拟研究中也逐渐加入了对养分的考量,Drewniak(2019)在模拟根系垂直结构的动态变化中综合考虑了水分和氮素对植被生长的影响,依据植被对水分和氮的吸收量优化模拟根系动态分布特征,并优先考虑植被的需水量,进一步将该动态根系模型与 Energy Exascale Earth System model 陆面模型进行耦合,显式考虑并模拟了植被根系与水分和氮素动态交互对全球植被总初级生产力(gross primary productivity,GPP)的影响。模拟结果与大多数生态系统的根系分布观测数据有较好的一致性,模型估计的总初级生产力相较于卫星观测结果也略有提升。Lu 等（2019）将三维动态根系生长模型 DyRoot 与生态系统模型 IBIS 耦合来表征环境水分和氮素变化对植被根系生长及根系分布的动态驱动过程，并对全球五类森林生态系统多个典型样地进行模拟和验证，获得了较好的模拟效果。

2）蒸发条件下土壤水热传输的数学模型

由于土壤蒸发过程与土壤–大气间的热量传输过程密切相关。因此，将土壤水模型、土壤热传输模型进行结合，可以建立蒸发条件下的土壤水热传输数学模型，利用该模型可以对蒸发条件下的水热传输过程及规律进行模拟分析。

一维垂向土壤水、热传输方程为

$$\frac{\partial \theta}{\partial t} = \frac{\partial}{\partial Z}\left[D_w \frac{\partial \theta}{\partial Z}\right] - \frac{\partial K_w}{\partial Z} \qquad (5\text{-}102)$$

$$C_v \frac{\partial T}{\partial t} = \frac{\partial}{\partial Z}\left[K_h \frac{\partial T}{\partial Z}\right] \qquad (5\text{-}103)$$

式中，θ、T 分别为土壤的体积含水率和温度；t、Z（向下为正）分别为时间和深度；D_w、K_w 分别为土壤水分扩散率和导水率；C_v、K_h 分别为土壤体积热容量和热导率。

地表与大气之间的水热扩散阻力可以用来刻画两个界面的水热交换相互联系。首先，土壤表面的能量平衡为

$$R_n = H_s + LE_s + G \qquad (5\text{-}104)$$

式中，R_n、H_s、LE_s、G 分别为净辐射、显热消耗、潜热消耗和地表热通量。根据微气象学中关于水热扩散的理论，地表的显热消耗、潜热消耗可表示为

$$H_s = \frac{\rho C_p (T_0 - T_a)}{r_a} \qquad (5\text{-}105)$$

$$LE_s = \frac{\rho C_p (e_0 - e_a)}{\gamma (r_a + r_s)} \qquad (5\text{-}106)$$

式中，C_p 为空气定压体积比热容；γ 为湿度计常数；T_0、T_a 分别为地表和大气温度；e_0、e_a 分别为地表和大气的水汽压；r_a、r_s 分别为空气动力学阻力和土壤蒸发阻力。

根据封闭平衡系统中液态水和气态水自由能相等的平衡水汽压方程，地表水汽压 e_0 取决于地表温度与基质势，即

$$e_0 = \exp\left[\frac{g\psi_0}{R_w (T_0 + 273.16)}\right] e_s(T_0) \qquad (5\text{-}107)$$

式中，$e_s(T_0)$ 为地表温度下的饱和水汽压；g 为重力加速度；ψ_0 为土壤表面基质势（m）；R_w 为水汽的气体常数。

水分运动的上边界条件为通量边界，其蒸发强度为

$$E_s = LE_s / (L\rho_w) \qquad (5\text{-}108)$$

式中，L 为水的蒸发潜热；ρ_w 为水的密度。应用热传导方程可得到土壤热量传输的第三类

上边界条件，即

$$-K_h \frac{\partial T}{\partial Z} + \frac{\rho C_p (T_0 - T_a)}{r_a} = R_n - LE_s \tag{5-109}$$

3）SPAC 水热传输模型

Philip（1966）提出了较为完整的 SPAC 概念，水分在土壤-植物-大气的运移是一个连续的过程。水分运动的驱动力统一用"水势"来描述，水总是从势能高的地方向势能低的地方移动，且水流通量取决于水势梯度和水流阻力。这较好地解决了下垫面温、湿度变化与蒸散发之间的耦合问题。近年来有关 SPAC 模型模拟的研究主要有陆-气界面过程采用的"大叶"模式（Noilhan and Planton，1989）、单层模式（吴擎龙，1993）、多层模式（van de Griend and van Boxel，1989）等。"大叶"模式计算较为简单，但难以区分蒸发和蒸腾。多层模式计算较为复杂但较为详细地刻画了冠层内部垂直温湿分布。

SPAC 水热传输包括土壤内的水热传输、根系吸水、土壤及植物冠层与大气间的水热交换等过程。在建立 SPAC 水热传输模型过程中，分为土壤层、作物冠层和一定参考高度的大气层三个层次，其中作物冠层采用单层模式。

在冠层能量分配方面，净辐射与到达地表的短波总辐射、下垫面和大气的状况等因素有关，与太阳总辐射相关性较好。冠层采用了单层模式忽略辐射在冠层内的垂向分配。在净辐射中主要部分是太阳直射辐射，其中一部分被作物的叶片截获，其余到达地面。

在作物冠层中的水热传输方面，作物和地面接收的净辐射分别用于叶面和土壤的潜热、显热消耗以及地表向下的传热。土壤、植物冠层与大气间的水分及热量交换包括地表与冠层空气、叶面与冠层空气、冠层空气与参考高度处大气层之间的水汽、潜热及显热交换。

忽略作物光合作用所消耗的能量，作物冠层净辐射 R_v 可以表示为

$$R_v = LE_v + H_v \tag{5-110}$$

式中，LE_v 为作物叶面蒸腾的潜热消耗；H_v 为作物叶面与冠层空气之间的显热交换。

忽略冠层空气的水热存储量的变化，由水热通量的连续性可以得到：

$$H = H_s + H_v \tag{5-111}$$

$$LE = LE_s + LE_v \tag{5-112}$$

式中，H、LE 分别为冠层空气与参考高度大气之间的显热和潜热通量。以上各潜热、显热通量一般通过阻力模式进行计算。根据空气动力学及微气象学理论，H、H_v、H_s、LE、LE_v、LE_s 的表达式如下（Choudhury and Monteith，1988）：

$$H = \frac{\rho C_p (T_b - T_a)}{r_{ba}}, \quad LE = \frac{\rho C_p (e_b - e_a)}{\gamma r_{ba}} \tag{5-113}$$

$$H_v = \frac{\rho C_p (T_v - T_b)}{r_{vb}}, \quad LE_v = \frac{\rho C_p (e_v - e_b)}{\gamma (r_{vb} + r_v)} \tag{5-114}$$

$$H_s = \frac{\rho C_p (T_1 - T_b)}{r_{sb}}, \quad LE_s = \frac{\rho C_p (e_1 - e_a)}{\gamma (r_{sb} + r_s)} \tag{5-115}$$

式中，ρ、C_p 和 γ 分别为空气密度（kg/m³）、定压比热容［1008.3 J/(kg·K)］和湿度计常数（hPa/K）；e_a、T_a 分别为参考高度处空气的水汽压（hPa）和温度（℃）；e_b、T_b 分别为冠层空气的水汽压（hPa）和温度（℃）；T_v、e_v 分别为叶面温度（℃）和叶面气孔下腔及叶肉细胞间隙的水汽压（hPa）；T_1、e_1 分别为地表温度（℃）和水汽压（hPa）；r_{ba}、r_{vb}、r_v、r_{sb}、r_s 分别为水热由冠层向大气传输的空气动力学阻力（s/m）、由叶面向冠层传输所克服的冠层边界层阻力（s/m）、冠层总气孔阻力（s/m）、由土壤表面向冠层传输时的空气动力学阻力（s/m）以及地表蒸发阻力（s/m）。

水热传输阻力是计算土壤、作物与大气之间水热交换不可或缺的参数。若简单认为冠层以上水分、热量和动量的传输阻力是相等的，统称为空气动力学阻力 r_{ba}，可表示为

$$r_{ba} = \left(\ln \frac{z-d}{z_0} \right)^2 / \left(\kappa^2 u \right) \tag{5-116}$$

式中，u 为地面以上高度 z（m）处的风速（m/s）；κ 为 Karman 常数（$\kappa=0.41$）；d 为零平面位移（m）；z_0 为冠层表面粗糙度（m）。其中的 d、z_0 与下垫面状况有关，多根据经验公式确定。

叶片表面的水汽、热量、动量向大气扩散中，先经过叶片周围的层流边界层，后进入周围大气参加湍流交换。冠层各叶片层流边界层的总效应即冠层边界层阻力 r_{vb}（Choudhury and Monteith，1988；吴擎龙，1993）：

$$r_{vb} = \frac{a}{2b} \sqrt{\frac{w}{u_{top}}} \frac{1}{1 - e^{-a/2}} \tag{5-117}$$

式中，a 为冠层内风速衰减系数；$b=0.01$ m/s$^{0.5}$；w 为叶片宽（m）；u_{top} 为冠层顶风速（m/s），可通过风速廓线获取。

依据动量涡动扩散率理论，水汽、热量、动量从土壤表面向冠层内传输克服的阻力 r_{sb} 可以表示为（Choudhury and Monteith，1988）：

$$r_{sb} = \frac{h \exp(\alpha) \{ \exp(-\alpha z_0' / h) - \exp[-\alpha(d + z_0)/h] \}}{\alpha K_d(h)} \tag{5-118}$$

式中，h 为植被高度（m）；$K_d(h)$ 为冠层顶动量涡动扩散率（m²/s）；α 为衰减系数；d 为零平面位移（m）；z_0 为冠层表面粗糙度（m）；z_0' 为土壤表面粗糙度（m）。

叶面气孔的开启受太阳辐射、大气湿度气温、根系层土壤水分状况、冠层 CO_2 浓度等因素的影响，在研究中常把各环境因子看作气孔阻力的相互独立的胁迫函数（莫兴国，1997）。

土壤表面的蒸发阻力对蒸发会产生较大影响（Daamen and Simmonds，1996），土壤蒸发阻力与表土含水率的关系，可以采用试验资料拟合分析（Mahfouf and Noilhan，1991），也可以采用机理及数值模拟的方法进行逆问题求解（Camillo and Gurney，1986；Daamen and Simmonds，1996）。

根系层土壤水分胁迫下的作物蒸腾与根系吸水有关。根系附近土壤含水率在作物生长过程中下降，根系层吸水速率降低，气孔开度减小，叶水势下降，造成土壤水分对作物蒸

腾的胁迫（Kramer and Boyer，1995）。在模型中根据充分供水时的最大可能蒸腾量 E_{vp} 与根系层土壤水分胁迫系数 $k(\psi)$ 来计算水分胁迫条件下的作物实际蒸腾量，即

$$E_v = E_{vp} k(\psi) \tag{5-119}$$

式中，$k(\psi)$ 取决于根系密度分布和水分胁迫响应函数。

根系吸水条件下土壤水热迁移的基本方程可表示为（向下为正）：

$$\frac{\partial \theta}{\partial t} = \frac{\partial}{\partial z}\left[D_w \frac{\partial \theta}{\partial z} \right] - \frac{\partial K_w}{\partial z} - s(z,t) \tag{5-120}$$

$$C_v \frac{\partial T}{\partial z} = \frac{\partial}{\partial z}\left[K_h \frac{\partial T}{\partial z} \right] \tag{5-121}$$

式中，θ、T 分别为土壤体积含水率和温度（℃）；t、z 分别为时间（s）和空间坐标（m）；D_w、K_w 分别为土壤水的扩散率（m²/s）和导水率（m/s）；C_v、K_h 分别为土壤体积热容量 [J/(m³·℃)] 和热导率 [W/(m·℃)]；$s(z,t)$ 为根系实际吸水速率分布函数 [m³/(m³·s)]。

作物根系吸水速率 S 受土壤性质、作物水分生理特征和大气因子的综合影响。忽略植株体内储水量随时间的微小变化时，$S(t) \approx E_v(t)$。根系吸水率 $S(t)$ 与其分布函数 $s(z, t)$ 关系如下：

$$S(t) = \int_0^{z_t} s(z,t)\mathrm{d}z \tag{5-122}$$

式中，$s(z, t)$ 与作物的种类、生长阶段和根系层水分状况有关，根系层土水势较低可能对根系吸水速率及其分布产生一定影响。

综上，可得到水分胁迫条件下 SPAC 中水热传输的数学模型，该模型由地面以上的地表–冠层大气间水热交换模型（代数方程组）、地面以下的土壤水热迁移模型（偏微分方程组）两个子模型组成，两者通过地表热通量、地表蒸发、土壤含水率及温度、作物蒸腾与根系吸水等联系起来。地表–冠层–大气间水热交换模型包含四个方程的非线性方程组：

$$\begin{aligned}
R_s &= \mathrm{LE}_s(T_1, \theta, e_b) + H_s(T_1, T_b) + G \\
R_v &= \mathrm{LE}_v(T_v, \theta, e_b) + H_v(T_v, T_b) \\
H(T_b) &= H_s(T_1, T_b) + H_v(T_v, T_b) \\
\mathrm{LE}(T_b) &= \mathrm{LE}_s(T_1, \theta, e_b) + \mathrm{LE}_v(T_v, \theta, e_b)
\end{aligned} \tag{5-123}$$

其中，冠层温度 T_b、冠层内水汽压 e_b、叶片温度 T_v、地表热通量 G 为未知量，与土壤含水率分布、地表温度有关。土壤水热迁移模型为非线性偏微分方程组，以 E_s、G 为上边界条件，在根系吸水项中隐含作物最大可能蒸腾强度 E_{vp}。

|第6章| 水文土壤学在生态环境研究中的应用

6.1 水文土壤学在生物地球化学研究中的应用

生物地球化学循环是指各种化学元素在不同层次、不同大小的生态系统内乃至生物圈里，沿着特定的途径从环境到生物体，又从生物体再回到环境，不断地进行着流动和循环的过程（熊汉锋，2005）。生物地球化学循环可分为封闭循环和开放循环。封闭循环是指生物体和其生长基质（土壤）间的循环。该循环发生于生态系统内部各组分间的植物营养元素的吸收、积累、分配及归还过程，包括废料生产、再矿化和各种化学转化。开放循环则是指大气、生命体及其生长基质间的循环，是相邻生态系统之间进行化学物质交换的过程，包括流入和流出，主要通过气象、水文地质和生物三条途径实现。碳、氮、硫等元素的迁移转化过程是生物地球化学研究的核心内容。水文土壤学与土壤生物地球化学以复杂的方式相互作用，通常与水、营养物质和能量的时空变化有关。土壤、地形与植被相互作用是控制景观尺度水文过程与生物地球化学循环的重要因素，生态系统中所有生物地球化学循环均是在水循环驱动下完成的。土壤能够提供水、营养物质和能量，使土壤微生物发挥作用。异质的土壤结构与水分状况使溶质在土壤中的迁移转换存在差异，形成生物地球化学循环的"热点区域"（hot spot）和"热点时刻"（hot moment）（McClain et al.，2003）。"热点时刻"是指短时间生物地球化学中物质的大量迁移和转化，通常是土壤含水量大幅增加的结果（Groffman et al.，2009）。另外，生物地球化学循环在很大程度上受氧化还原反应循环的控制。生物体通过氧化还原反应，将电子从还原的化学物质（电子供体）转移到氧化的化学物质（电子受体）来获得能量（Falkowski et al.，2008）。在土壤中，这些生物地球化学反应的速率和化学路径与水土结构的相互作用紧密相关。

水文土壤学提供了一个集成框架来理解水文和土壤学如何相互作用影响生物地球化学过程。例如，土壤结构和分层可能造成高度异质的水文过程，影响溶质的运移和转化以及微生物的分布。土壤矿物和离子交换能力也会影响溶质运移和转化的可用性（Hobbie et al.，2007）。流速受土壤结构和土壤含水量的影响，会进一步影响生物地球化学过程。水文土壤学和生物地球化学之间的复杂相互作用是土壤生物地球化学过程中具有高度空间变异性的原因之一。

水文土壤学在生物地球化学应用具有较大潜力和必要性。本章将重点关注碳和氮循环的研究，其明确地结合了土壤结构、水文和生物地球化学。首先回顾生物地球化学循环特征及其在水文土壤学的应用，特别是水文和土壤变异性对碳和氮循环的影响。其次总结不同尺度的水文土壤过程对碳氮循环与功能的影响。最后回顾水文土壤特征对生物地球化学过程尺度转换研究的影响，同时探讨水文、生物地球化学和土壤学的整合。

6.1.1 碳和氮的生物地球化学循环特征及其在水文土壤学的应用

为了有效地耦合生物地球化学和水文土壤学，需要对生物和水文土壤过程进一步整合。生物地球化学和水文学对于理解生态过程有一个共同的目标，这两个学科都为生态科学做出了重大贡献。然而，土壤科学、生态和水文学之间的学科区别往往会导致单独关注生物转化过程或物理迁移过程的研究。土壤含水量的时空变化影响了碳和氮的转化以及运输。研究思路都基于质量守恒，简单表述即输入–输出=存储（Vitousek and Reiners，1975）。生物地球化学循环和水文土壤之间的相互作用通过转化和运输过程影响溶解和气态碳和氮的输出，而碳和氮的输出必须转化为气态或溶解的类型。生物地球化学循环和水文土壤的进一步整合将提高限制"输出"项的能力来获取方程更精确的解。

碳生物地球化学循环的起始环节是植物光合 CO_2 供应和需求以及光合碳分配过程 [图 6-1（a）]；周转环节是地表–基岩的土壤微生物及胞外酶驱动的土壤有机碳库的分解与转化 [图 6-1（b）]；迁移环节是土壤和小流域水体有机与无机碳的迁移过程 [图 6-1（c）]（温学发等，2019）。陆地碳循环的不确定性受土壤有机碳库变化的影响，底物化学成分、相关的微生物特征、酶活性以及温度与水分等影响凋落物的分解速率（Jian et al.，

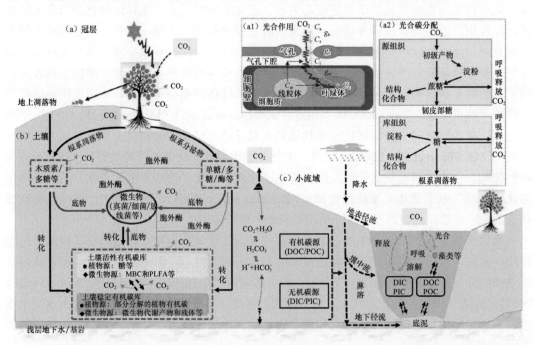

图 6-1 小流域尺度碳循环的关键生物地球化学过程的示意（温学发等，2019）

（a）植物光合 CO_2 供应和需求以及光合碳分配过程；（b）土壤微生物及胞外酶对土壤碳库的分解与转化过程；（c）土壤和小流域水体有机碳和无机碳的迁移过程。C_a、C_s、C_i、C_c 和 C_m 分别表示冠层大气、穿过叶片边界层、通过气孔到达胞间、叶绿体羧化位点和线粒体内的 CO_2 浓度；g_b、g_s 和 g_m 分别表示边界层导度、气孔导度和叶肉导度；MBC 表示微生物量碳（microbial biomass carbon）；PLFA 表示磷脂脂肪酸（phospholipid fatty acid），是活微生物细胞膜的重要组分；POC 表示颗粒有机碳（particulate organic carbon）；PIC 表示颗粒无机碳（particulate inorganic carbon）

2016）。土壤表层中溶解有机碳（dissolved organic carbon，DOC）和溶解无机碳（dissolved inorganic carbon，DIC）与土壤碳含量、微生物活性、水文径流和土壤扰动有关（Haei et al.，2010）。深层土壤体积大，不同深度土壤物理、化学和生物属性及土壤有机碳质量的异质性，使其与表层有机碳周转机制不同，可能在区域和全球碳循环均具有显著影响（Bernal et al.，2016）。植物根系和深层岩石会影响植物生物量和生态系统自身演化（Morford et al.，2011）。

土壤碳损失一方面以 CO_2 气态形式直接排放，另外以地表径流和碳淋溶（壤中流和地下径流）的途径进入流域水体（Yue et al.，2016）。土壤碳损失受 CO_2 通量影响，DOC 淋溶较少。另外，土地利用类型和坡面位置影响水土界面的水文和生物地球化学循环过程，进而影响通过水土过程流入流域水体的有机和无机碳（Gao et al.，2013）。土壤的孔隙网络影响溶质进入或者移出溶液，在小流域尺度影响着地表水和地下水的质量（Chorover et al.，2007）。在多年冻土区，土壤发生层分布是影响活动层和深层土壤有机碳和全氮的重要因素，土壤 pH 是影响土壤无机碳的重要因素，与深层土壤也密切相关（Mu et al.，2016）。同时，土壤水分是影响冻土融化释放碳的关键因素，限制了多年冻土区融化后的碳产量（Song et al.，2020）。

高度动态的土壤氮素循环具有复杂的转移方式和途径。流域生态系统的生产力以及大气和下游水体的 C、N 交换过程受到水文通量的物理化学和生物地球化学影响，两者的耦合过程将陆地和水生生态系统紧密连接。土壤氮循环起始环节为有机含氮化物经矿化作用转变成可被植物吸收利用的 NH_4^+（同时释放出 NO、N_2O 等氮氧化物）；土壤矿化产生的 NH_4^+ 以及外源输入的 NH_4^+，在被植物根系吸附同时还会通过硝化作用转变成 NO_3^-，在不同土壤理化性质条件下被植物吸收利用；同时中还存在反硝化作用，它使土壤中的氮还原成气态回归大气。土壤中的氮主要以有机氮、氨氮、硝态氮（硝酸盐和亚硝酸盐）和气态氮四种形态存在，其转化过程为有机氮的矿化、固氮、硝化与反硝化、铵离子吸附释放等（图 6-2）（周志华等，2004；高扬和于贵瑞，2020）。

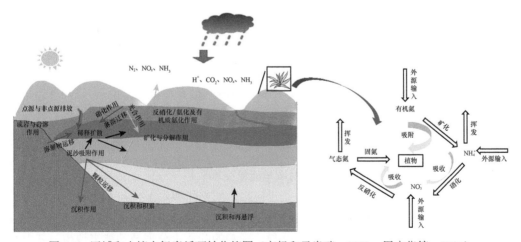

图 6-2　区域和土壤中氮素循环转化简图（高扬和于贵瑞，2020；周志华等，2004）

对森林流域中氮的迁移和转化的生态学解释主要集中在生物过程上（Lovett et al.，2002）。早期的研究提出，养分吸收是主要的生态系统氮汇。然而，后续的研究表明，土壤有机质也是重要的氮汇（Nadelhoffer et al.，1999）。许多生态系统保留了土壤中大部分的氮输入，将无机氮（大部分的 NO_3^- 和 NH_4^+）转化为生物学稳定性较高的有机氮（Goodale et al.，2000）。这些结果促进了生态系统氮保留理论的发展，该理论侧重于介导氮的保留（mediate N retention）是基于土壤无机氮的消耗过程，研究发现：①土壤 C/N 与流域 NO_3^- 的输出负相关；②土壤 C/N 与无机氮保留正相关；③在原始生态系统以溶解有机氮（dissolved organic nitrogen，DON）输出为主而不是 NO_3^-（Perakis and Hedin，2002）。已有结果确定了生物和非生物过程的重要性。生物机制集中于植物和微生物之间对无机氮的竞争，形成无机氮损失较小的紧密循环（Kaye and Hart，1997）。非生物机制主要关注亚硝酸盐、NH_4^+ 和不稳定有机氮与酚类及木质类的芳香环结构的土壤有机质的反应，从而形成抗分解化合物（Häattenschwiler and Vitousek，2000），另外还关注有机氮与土壤矿物的联系。生物和非生物过程都依赖于碳，生物机制隔离氮的能力取决于剩余的微生物可用碳和微生物可用氮。非生物机制隔离氮的能力取决于碳底物作为反应物的可用性，特别是在有机氮与矿物结合稳定的情况下，这主要发生在微生物处理后（Grandy and Neff，2008）。然而，这些机制并不能解释溶解氮输出的所有变化。

目前的生态学研究表明了水文土壤学的重要作用，水文土壤学可以通过连接生态和水文研究的思路来解释生态系统氮保留的变化。土壤质地和矿物影响溶质运移与吸附的能力，被认为可以掩盖或抵消 C/N 与硝化作用或 NO_3^- 淋失之间的关系（Castellano et al.，2012）。此外，生态系统氮保留理论无法解释强降水事件中溶解氮损失的"热点时刻"，也无法解释在土体和流域尺度上不成比例的较大氮通量。在这种情况下，快速的径流可能超过了溶解氮的固定能力。

6.1.2 不同尺度的水文土壤过程对碳氮循环与功能的影响

1. 点和剖面尺度

点和剖面尺度的生物地球化学循环集中关注土壤–植被–大气的 C、N 和 H_2O 交换通量及其生物物理过程（高扬和于贵瑞，2020）。植被的结构和功能控制着陆地表面与大气之间的其他物质、质量和动量的交换。土壤含水量通过限制植被动态在土壤–大气相互作用中起着重要作用，在土壤生物地球化学过程中也起着关键作用。降解、C 和 N 转换、气体以及土壤溶液变化受水文控制，土壤水、底物可利用性和这些过程的氧化还原状态具有基本相互作用。

1）叶片和个体尺度上植物介导的物质与能量交换

在叶片尺度上，植物最直接控制的是反应物，如光能和 CO_2 的可利用性。这是由于参与光合作用的酶的形成需要氮，温度会控制反应速率和氮的可用性。叶片水分的减少主要由空气的蒸发势、土壤的水供给和受气孔导度影响的叶面水分调节功能来调控，其中光合作用过程中叶片蒸发水分的流失是最基本的平衡之一（Zeiger et al.，1987）。这种平衡影响植物环境适应策略的进化，限制植物在不同水文气候条件下分配资源来产生生物量，并影响控制生物圈–大气圈交换的地表组成（图 6-3）。这些适应策略引起生物地球化学的变化，使生长速度较慢的植物的养分保留时间和生理组织寿命较长，这与环境物质资源少和土壤养分浓度较低有关，而生长速度快的植物则与环境物质资源多、组织周转时间短和土壤养分浓度高有关（Aerts and Chapin，2000）。不同植物的生态特征受不同性状组合的限制，寿命长的植物（如多年生常绿植物）通常比寿命短的植物的光合能力更低，因为叶片 N 形成光合酶与叶片形态和气孔策略有关，进而影响叶片水分流失和限制 CO_2 交换（Schwinning and Ehleringer，2001）。因此，植物用来承受干旱胁迫的低水分可利用性的策略限制了个体内的光合性能和生长潜力。C、N 和水循环的关键耦合来自多个时空尺度上的过程整合，这些耦合与植物叶片在短反应时间尺度上的生理过程的基本限制有关。这些过程会整合到整个生物体中（Bazzaz，1996），以及构建从日到长期进化的时间尺度上的完整群落结构（Enquist et al.，2007）（图 6-3）。

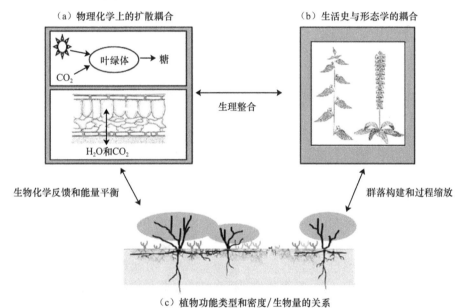

图 6-3 调节陆地与大气交换的反馈结构和耦合器（Lohse et al.，2009）

（a）控制叶片内光合能量转换的基本生理过程和/或生物化学的物理化学动力学，以及与叶片和气体交换相关的扩散约束；
（b）个体植物的生物量分配模式、生活史策略和形态；（c）完整植物群落的功能类型和密度/生物量关系

在个体尺度上，植被冠层是调节陆地生态系统水源涵养功能的活动层之一，不仅改变降水再分配，还影响土壤–植被–大气界面水分交换过程、光合作用和初级生产力等（王根绪等，2021）。植被和水文相互作用，如穿透雨和树干茎流会影响溶质的拦截与沉积，如 DOC、DON 和溶解无机氮（dissolved inorganic nitrogen，DIN）。许多研究已发现水文特性和植被特征决定了这些相互作用的程度与范围（Levia and Frost，2006）。然而，对控制穿透雨及其化学机制的理解还不够，这在很大程度上是由于收集和表征穿透雨事件的时间要求较高（Levia and Frost，2006）。有学者发现土壤 N 和 S 等元素浓度与通量随距离植物茎

秆的增加而减小（Jochheim et al.，2022），但关于冠层结构和形态影响降水再分配对穿透雨与树干茎流的作用及其溶质输入的认识还不够。种内植被变化对穿透雨和溶质输入的影响也还不清楚。Levia 和 Frost（2006）研究表明，表征与气象条件相关的穿透雨模式会促进理解大气、冠层、林下与土壤中水、C 和 N 通量的划分。量化穿透雨和气象的关系在解释 C、N 循环变化和大气沉降较高的流域的 N 损失方面尤为重要。

2）降解和水分平衡过程

土壤微生物从氧化还原反应中获得的能量通常受水文的控制，主要影响物质的扩散。有氧代谢主导着生物圈，因为氧的还原比其他电子受体的还原产生更多的可用能量。然而，由于高含水量和低渗透性，土壤提供了许多氧气（O_2）不可用的空间和时间。土壤水和结构之间的相互作用控制着 O_2 和其他电子受体的可用性。土壤的质地和结构会影响空气的透气性。此外，O_2 在水中仅微溶，它在空气中的扩散速度大约是水中扩散速度的 1 万倍。因此，在缺 O_2 的情况下，兼性需氧菌和专性厌氧菌开始按照自由能产量的顺序使用其他电子受体：硝酸根（NO_3^-）>四价锰（Mn^{4+}）>三价铁（Fe^{3+}）>硫酸盐（SO_4^{2-}）和二氧化碳（CO_2）。来自植物和微生物的有机碳衍生的单体是电子供体（能量）的最大来源，但也使用甲烷（CH_4）、氢（H_2）、铵态氮离子（NH_4^+）、二价锰（Mn^{2+}）、亚铁（Fe^{2+}）和硫化氢（H_2S）。

凋落物和土壤有机质的分解是将光合产物转化为无机形式，是植物和微生物的营养物质与能量的基本来源。在全球尺度上，温度、含水量或气候指标以及初始凋落物质量已被证明可以决定分解和养分释放的速率。例如，有研究表明，实际蒸散量是第一年凋落物分解率的最佳预测指标，但除了干旱生态系统，光降解和凋落物化学反应可能更重要（Austin and Vivanco，2006）。在更长的时间尺度上（几年到几十年），初始 N 浓度是一个更好的预测因子（Parton et al.，2007）。Parton 等（2007）表明，基于微生物生理学和底物可用性的基本限制，在长期分解过程中，净 N 固定和矿化的模式是可预测的。

降水、温度和底物可利用性的相互作用也是 SOM 分解与养分释放的主要控制因素（Davidson and Janssens，2006）。但温度敏感性和化学与物理保护对土壤分解的影响还存在知识空白。此外，环境条件的变化（干旱、冻融、洪水）对底物在酶反应位点的底物可用性的影响尚不清楚。例如，关于气候驱动的排水、降水和蒸腾作用的变化将如何影响土壤水膜的厚度以及可溶性底物和细胞外酶扩散的了解还较少。由气候驱动的水分平衡变化，在土壤水分含量高的生态系统中可能尤其重要，如泥炭地和湿地。另外，在热带山地森林中也很重要，土壤水分的可利用性已被证明通过土壤曝气使 O_2 扩散到土壤中影响氧化还原电位，从而间接控制土壤 C 和 N 的循环与储存。

3）孔隙含水率和气体变化

土壤含水量除了通过气体扩散（如 O_2）影响生物地球化学反应外，还通过溶质扩散进一步影响生物地球化学反应。随着土壤变干和水膜变薄，扩散路径变得更长、更曲折，并最终断开（Stark and Firestone，1995）。断开的水膜中的电子供体和受体库以不同的速率耗尽。因此，气体与溶质扩散之间的相互作用是最优的，生物地球化学过程速率在接近田间持水量的土壤含水量时往往达到最大值（Stark and Firestone，1995；Reichstein et al.，2003；Castellano et al.，2011）。土壤含水量的阈值通过控制土壤曝气、底物利用率和氧化还原反应来调节微生物介导的转化与气体损失途径（图 6-4）。在干旱和半干旱生态系统中，水分的可利用性可以直接限制土壤 C 和 N 的转化与损失（Reynolds et al.，2004）。在这种情况下，土壤水提供了土壤生物地球化学功能所需的基本水，用于输送或迁移基本物质，如 DOC、植物根系和微生物群落的养分，溶解土壤中的营养盐和矿化 C。许多实证研究表明，由于植物和微生物的呼吸作用，也可能是由于 CO_2 的物理置换，在长时间干燥再润湿后的土壤，CO_2 通量快速增加或产生脉冲，这些脉冲也会引起生物地球化学循环（McClain et al.，2003）中的热点区域和热点时刻。室内实验进一步证明了水对生物地球化学循环的限制，揭示了 NH_4^+ 运移的扩散极限和低土壤水势下土壤孔隙中微生物的胁迫（Stark and Firestone，1995）。

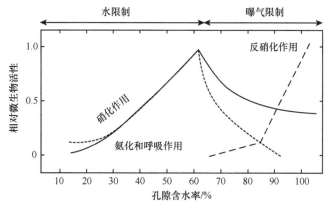

图 6-4　孔隙含水率对土壤微生物介导的 C 和 N 循环过程（呼吸、氨化或矿化、硝化和反硝化）
的概念关系（Lohse et al.，2009）

在更潮湿的环境中，土壤水分与土壤孔隙率和温度相互作用，通过影响土壤曝气和氧化还原反应来控制土壤 C 和 N 循环速率以及在气体和溶液途径中的损失速率（Amundson and Davidson，1990）。所有的土壤代谢活动包括氧化还原反应，即电子从还原物质转移到氧化物质，以捕获从氧化中可获得的能量，以有机物作为首选的电子供体和氧气。在土壤中，N 循环的关键过程包括矿化，即将有机 N 转化为矿物的形式 NH_4^+，硝化作用和反硝化作用。硝化作用是指 NH_4^+ 转为 NO_3^-，并且通常与有氧化学自养细菌有关，从二氧化碳或碳酸盐中提取 C，异养硝化作用在森林土壤中较为重要。底物和 NH_4^+ 的可用性以及高含量 O_2 控制了硝化作用。当孔隙含水率增加而 O_2 减少时，反硝化是一种厌氧异养过程，将 NO_3^- 还原为分子氮（N_2）（Robertson，1989）。在反硝化过程中，电子供体（有机碳作为底物）和电子受体（NO_3^-）的相对可用性影响 N_2O 的相对比例，N_2 减缓了反硝化速率，如低 DOC 的可用性，将积累 N_2O 作为最终产物（Firestone and Davidson，1989）。在这种情况下，矿化、呼吸、硝化和反硝化的相对速率可以理解为充水孔隙空间的百分比和底物可用性的函数（图 6-4）（Skopp et al.，1990）。这些发现得到了广泛的认可，并被描述为通道内的孔隙模型（Davidson and Verchot，2000）。反硝化是在厌氧条件下发生的，因此降低 O_2 扩散的因素（土壤水分、孔隙率、排水）对控制通量至关重要。

2. 坡面尺度

坡面尺度的生物地球化学循环主要关注于坡面 C 和 N 的水文（地表径流、壤中流和渗漏流）与形态转化过程（高扬和于贵瑞，2020）。

1）坡面水流路径

在坡面尺度上，水文连通性即通过壤中流连接和断开不同的景观单元，其与基岩深度已成为山坡径流产生机制以及 C 和 N 损失的两个重要控制因素（Rodriguez-Iturbe et al.，2007）。例如，McGlynn 和 McDonnell（2003）研究表明，来自流域的 DOC 通量取决于来自河岸和山坡区域的源贡献的相对时间，以及这些区域之间的连接和断开。许多其他实地研究表明，地下特征，如基岩分布控制侧向流，输送到河流中的水取决于降水阈值（Tromp-van Meerveld and McDonnell，2006a，2006b）。

2）风化过程

在长时间尺度上（$10^2 \sim 10^6$ 年），土壤水与 CO_2 反应形成的碳酸（H_2CO_3），以及植物和微生物的有机酸，驱动了多数生态系统的化学风化，从而促进了土壤的发育。土壤和生态系统的特性与过程，如 SOM、矿物和养分可利用性，随着时间的推移而系统地变化（Vitousek，2004）。已有研究表明，土壤水文性质和流动路径随着土壤发育的推移而变化，从主要的垂直流动到地下侧向流动的频繁发生，这些水文控制的变化强烈影响水与生物地球化学的反应和滞留时间（Ocampo et al.，2006）。随着土壤发育和运移模型开始包括生物地球化学转移过程，发展土壤特性、水文和生物地球化学之间的定量联系十分重要。由气候变化引起的温度、大气 CO_2、降水变化和极端情况的增加可能会加速风化速率，并受到地下水和河流的反馈。酸雨排放的 N 和 S 提高了近年来的风化速率。极端降水的变化可能改变径流机制的发生，如地表径流、饱和地表径流和暴雨壤中流（图6-5），从而改变土壤从局部到区域尺度的土壤发育和景观演化。

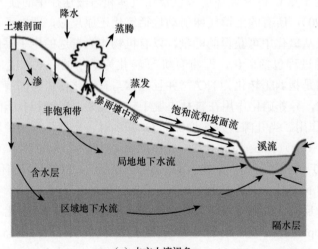

（a）水文土壤视角

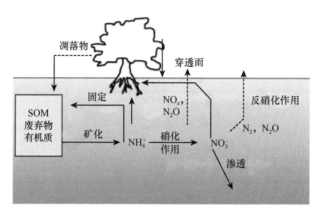

（b）生物化学视角

图 6-5 传统的水文和生物地球化学角度的运输和反应（Lohse et al.，2009）

水文学家强调水的运动，如降水、蒸发、蒸腾作用、暴雨壤中流、局部和区域的地下水流动和河流流动。生物地球化学家强调反应电位和底物的可用性。这里显示了一个简化的 N 循环，包括 N 库和过程（硝化、硝化、反硝化）。NH_4^+ 指铵根离子；NO_x 指氮氧化物；NO_3^- 指硝酸盐；N_2O 指一氧化二氮；N_2 指分子氮；SOM 指土壤有机质

3）土壤溶液变化、水力特性和水流路径

土壤结构和团聚体也会影响生物地球化学循环。土壤团聚体结构可以在物理上保护潜在的可矿化的土壤有机质免受微生物影响。土壤动物群、微生物、根、矿物和物理过程影响团聚体动力学和土壤有机质之间的平衡、分解和稳定（Six et al.，2004）。这些特性和过程受土壤含水量影响，反之也影响土壤含水量。土壤含水量阈值和水势梯度也是 C 和 N 的无机与有机形式对溪流及地下水的水文和生物地球化学损失的主要控制因素。在田块尺度上，径流产生的一级水文控制包括降水强度、水力导度下降的数量和深度以及可排水孔隙度，因为这些特性影响土壤蓄水功能。然而，在许多土壤中水和溶质通过优先流路径流动，如裂隙和大孔隙。在许多系统中，优先流已被证明会影响水的来源、年龄和时间、C 和 N 的损失，这对生物地球化学反应、滞留时间和到下游生态系统的路径具有重要意义（Burns and Kendall，2002）。

目前对土壤溶液的生物地球化学控制的多数理解来自长期添加阴离子的森林中 N 运输和保留的控制的研究，如酸雨中的 S 和 N。关于土壤溶液 N 损失和对 N 添加的敏感性的变化也已有许多研究。总体上，气候、扰动、土地利用历史、无机 N 输入及其相互作用（Aber et al.，2002）被认为可以解释土壤对 NO_3^- 溶液损失影响。对土壤溶液损失的生物地球化学控制包括通过凋落物输入（Gunderson et al.，2006）、养分状况（Stoddard，1994）以及物种组成/森林类型（Lovett et al.，2002）。特别是，森林土壤底层 C/N 以及矿化和硝化阈值的差异可以解释土壤溶液硝态氮的流失（图 6-6）。这一结果再次说明岩屑中最初的 N 含量通过生理作用影响在土壤、地下水和河流中的运输。对 DOC 动态和溶质损失的控制更为复杂（Kalbitz et al.，2000）。在土壤中，分解者群落的相互作用、凋落物的数量和质量以及 SOM 被认为是对 DOC 可用性的主要生物控制因素（Kalbitz et al.，2000）。解吸、吸附、交换反应以及与 pH 和离子强度相互作用，控制 DOC 的土壤溶液化学反应，但对 DON 溶液通量的控制仍不清楚。

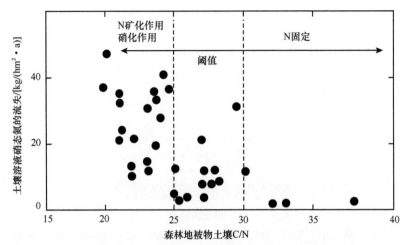

图6-6 北美和欧洲35个站点土壤溶液 NO$_3^-$流失 [kg/(hm^2·a)] 与森林地被物土壤 C/N 的关系，表明 N 的固定和矿化以及随后的硝化作用的阈值（Gunderson et al.，2006）

土壤耦合循环已取得一些进展，但在水、C 和 N 的跨尺度耦合方面的研究还存在不足。理解土壤水分和土壤溶液通量对集水区 C 和水滞留时间的影响及其对地下水、河流和大气的反馈仍具有挑战性，因为在异质土壤中连接水、C 和 N 循环的时空变化的问题还未解决，未来需要更多的研究来了解土壤滞水特性如何与生物地球化学过程相互作用，以调节集水区功能，如水、N、C 的储存和损失。此外，还需要更多的研究来了解山坡性质，包括地形和其他下边界条件，如基岩断裂，生物介导的还原–氧化反应和风化过程的影响。

3. 集水区–流域尺度

集水区（1～10^4 hm^2）与流域尺度主要的生物地球化学循环关注 C 和 N 物质交换及其生物地球化学过程导致其在河流–流域输移过程的动力学机制（高扬和于贵瑞，2020）。

集水区内的水文和生物地球化学耦合是基于假设，即离开特定集水区的化学成分代表了沿水流的流动路径发生的生物和非生物过程综合的指标（图6-7）。Bormann 和 Likens

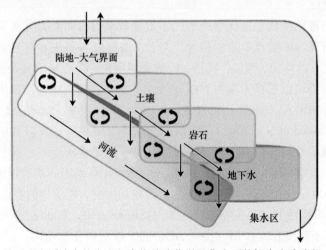

图6-7 连接土壤、地下水和溪流中的水文与生物地球化学及集水区的概念水流路径（Lohse et al.，2009）

（1967）假设流域的植被和河流的排水是在功能上不可分割的单元，二者之间生物相互作用的信息有重要意义。

许多早期的研究将集水区生态系统视为一个黑箱，输入和输出之间的差异用来评估土地覆盖变化的影响。在这些研究中，去除植被通常会增加河流流量，并提高无机 N 浓度。即使排除植被因素，N 浓度仍然升高，但如果使植被再生，N 浓度会迅速下降。对水和 N 的研究逐渐扩展到 DOC、养分和产酸溶质等溶解的溶质（Gorham et al.，1979）。当前主要利用特定的同位素或地球化学示踪剂来推断产生水流的滞留时间和流动路径。

地表水水化学综合反映了景观上的生物和非生物过程，水在集水区的停留时间控制着陆地生物循环和元素再循环的时间长度，水流路径对潜在溶质（如风化产物）有显著影响。集水区尺度的水文生物地球化学研究的扩展源于大气沉积的酸性阴离子的识别，初级 N 和 S 化合物降低了欧洲和北美洲地表水的 pH（Galloway，2001）。由于 N 和 S 通过土壤和植被中的生物进行循环，以及水通过在集水区的运移将酸化的溶质输送到地表水中，需要将水文土壤和生物过程结合解决这一问题。从许多集水区实验中普遍发现，表层土壤中的碱性阳离子的矿物风化缓冲了酸性阴离子沉积和产生的有机酸（Driscoll et al.，2001）。

大气氮沉降为许多陆地生态系统提供了自然施肥，导致 N 饱和和 N 输入超过生物需求。相关研究普遍发现，溪流中 NO_3^- 输出的时间和多少与山地生态系统中对 N 的生物需求模式密切相关，而植物 N 的需求与地表水的长期趋势以及与单个土壤冲刷事件的变化相关的土壤微生物过程有关（Brooks et al.，1999）。已有研究长期分析了土壤溶液中的 C 和 N 以及哈巴德布鲁克（Hubbard Brook）溪流的 N 输出与路径变化的联系，从垂直流路径变为水平流动，在非生长季和密集降水事件期间将土壤有机层冲入河流（Dittman et al.，2007）。这些发现再次强调了集水区的水文路径对水流中水化学响应的重要性。

陆地 DOM 输出到溪流生态系统和陆地 C 平衡的研究促使了类似的研究来描述水源集水区 DOM 的大小、来源和循环。研究集中在两种互补的方法上，一种方法描述了景观特征，并将这些特征与水流相关联；另一种方法侧重于溪流中 DOM 的时间动态。景观研究表明，溪流中 DOM 浓度与集水区土壤有机碳库或通过土壤碳含量高的湿地系统流动路径密切相关（Hope et al.，1994）。时间动态研究表明，DOM 经常表现出冲刷响应，其特征是 DOM 浓度在水文过程线上的上升高于下降部分（Boyer et al.，2000）。这些研究共同强调了两个重要的观点：①水文流动路径影响 DOC 的来源和滞留时间；②沿水文流动路径移动的 DOM 的数量取决于底物的可用性和该 DOM 转化成可移动形式的生物过程。DOM 的分光光度分析进一步表明，陆地有机质在暴雨事件中被迅速运输到地表水中（McKnight et al.，1997）。同时，定量水文调查表明，河岸系统是被上坡水冲刷的陆地 DOM 产生的热点区域（Bishop et al.，2004）。田块尺度研究表明，径流事件中冲刷的 DOM 的迁移量与发生径流前有机质含量和土壤异养活动有关（Brooks et al.，1999）。但很少有研究评估土壤中 DOM 产生与向地表水的水文迁移同时进行的控制。

随着以集水区为基础的研究的开展，水文学家和生物地球化学家都集中调查集水区黑箱内部的响应，以确定在集水区出口观测到溶质反应的发生时间和位置。许多工具和技术有助于完善水文路径、滞留时间和生物介导反应的认识。端元混合分析（endmember mixture analysis，EMMA）已被用来确定不同水源对河流流量和随时间变化的数量和相对贡献。EMMA 的优点是提供了水源对河流的相对贡献，进而这些贡献可以用来比较即使没有排放的情况下集水区的响应。另外，它可以推断水的来源，从而推断改变碳和氮的生物地球化学最有可能发生的位置。例如，Mulholland 和 Hill（1997）利用水源水化学指纹图谱技术确定来自集水区的营养物质，可能是水通过河岸和/或河流潜流带，其沿着集水区的流动路径被改变。同样，NO_3^- 中氮和氧分子的独特同位素组成已经被用来确定溪流水中 NO_3^- 是否来自大气沉积、肥料或矿化有机物（Lohse et al.，2009）。McKnight 等（2001）开发了一种简单的分光光度方法来确定陆地和水的有机碳对溪流与湖泊中 DOM 的相对贡献。已有的研究集中在地表水的水化学和同位素组成来确定水文和生物过程在何时何地主导河流水文生物地球化学中观测到的模式。

在集水区和流域尺度的水文土壤过程对生物地球化学过程的影响方面仍存在许多研究的不足，还缺乏预测集水区和流域水文和功能的多尺度框架。为了解决概念上的不足，McDonnell 等（2007）主张建立一个关于集水区水文滞留时间、水流路径分布和功能的分类系统，进而可以预测跨尺度的水文模式。集水区和流域尺度的水文规律的确定将加强耦合生物地球化学的理论和预测，去除对特定站点和集水区详细水文特征的需要。这些尺度规律提供了一种基于示踪剂的现场和建模技术与面向过程的水文模型耦合的途径，以获取水流路径分布和水滞留时间，以便水相和化学图谱的一致分离（Kirchner，2003）。这些进步将促进水文和生物地球化学模型耦合的能力。

4. 区域尺度

区域尺度的生物地球化学循环关注 C、N 和 H_2O 耦合循环动态过程发生在元素间的相互作用。区域 C、N 和 H_2O 耦合循环由若干流域子系统组成的物质与能量的流动，是通过水、气体和气溶胶通量进行的物理连接，强调垂直–水平的耦合过程（高扬和于贵瑞，2020）。其中，陆地表面和大气之间的界面是物质、质量和动量强烈交换的边界，受到植被表面性质和过程的强烈调节。植物功能性状作为联系植物生理适应和环境因子间的桥梁，在解释植物资源吸收利用与生存策略、群落构建机制、生活史策略以及植物如何动态控制陆地–表面大气的交换等方面被广泛应用。不饱和与饱和地下之间的界面是地下水系统的上边界，地下水的下限随空间位置而变化，通常深度延伸数千米并且盐度不断增加。水的补给速率、地下水流路径的深度和长度，以及反应物的供应对区域关键的生物地球化学循环和功能具有重要影响。

1）大气沉降

大气沉降是物质从大气迁移到地表的过程，是陆地–大气界面碳氮元素生物地球化学循环中的重要环节和进入生态系统的碳氮元素重要来源。传统上大气沉降分为干沉降、湿沉降，介于两者之间的沉降状态，如以雾、霜、露水等形式的沉降常被人为忽略，特别是一些高海拔森林地区云雾沉降也十分显著（常运华等，2012）。湿沉降通常被认为是湿润地区沉降的主要途径，干旱–半干旱区主要是干沉降。湿沉降可以通过降水直接测量，干沉降的测量更具挑战性（Wesely and Hicks，2000）。干沉降包括微量气体和气溶胶颗粒的动态交换与微粒的重力沉降，除大颗粒外，其沉降速度超过湍流速度（Hicks，1986）。测定大气氮元素干沉降通量的基本原理是分析气溶胶或气体浓度并结合微气象学方法计算。

碳循环会与其他元素的生物地球化学循环相耦合，如大气中的氮、硫耦合循环改变区域沉降，反之又影响流域、河流到河口和海洋环境的氮输出（Gao et al.，2018）。氮沉降在缺氮区域可能是植物生长的主要氮源，如大气氮沉降与矿化氮具有较好相关性（Rowe et al.，2012）。氮沉降对陆地碳源汇具有不同的影响，有研究认为氮沉降促进植物对大气 CO_2 的吸收和同化，增加陆地生态系统碳汇（Magnani et al.，2007），但也有观点认为氮沉降促进土壤中的碳释放，这与土壤的氮饱和状态有关（高扬和于贵瑞，2020）。下垫面特征，如粗糙度、黏性、湿度和大气稳定性，控制了沉降速率。因此，由于土地利用变化、植物入侵、火灾和植被顶梢枯死，空气中污染物来源、气候和陆地表面性质的任何变化都很可能改变沉降速率。氮沉降速率、沉降持续时间、氮输入形式、生态化学计量内稳性和非生物环境条件共同决定了生态响应的性质与程度。关于干湿沉降中有机碳和氮沉积速率的信息较少。了解气候、陆地表面性质和大气物质来源的变化如何改变大气沉降以及碳和氮的质量平衡仍然是具有挑战性的研究领域（Wesely and Hicks，2000）。

2）生态系统尺度上植物介导的物质和能量交换

在生态系统尺度上的光合作用为 GPP，随光照、温度和氮供应的变化表现出日变化和季节变化。物种组成是生态系统结构与功能的主要驱动因子，其生物形态性状多样性等是生物地球化学循环和生态系统功能的核心组成（Violle et al.，2014）。可利用水限制了地上净初级生产力（above-ground net primary productivity，ANPP），并依赖与植物结构相关的代谢过程（Enquist et al.，2007）。但研究表明，生态系统的 ANPP 对降水的年际变化的响应不同（Knapp and Smith，2001）；草原和森林等高生产力系统对于气候变化驱动的沉降动力学敏感度较小，这可能限制了 ANPP 对不同生物群落中降水变化的响应，而不是单个物种的水分利用属性（Shaw et al.，2002）。与这些实证研究相一致的是，理论研究表明水对氮输入、转换和输出的控制，与 NPP 紧密耦合，特别是 Schimel 等（1997）确定了四个主要的生态系统特征可以作为耦合的主要控制因素：①水对氮输入和输出的控制；②NPP 控制氮通量和在有机物中的积累；③氮对氮排放和 NPP 可用性的反馈；④水对 NPP 的控制，氮循环和水与营养限制对 NPP 的反馈。这些控制为理解陆地表面和土壤之间的关键耦合提供了框架。

尽管确定陆地–大气界面上的关键水文和生物地球化学耦合方面的研究已取得了进展，但将这些不同尺度的循环联系起来仍然存在挑战。水文建模研究表明，土壤水分、温度、氮含量和植物吸收的短时间尺度变化需要在模型中进一步考虑，因为大量的土壤水分、氮微量气体和硝酸盐（NO_3^-）溶液的变化发生在几天到几周的时间尺度上（D'Odorico et al.，2003）。因此，需要准确表示日尺度上控制氮循环的水文机制，以捕捉土壤水分变化对土壤溶质运移的影响，并可能影响地下水和河流。理解蒸发和蒸腾作用的分割也至关重要，因为这种分配的变化可能会影响土壤水分和土壤溶质向地下水和河流的运移。

3）水的补给率

水补给将碳、氮等溶质和微生物从浅层土壤及表面环境输送到地下水系统。水在高速条件下的平流，如裂隙流，以及在低速系统中的扩散，如黏土限制层，主导运输过程。多项研究表明，由于气候变化、城镇化和灌溉等，在快速补给时期，地下水中的 NO_3^- 和 DOC 浓度增加（McMahon et al.，2004；Scanlon et al.，2007）。补给时间和土地利用强烈影响碳、氮向地下水的运输。集水区地下水的滞留时间通常在几十到几千年之间。施用化肥前水分补给的 NO_3^- 浓度较低，主要来自土壤有机氮（图 6-8）。研究学者观察到，由于"新"高浓度 NO_3^- 人为水与"旧"低浓度 NO_3^- 原始水的混合，在美国的多个含水层系统中，NO_3^- 的浓度随着深度和地下水年龄的增加而降低（McMahon et al.，2004）。地下水中没有 NO_3^- 的损失可能是由于没有考虑补给的时间，而不是反硝化作用。另外，当这些低浓度 NO_3^- 的"旧"地下水排放到地表水时，它们可以显著稀释河流和河岸的氮库浓度（Puckett et al.，2002）。

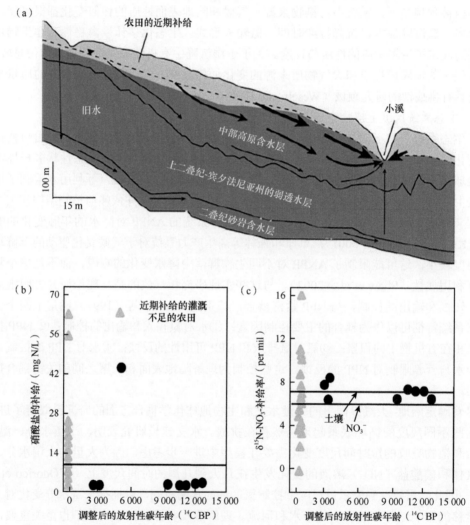

图 6-8　补给历史和流动路径对美国中西部一个农业地区地下水与地表水 NO_3^- 浓度的影响
（McMahon et al.，2004）

近期补给水（>0.5 氚单位，浅灰色）含有来自化肥的高浓度硝酸盐。大部分区域地下水在施肥前进行了回灌（深灰色的旧水），其 NO_3^- 浓度较低，主要来源于土壤氮。沿着与有机基质交互区域流动路径，较低 NO_3^- 浓度旧水的排放和农业 NO_3^- 源的反硝化作用可能会稀释地表水氮库浓度。1 mil=10^{-3} L

地下水系统通常位于根区以下，使微生物过程成为碳和氮生物地球化学循环的主要驱动因素。当微生物代谢 DOC 并产生 CO_2 时，DOC 转化为 DIC。同时，在没有 O_2 的情况下，DON 通过微生物代谢转化为 DIN。有机质呼吸产生的有机酸沿着地下水流动路径的矿物风化被消耗，产生 DIC。与土壤和地表水相比，地下水的 DIC 和 DIN 含量高，而 DOC 和 DON 含量低。

4）地下水流路径的深度和长度

地下水流路径的深度和长度强烈地控制 DOC 向 DIC 的转化和氮循环以及与地表系统的耦合。在局部的水流系统中，地下水与土壤水和河流密切联系，流动路径和滞留时间相对较短（<1 年）。对于氮循环，输送到地下水位的 DOC 和多颗粒有机碳是碳的主要来源。原位的 CO_2 可以与大气、土壤气体交换或排放到地表水中。局部地下水流系统中的碳和氮循环与土壤中的循环相似。

在区域水流系统中，低补给速率和长水流路径限制了 DOC 向深部含水层的运输，使含水层基质的总有机碳（total organic carbon，TOC）成为氮循环最重要的碳源。例如，TOC 的地下来源包括富有机质的黏土限制单元、泥炭/煤、黑页岩和碳氢化合物。因为含高 NO_3^- 浓度的地下水沿着离散的水流路径与富有机层接触（图 6-8），这些位置可以成为强烈的反硝化区域。此外，界面区域之间限制单元和相邻的含水层是微生物活性的热点区域，因为养分、电子供体/受体和有机酸通过扩散被运输到更具渗透性的层（反之亦然）（McMahon，2001）。通过氧化还原反应产生的 CO_2 可以在限流系统中较深处积累，沉淀碳酸盐胶结物，有效地在地质时间尺度上存储碳（Chapelle and Bradley，1996）。这些充满 CO_2 的水最终也可能沿着断层或裂隙排放到地表。

5）反应物的供应

有机物的数量和质量都可以控制地下水系统中的氮循环。McMahon 和 Chapelle（2008）评估了氧化还原条件下美国主要含水层系统中 NO_3^- 持续存在的区域模式，得出地下水中反硝化作用的能力与含水层系统中有机物的含量直接相关，且与区域地质有关。例如，北美洲中部五大湖冻土区的地下水中缺氧，含有低浓度的 NO_3^-，富含有机质的冰碛物覆盖表面使 SO_4^{2-} 减少。相比之下，美国西南和西北部的盆地与山脉的地下水含氧量高，由于 TOC 含量低可能含有高浓度的 NO_3^-，且滞留时间长。

在富含有机质的地下水系统中，TOC 的性质可能是微生物作用的主要控制因素。如果没有发酵微生物的帮助，TOC 中的复杂分子不易被氮还原细菌降解。发酵微生物会分解长链碳氢化合物产生简单的底物，其可作为氮还原的电子供体，如醋酸盐、甲酸盐和氢气。例如，在美国大西洋沿岸平原的白垩系米凳多夫（Middendorf）含水层，浅层非海洋沉积物中 TOC 被微生物活动显著降解（生物可利用性较低），而更深的海洋沉积物中含有大量不稳定的碳（Park et al.，2006）。

古老的有机物，如古生代富含有机质的页岩被认为是难降解物。但最近的研究表明，这些古生代页岩在沉积盆地的深处（达到 1 km 左右）保留了大量的发酵细菌和产生甲烷的古细菌群落（McIntosh et al.，2002）。美国东北部集水区地表水运输的 DOC 中一个重要组成部分来自古生代黑页岩的近地表风化物（Petsch et al.，2001）。除有机质呼吸外，其他氧化还原反应也可以在地下水的 NO_3^- 还原中发挥关键作用。

在地下水系统中碳和氮的生物地球化学循环的认识方面取得了重大进展，但仍存在许多认识的不足。重要的研究主题包括：①开发新的技术，利用天然和人工标记的同位素示踪剂；②微生物、地球化学和水文响应的原位研究以及尺度问题；③预测地下水系统对边界条件变化的响应（如由气候变化以及碳和氮的输入变化引起的补给率）。

NO_3^- 的氮同位素已被证明是对地下水系统中氮源的识别存在不确定性，除了在局部尺度上，地下水可以直接与特定的土地利用类型有关。主要问题可能是氮源的氮同位素值的重叠（如土壤氮和肥料）和氮的生物分馏，这可以改变 $^{15}N/^{14}N$ 的值。图 6-8 显示了一个农业区近期补给的 $\delta^{15}N$ 值与来自 SOM 的人为 NO_3^-。将 NO_3^- 氧同位素与 $\delta^{15}N$ 值耦合有助于限制氮源和反硝化的影响，但氮源的同位素组成变化很大，生物循环的混合可以极大地掩盖这些值。随着微生物把 NO_3^- 转化为 N_2，测量地下水中溶解的 N_2 与氩气比是另一种用于检测反硝化的方法（Bernot et al.，2003）。^{17}O 已被开发为大气 NO_3^- 输入到地下水系统中的示踪剂（Michalski et al.，2004）。

原位研究对于解决控制地下水系统中碳和氮循环与反应速率的物理、化学及生物过程是必不可少的。实地测量的碳和氮类型与化学参数（如 pH、溶解氧和 Fe^{2+}/Fe^{3+}、SO_4^{2-}）被广泛用于根据电子供体/受体的可用能量来划定含水层的氧化还原区。但 Park 等（2006）指出微生物的氧化还原反应要复杂得多，而且氧化还原带的定义也还不够明确。在美国大西洋沿海平原，不同官能团的微生物（即 SO_4^{2-} 和 Fe 还原剂）可以在整个含水层系统中共存，热力学能的可利用性和有机底物的存在并不会限制它们。但有机物初始发酵速率和含水层物质中局部硫化物矿物的存在更有可能控制氧化还原反应。此外，集水区尺度系统的可扩展性仍然限制了实验室微观和介观实验。

地下水系统瞬态变化及碳和氮循环对气候变化的响应需要通过观测和建模确定。过去的研究提供了重要的基准条件。我们还需要进一步研究冲积含水层的地表水储存情况以及这些冲积含水层对河流水文连通性的影响。

6.1.3 水文土壤特征对生物地球化学过程尺度转换研究的影响

点和剖面尺度主要的生物地球化学循环集中关注土壤–植被–大气的 C-N-H$_2$O 交换通量及其生物物理过程，以及坡面的碳和氮的水文（地表径流、壤中流和渗漏流）与形态转化过程；流域尺度关注碳和氮物质交换及其生物地球化学过程导致其在河流–流域输移过程的动力学机制；区域尺度则关注 C-N-H$_2$O 耦合循环动态过程发生在元素间的相互作用（高扬和于贵瑞，2020）。生物地球化学和水文土壤学在研究结果的转换方面具有挑战。由于土壤运输过程通常很缓慢，与经典的土壤物理研究类似，基于室内实验室和野外现场土壤样品的生物地球化学研究在理解土壤性质和生物地球化学过程之间的机制、因果关系方面取得了重要进展（Lin et al.，2012）。在没有强降水的情况下，平流传输量较小，生物地球化学循环的产物在再利用或吸附之前不会移动很远（Wagener et al.，1998）。实验证据也支持这一观点，溶解有机物的组成主要受交换反应控制而不是平流传输（Sanderman and

Amundson，2008）。溶质扩散限制了高水势下的微生物活性，而细胞脱水限制了低水势下的微生物活性（Stark and Firestone，1995）。但该领域的生物地球化学过程受到动态变量相互作用的控制。在自然条件下，一个自变量的相对重要性通常会作为许多其他自变量的函数而变化。例如，土壤含水量的较大变化（如从凋萎系数到田间持水量）在高温下的土壤呼吸可能会产生较大变化（>10℃），但在低温下几乎没有变化（<10℃）（Reichstein et al.，2003）。这种关系的数值表达式相对简单，但随着增加其他自变量，如有机质含量、矿物和土壤结构，复杂性迅速增加。在实验室中，这种复杂性通常会被忽略而识别选定的几个变量之间的相互作用。另外，野外实地研究并不能描述控制土壤生物地球化学过程的一整套生态系统特性。

1. 土壤结构破坏对尺度转换的影响

以小尺度的室内实验为基础的生物地球化学研究尝试确定土壤含水量与生物地球化学过程的关系，这些关系易于转移到田间，并在不同的土壤类型中保持一致。总体上认为，基质势难以测量，体积含水量容易测量，但基质势是不同土壤类型中相对生物地球化学过程速率的一个一致的指标，但体积含水率不是（Castellano et al.，2011）。因此，需要寻找易于和准确测量不同土壤中生物地球化学过程的含水量的替代测量方法（表 6-1）。

表 6-1　土壤含水量函数的常用指标

指标	定义	单位
体积含水量	θ_v=cm³ 水/cm³ 总土壤体积	比率
孔隙含水率（WFPS）	WFPS=θ_v/Φ=—$\theta_m \times \rho_d/(1-\rho_d/\rho_s)$	比率
相对土壤含水量（RSWC）	RSWC=$\theta_v/\theta_{\text{田间持水量}}$	比率
基质势	ψ_m	压强/Pa

注：Φ=总孔隙度（cm³ 孔隙/cm³ 总土壤体积）；θ_m=重量含水量（g 水/g 总土壤体积）；ψ_m=基质势；ρ_d=容重（g 土壤颗粒/cm³ 总土壤体积）；ρ_s=颗粒密度（g 土壤颗粒/cm³ 总土壤颗粒）；$\theta_{\text{田间持水量}}$=在田间持水量时的 θ_v；在土壤物理学中，WFPS 通常指饱和度。例如，数值生态系统模型通常假设碳矿化速率在田间持水量下最大，并随着其中之一所定义的土壤含水量的降低而下降。

资料来源：Franzluebbers（1999）；Reichstein 等（2003）；del Grosso 等（2005）；Castellano 等 2011；Farquharson 和 Baldock（2007）。

土壤结构的破坏可能是阻碍生物地球化学过程中有效水指标发展的最重要因素。与土壤物理研究类似，土壤结构在几乎所有的经典室内实验中都被破坏了，但这些实验为从室内实验室到野外实地的生物地球化学过程研究提供了基础（Fierer and Schimel，2003）。土壤结构破坏会改变水文性质、破坏团聚体和均质化土壤颗粒而无法将室内实验研究转移到野外实地（Lin et al.，2005）。由土壤结构破坏所产生的变化对于某些土壤类型、性质和过程可能并不重要。Franzluebbers（1999）发现在短期实验中土壤结构的破坏降低了氮矿化但增加了碳矿化，但这些影响在长期实验中并不明显。

从野外现场取样到室内实验，土壤结构的保持在生物地球化学研究中越来越受关注。土壤扰动作为一个自变量有助于分析土壤结构和团聚体动力学对有机质矿化的影响（Plante et al.，2006）。在生物地球化学研究中，未受干扰的土芯体积很少被讨论，但土壤物理学家经常明确地考虑未受干扰的土芯体积如何影响土壤过程。因此，开发了一个具有代表性的概念——表观单元体积（representative elementary volume，REV），确定未受干扰土芯的体积，以提供现场原位土壤过程的代表性特征（Bear，1972）。这对强水文控制生物地球化学过程是必需的，如 Bouma 和 Anderson（1973）发现饱和导水率随土芯体积的变化而变化。未受干扰的土芯体积是否影响碳和氮的矿化速率以及其他生物地球化学过程还不清楚。Lin 等（2005）提出，REV 应随着土体尺寸的增大而增加。土壤结构、水文和生物地球化学的实证与理论分析支持此观点——仅由砂粒或黏土而不是不同大小颗粒混合的土壤通常在水文和生物地球化学过程中具有较低的空间变化（Jarvis，2007）。然而没有一种含水量的测量可以衡量不同土壤结构中生物地球化学过程的相对速率，这些土壤结构包括质地、容重、有机质分布和孔隙体积分布。特别是，有两种特性阻碍了准确表征含水量和生物地球化学过程之间的关系。一是孔隙体积分布对基质势有很大的影响，即使在恒定的含水量和容重下。例如，较大的孔隙快速排水，而较小的团聚体内孔隙空间可以保持高含水量。这种情况将导致高度异质的含水量和扩散系数，有助于将 REV 概念转移到生物地球化学研究中（Lin et al.，2005）。二是溶解电子供体（大部分是有机碳）和受体的深度分布（图 6-4）。由于不同土壤中电子供体和受体的深度分布不同，确定水指标测量的标准深度可能不是标准化土壤中生物地球化学过程速率测量的有效技术。

2. 水文土壤特征对尺度转换的影响

土壤结构影响生物地球化学过程，但在生物地球化学研究中基本的土壤物理原理往往被简化，这使室内实验结果外推到大尺度和跨土壤类型时存在问题。水文土壤学和生物地球化学过程彼此分离的一个例子是广泛使用孔隙含水率（WFPS，表 6-1）作为土壤含水量对不同土壤类型的生物地球化学过程速率的相对影响（图 6-4）。WFPS 是为描述不同土壤类型的生物地球化学过程对水的可利用性和充气的相对响应而提出的概念。然而，土壤结构显著影响了 WFPS 和生物地球化学循环之间的关系，进而影响了这些关系的广泛适用性（图 6-9）。许多研究都已认识到 WFPS 的局限性（Farquharson and Baldock，2007），但有些人则认为 WFPS 是一个可靠和被广泛支持的生物地球化学过程的指标，可以取代基质势（Lohse et al.，2009）。

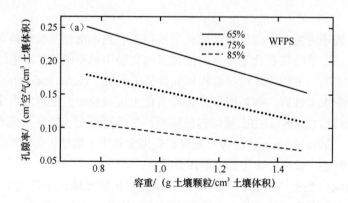

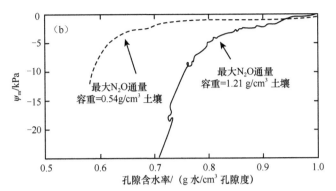

图6-9 （a）孔隙含水率（WFPS）、体积空气含量和容重之间的相互关系。这些数据通过在三种不同的WFPS（65%、75%和85%）下调节容重0.7～1.5 g土壤颗粒/cm³土壤体积，并求解空气填充孔隙率（表6-1中的WFPS方程）来模拟数据。在不同容重的土壤中，曝气与土壤的WFPS并不一致成比例（注意每条线的不同斜率）。（b）WFPS并不是基质势ψ_m的有效替代。箭头表示具有不同容重的两种土壤N₂O通量相对最大速率的位置（即瞬时通量速率除以单个土壤样品的最大通量速率）。N₂O通量的相对最大速率发生在相似的基质势下，但WFPS差异很大。数据是根据经验测量的两种容重差异很大的土壤的排水曲线（Castellano et al.，2011）

　　土壤物理原理表明，WFPS无法在不同土壤类型和管理情景中提供一致的水或氧气可用性的标量。WFPS是归一化的总孔隙率，描述了充满水和空气的孔隙的比例而不是体积（以土壤或单个孔隙为基础）（表6-1）。因此，WFPS与气体或溶质扩散率并不成正比，而溶质扩散率是影响生物地球化学过程速率的关键水文因素（Stark and Firestone，1995；Farquharson and Baldock，2007）。在相同的WFPS下，结构不同的土壤的气体和溶质扩散率以及基质势差异较大（图6-9）。土壤结构和质地通过影响孔隙大小分布（如大孔隙的丰度）及容重来调节WFPS与生物地球化学过程速率之间的关系。例如，如果在保持恒定WFPS的同时增加容重，单个充满水孔隙的体积会减小，基质势会减少（假设所有的孔隙都随着容重的增加和总孔隙率的降低而成比例地减小）。因此，随着容重的增加，较高WFPS时生物地球化学过程速率快（图6-4）。这是由于较多的孔隙在基于基质势的田间持水量下充满了水，生物地球化学过程速率通常在此时达到最大值（图6-9）（Reichstein et al.，2003；Castellano et al.，2011）。

　　已有研究表明，WFPS不能连续地描述未受干扰的土壤中的生物地球化学过程。有研究表明，最大N₂O通量发生在60%～70% WFPS（图6-4），或很大的WFPS范围内，并与土壤容重正相关（图6-10）。与WFPS相比，基质势和RSWC（Reichstein et al.，2003；Castellano et al.，2011）（表6-1）可能是量化不同土壤类型的最大生物地球化学过程速率更一致的标量（图6-9）。由于基质势描述了土壤水的势能，与植物和微生物吸收水所需的能量更具有一致性（Stark and Firestone，1995）。这种水可利用性将补充广泛使用的基于自由能产率的生物地球化学氧化还原反应的热力学表征。RSWC与基质势相似，因为它将含水量与田间持水量（土壤在重力排水后土壤保持水的能力）归一化（Reichstein et al.，2003）。田间持水量通常与相对较小的土壤基质势的范围有关（通常–50～–2.5 kPa）

（Cassel and Nielsen，1986），是测量深度和质地与结构等许多土壤特性的函数（Cassel and Nielsen，1986），其测量存在困难，但被广泛应用于生态系统科学。一些常用的生态系统模型（如 CENTURY），已使用 RSWC 准确地模拟了日碳和氮矿化、N_2O 通量等碳和氮循环（Reichstein et al.，2003；del Grosso et al.，2005）。但生态系统模型在生物地球化学循环的"热点时刻"中的发展较弱（Groffman et al.，2009）。进一步整合生物地球化学和水文土壤学有助于提高这一领域的建模能力。

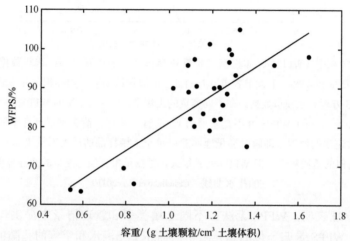

图 6-10　容重与孔隙含水率（WFPS）的关系，其中出现瞬时最大 N_2O 通量。数据汇总来自室内控制实验，测量 N_2O 通量作为未扰动土芯的 WFPS 函数（Ball et al.，2008；Beare et al.，2009）。样品代表了上部 10～15 cm 的土壤。实线表示容重与 WFPS 呈线性关系（$R^2=0.57$，$P<0.01$，$n=29$）。虽然 WFPS 的测量值不能超过 100%，但由于测量误差，这些报告中的一些 WFPS 的测量值 >100%

6.1.4　水文土壤学与生物地球化学的整合研究

水文土壤学可以将生态学和水文学的观点结合起来，把土壤结构、流动路径和水文之间的关系纳入碳氮的运移与转化的评价中。生态学在描述基于土壤氮转化机制的研究方面取得了重大进展，水文研究则在了解水源和水流路径对生态系统 NO_3^-、DON 和 DOC 通量的影响方面取得了重大进展。

水流路径通过引导水流流过具有不同反应物可用性的区域来影响生物地球化学循环。例如，根据溶质浓度和每个源区对流域总排放量的贡献比例，变源面积（VSAs）（如包气带与地下水）可以导致 NO_3^-、DON 和 DOC 的输出差异（Inamdar et al.，2004）。在暴雨中和年时间尺度上，DOC/DON 浓度与 NO_3^- 浓度呈负相关关系（Inamdar et al.，2004；Dittman et al.，2007）。这与个体 VSAs 不同浓度的 DOC/DON 和 NO_3^- 对流域总流量的相对贡献有关（Vitousek et al.，2002）（图 6-11）。

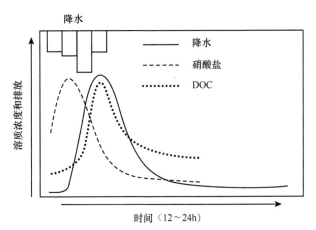

图 6-11　在强降水事件中发生的两种常见生物地球化学模式

①溶质浓度和负荷的大量增加；②峰值硝酸盐（NO_3^-）通量在峰值 DOC 通量之前。图改编自 Inamdar 等（2004）。对这些模式的水文解释包括从营养丰富的土壤表面中淋洗的 DOC 和 NO_3^-，以及变源面积对排放的贡献。对这些模式的生物地球化学和生态系统生态学的解释包括 NO_3^- 固定的碳和氮化学计量学

　　水流路径还通过影响流速、电子供体和受体的相互作用来引起溶质输出的差异（Shipitalo et al.，1990）。在基流中经常观察到低输出的 DON、DOC 和 NO_3^-，而与强降水事件中的高输出形成对比。由于在强降水期间，总排水量和浓度都在升高，这些"热点时刻"的输出占每年溶质负荷的很大部分，这一过程称为"冲刷"（Hornberger et al.，1994）。这很大程度上归因于水文机制，快速将 NO_3^-、DON 和 DOC 从营养丰富的表层土壤运输到生物活性较低的深层土壤和地表水体（Dittman et al.，2007）。这些机制包括：①瞬时水位的上升和下降，NO_3^-、DON 和 DOC 从营养丰富的表层土壤迁移到地表水体；②快速流动路径的出现，NO_3^-、DON 和 DOC 从营养丰富的表层土壤垂直输入到生物活性较低的深层土壤，然后侧向沿下坡流动（Boyer et al.，1997）。

　　土壤水流路径还明显地影响生物地球化学循环的土壤微生境。土壤结构可以产生以土壤氮元素净矿化为主的微生境，其他附近的微生境以土壤氮元素净固定为主。这些土壤微生境被认为是整个土壤生物地球化学循环的重要控制因素（Schimel and Bennett，2004）。一些水流路径可以增强无机氮的固持率，另一些则可以促进无机氮运移到地下水和地表水。土壤水流路径可以分为许多类别以描述空间异质性和流量（如指流和漏斗流）。快速、非均匀的优先大孔隙流动路径和较慢的、相对均匀的土体基质流动路径是研究的重点，因为它们代表了可能对生物地球化学过程产生不同影响的区间端点。大孔隙和基质流动路径在一些重要的物理和化学性质上的不同可以影响氮的运移和转化。质地粗或大孔隙丰富的土壤可能产生快速流。快速流减少了接触时间，大孔隙的低表面积与体积比可以使水和溶质从营养丰富的表层土壤移动到生物活性较低的深层土壤和地表水体（McGuire and McDonnell，2006；Dittman et al.，2007）。溶质和土壤颗粒表面之间的快速流和短接触时间可能通过超过无机氮的固定动力来抑制无机氮的保留，从而使大孔隙作为无机氮运输的通道（Muller，2004）。这一过程在河流系统中占主导地位，快速流路径通常会减少氮循环和无机氮保留（Craig et al.，2008）。

水流路径对氮运移的影响目前还没有明确的共识。例如，相对于土体基质，大孔隙已被证明可以减少或加剧无机氮的运移。大孔隙可以通过至少两种非排他性的机制来减少无机氮的运移。首先，大孔隙的总有机碳、C/N、微生物生物量和 O_2 水平通常高于土体基质。大孔隙中的高 O_2 水平可以促进硝化作用，并相对于土体基质提高 NO_3^- 水平（Vinther et al.，1999）。此外，通过大孔隙运移的 DOC 往往比通过土体基质的腐殖质更多（Sanderman and Amundson，2008）。这些特性通过基于碳的生物和非生物机制促进反硝化与氮固持，将大孔隙确定为生物地球化学循环的潜在"热点区域"（Bundt et al.，2001）。其次，大孔隙可能与土体基质从水文上分离，由于较低的 C/N，土壤氮元素净矿化量更有可能增加（Asano et al.，2006）。因此，大孔隙运移无机氮相对较低的土壤水，可能比土体基质水更接近于降水。然而，由于难以原位分离优先的大孔隙和基质流，对于水流路径如何与环境条件和管理情景相互作用以影响生物地球化学尚不清楚。

生物地球化学过程中不明确的流动路径控制作用还受动态的农业实践和环境条件所干扰。农业活动可以增加大孔隙和大气之间的联系，促进相对不改变的降水运移至地下（Larsson and Jarvis，1999）。当在土壤表面播撒肥料时可以通过大孔隙的运输增加无机氮。在森林中，有机质表层中降水与土壤水的混合可以增加大孔隙流的溶解氮和碳（Feyen et al.，1999）。流动路径对生物地球化学循环和运移的影响也会受到前期降水模式和土壤含水量的影响（Shipitalo et al.，1990）。

水文土壤学与生物地球化学相互作用与养分物质的运移和转化紧密相关。相关研究正在不断发展，以了解土壤结构背景下的流速、物质运移过程和生物地球化学转化之间的相互作用。这些相互作用对于预测和管理强降水对生物地球化学运移与转化的影响至关重要。强降水事件代表了水文土壤学和生物地球化学的耦合分析在该领域最易于处理的时间，并适用于科学理论的发展，如生态系统氮固持和溶质冲刷。尽管强降水事件持续时间很短，但它们不成比例地驱动了大量的生物地球化学运移和转化（McClain et al.，2003）。这些过程可能会产生重大的环境影响，包括水污染和温室气体排放。此外，气候模型表明强降水的频率正在增加。降水和温度模式的变化可能是陆地生态系统对气候变化反馈最重要的驱动因素，而生物地球化学和水文土壤学之间的相互作用可以调节这些反馈（Field et al.，2007）。因此，需要迫切推进水文土壤学和生物地球化学的进一步耦合，以了解生态系统过程，并提高预测新的管理模式和未来气候对生态系统结构与动态特征的影响的能力。

6.2 水文土壤学在生态水文过程研究中的应用

生态水文学和水文土壤学是陆地表层过程研究中两个相互联系的新兴交叉科学领域。虽然关于生态水文学的定义仍有一些争论，但大多数人都认同生态水文学的研究目标是揭示生态格局和过程的水文机制（Rodriguez-Iturbe，2000）。另外，水文土壤学研究不同时空尺度水文与土壤的相互作用过程，以及跨尺度的景观–土壤–水文关系。生态水文学和水文土壤学的跨学科耦合，可以加强地上和地下过程之间的联系（Li et al.，2009；Lin，2010a）。地上和地下的生态系统往往可以相互驱动，然而传统上常把地上和地下部分分开研究

（Wardle et al.，2004）。生态水文学和水文土壤学相结合可以加强对地上–地下关系的理解，但它们之间的联系仍然缺乏一个整体性认识框架。特别是在干旱和半干旱环境中，水资源由于其稀缺性、间歇性和不可预测性是一种关键的限制性资源（Porporato and Rodriguez-Iturbe，2002）。在旱地生态系统中，全年或部分时间降水量小于潜在蒸散发量，并且出现永久性或季节性土壤水分亏缺的情况（D'Odorico and Porporato，2006）。旱地生态系统总体上是受水分限制的，水的输入很少，不连续，而且很大程度上不可预测。

本小节讨论不同时空尺度下、水分限制生态系统中、生态水文学与水文土壤学间的关键联系，强调土地退化和恢复过程中土壤与植被的协同演化，试图揭示生态水文学与水文土壤学之间跨时间尺度的联系。

6.2.1 微观尺度下土壤孔隙水与植物气孔蒸腾的联系

水分在土壤–植物–大气系统中的运动涉及土壤孔隙网络、土壤–根系界面、木质部运输网络与叶片气孔之间的复杂过程和相互作用［图 6-12（a）］。土壤孔隙和土壤颗粒的空间排列影响土壤中的能量与物质流动。一般来说，水分是按照势能梯度从土壤孔隙流向植物根系。水分通过不均匀的根膜进入根系系统，再通过木质部内的复杂网络流动，在叶片内经历相变，最后通过叶片气孔以水蒸气的形式排放到大气中（Katul et al.，2007）［图 6-12（b）］。随后水蒸气通过湍流漩涡从树冠内部输送到自由大气。这些漩涡输送的能量大小部分取决于冠层属性（如叶面积和高度）、大气驱动以及植被和景观的异质性之间的复杂相互作用（Katul and Novick，2009）。水分是植物、土壤和大气之间的纽带。水分和气体在小尺度的多孔介质中的运动过程从物理或流体力学的角度得到了很好的研究（Jury，1999）。然而，我们对它们与生态系统的动态界面过程仍然知之甚少。界面处的通量（如根–土壤和植物–大气界面）多数是由经验推断。已有研究主要关注在没有根和微生物影响水的运动和化学运输研究（Hopmans and Bristow，2002）。因此，生态水文学和水文土壤学的耦合研究可以揭示地下土壤–根系相互作用与地上植物–大气界面之间的联系。

目前普遍认为，植物通过气孔对水压的反应和/或通过对脱落酸激素的生理反应来调节蒸腾作用（Siqueira et al.，2008）。在受水分限制的生态系统中，水分亏缺会导致气孔密度增加和气孔缩小（Spence et al.，1986；Martinez et al.，2007）。水力提升（也称水力再分配）是指通过根系的作用将水分从湿润的区域输送到干燥的土壤区域，这促进了水分在 SPAC 中的流动，并延迟了植物水分胁迫（Brooks et al.，2002；Amenu and Kumar，2008）。具有浅根和深根区的土壤与植物的垂直水势梯度是发生水力提升的先决条件（Scholz et al.，2010）。水力提升的作用已在灌木、草和树木，以及温带、热带和沙漠生态系统的研究中报道过（Caldwell et al.，1998）。Scholz 等（2010）在巴西大草原（Cerrado）的研究发现，草本植物的水力提升对土壤蓄水量的日恢复贡献了 98%，木本植物则贡献了剩余的 2%，这是由于草本植物在上层土壤中有丰富的细根。在旱季高峰期，水力提升贡献了巴西热带草原生态系统 23% 的蒸散量，这表明水力提升对水经济性和其他生态系统过程有很大影响（Scholz et al.，2010）。尽管人们已经认识到水力提升对干旱生态系统的重要性，但人们对

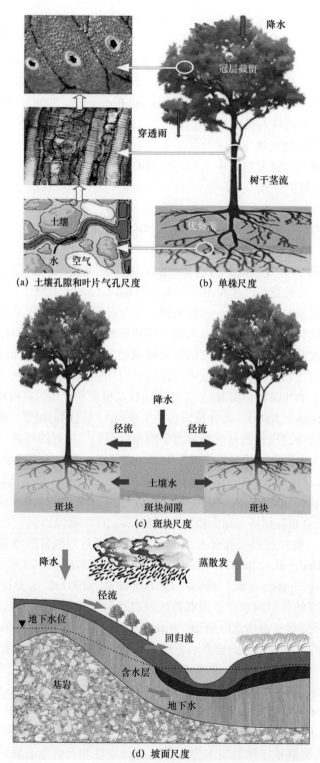

(a) 土壤孔隙和叶片气孔尺度　　(b) 单株尺度

(c) 斑块尺度

(d) 坡面尺度

图 6-12　不同尺度下水分在土壤–植物–大气系统中的运动

于气孔、根系和土壤孔隙增强水力提升的基本协调机制的认识十分有限，并且在已有的根系吸水模型很少考虑水力提升（Siqueira et al.，2008）。这对生态水文学和水文土壤学的综合研究是一项挑战。

虽然本小节不讨论土壤–植物–大气系统水分的生态生理控制，但需要关注水分通过植物运输时受木质部结构和气孔调节的控制。例如，被子植物的扩散和环状多孔木质部的水通量比裸子植物的管胞系统高，部分原因是传导组织的直径更大，水力传导率更高（Milburn，1979；Woodward，1995；Tyree and Zimmermann，2002）。叶片表面的气孔是控制蒸腾作用失水的关键，如具有小叶和厚表皮蜡的硬叶植物比没有表皮蜡的植物能够更好地限制水分流失（Juniper and Jeffree，1983）。因此，水分限制型生态系统以根系深度、木质部结构和气孔调节达到最佳平衡的植物为主。

6.2.2　单株尺度下的冠层降水再分配和土壤优势流

植被冠层在垂直和水平方向上影响植物群落内部的水分空间分布。植被冠层对降水量的再分配通常包括三个部分 [图 6-12（b）]：①截留，保留在植被上，并在降水后或期间蒸发；②直接穿过或从树冠滴下到达地面的穿透雨；③树干茎流，通过部分树干或茎流到地面。冠层截留通常阻止水分到达地表，但穿透雨会影响地表土壤的水分分布（包括数量和质量），而树干茎流可以通过将水迅速输送到植物底部来改变水的垂直分布，它可以快速优先渗透到植物根部的深层土壤（Devitt and Smith，2002；Llorens and Domingo，2007）。

Li 等（2009）的研究表明，树干茎流使沙柳（*Sminthopsis psammophila*）和花棒（*Helianthemum scoparium*）的土壤水分入渗深度增加了 1.5～3.2 倍，土壤含水量增加 10%～140%。在干旱半干旱地区，各种灌木的树干茎流及其影响因素的资料普遍缺乏。关于树干茎流和穿透雨过程以及土壤中水分再分布的定量研究仍然很少。根据已发表的文献，总结了不同乔木、灌木和草地的截留率、穿透率和树干茎流率，年平均降水量为 117～570 mm 时，截留、穿透雨和树干茎流的平均值分别为总降水量的（26.9±18.7）%、（65.2±15.5）%和（11.5±11.9）%，草地的截留率 [（38.4±32.3）%] 高于乔木 [（23.6±14.9）%] 和灌木 [（24.8±12.9）%]，而截留率、穿透雨率和树干茎流率在乔木和灌木间无显著差异。树干茎流率的变异性（变异系数＞100%）比穿透雨率（变异系数＜30%）和截留率（变异系数＜60%）大得多。灌木的茎流率 [（12.1±12.4）%] 往往略高于乔木 [（10.3±11.6）%]。

Li 等（2009）证明了在单株尺度上，荒漠灌木的地上树干茎流和地下土壤优势流之间存在明显的联系。Johnson 和 Lehmann（2006）认为，植物冠层通过"双漏斗"将水分重新分配到根区 [图 6-12（b）]：①冠层首先将降水分为穿透雨和树干茎流使到达土壤的水分在空间上重新分布；②植物根系通过优势流将树干茎流输送到树木底部的深层土壤中。树干茎流通过优势流的深度渗透帮助植物抵御干旱，而茎流输送的营养物质增加了根际有效养分。Levia 和 Frost（2003）回顾了森林和农业生态系统中树干茎流的定量和定性研究，认为树干茎流是植物茎秆尺度上降水和溶质的空间尺度输入，并且具有重要水文和生态意义。在干旱和半干旱地区，灌木可以将更多的雨水集中到根部。灌木丛的漏斗比率（输送到树底部的降水量与没有树时应该到达地面的降水量之比）因灌木种类而异，柽柳（*Tamarix ramosissima*）为 25（Li X Y et al.，2008），沙柳为 49（Li et al.，2009），柠条锦鸡儿（*Caragana korshinskii*）为 154（Li X Y et al.，2008）。树干茎流导致土壤水分通量的空间异质性，水分在土壤中通过茎–根系统的流动往往以优势流的形式出现。Devitt 和 Smith（2002）指出，灌木根系形成的大孔隙可能是沙漠土壤水分向下运移的重要通道。Li 等（2009）证实了大多数树干茎流水分是优先迁移到土壤中的根通道，有利于水分在土壤剖面的深层集中和储存，为植物在干旱条件下生存提供了有利的土壤水分条件。

树干茎流的水文过程和沿根系的优势流密切相关，但缺少直接的集成模型。植物水分利用受植被类型、土壤储水量分布、根系和基岩深度、降水特征等多种因素的控制。因此，树干茎流对植物用水的影响程度和重要性有待进一步研究。需要长期（如连续年份）和广泛物种的综合观测来量化冠层、茎、根和土壤分配降水的时空变异性，从而提供过程建模所需的适当参数（Li，2011）。

地上和地下生物量分布格局是植物单株尺度上生态水文学与水文土壤学耦合研究的又一重要方面。Liang 等（1989）估算了科罗拉多州中北部五个植物群落的地上生物量（aboveground biomass，AGB）和地下生物量（belowground biomass，BGB）与水分利用效率，发现灌木地上生物量和地下生物量的比值大于草地；灌木的 AGB/BGB 为 0.2～0.39，而在草地和牧草地，这一比率仅为 0.04～0.1。植被类型决定了深层土壤水分的状态和垂直分布。例如，在长期栽培条件下，紫花苜蓿显著降低了土壤深层水分，甚至引起土壤干化；相比之下，能源作物具有较高土壤蓄水补偿潜力的同时维持高生物量（Cui et al.，2018）。这些研究表明，地上生物量和地下生物量的分布反映了植被类型、土壤质地及水分、降水之间相互作用与反馈，反之，又会影响土壤剖面中的分配状态，甚至可能影响土壤发育。灌木和草地的染色结果表明，灌木的根通常分布在较深的土层中，因此水分在灌木的渗透深度比草地更深。

6.2.3　斑块尺度下的植被格局及其对水分和土壤性质的影响

干旱和半干旱地区的植被常呈斑块状分布格局（Aguiar and Sala，1999）[图 6-12（c）]。这种斑块形状包括条带状、点状和"虎斑纹"状等，它们出现在非洲、亚洲、澳大利亚及北美的半干旱和干旱地区（Aguiar and Sala，1999；Rietkerk et al.，2004）。Ludwig 等（2005）发现这些植被斑块大小可以从小草丛（0.5～2 m²）到无脉相思树（*Acacia aneura*）丛林（100～1000 m²）不等。这种自组织植被斑块的一般机制是植物生长和土壤水分之间的正反馈（Rietkerk et al.，2004）。植被斑块和裸地在空间上形成水、沉积物与养分源汇关系，其中裸地作为"源"，植被作为水和养分汇集区（Reynolds et al.，1999；Wilcox et al.，2004）。Ludwig 等（2005）将植被斑块和裸地斑块间的生态水文与水文土壤相互作用归因于以下几个方面：①植被斑块阻碍径流并储存径流 [图 6-12（c）]；②径流增强植物的脉冲式生长；③植被斑块增强土壤渗透性。因此，植被斑块的特点是蓄水量更大，土壤有机碳增加，养分含量高，土壤生物活性更大，净初级生产力更高（Puigdefábregas，2005），从而形成"肥力岛"(Schlesinger and Pilmanis，1998)、"资源岛"(Reynolds et al.，1999)和"水分岛"(Rango et al.，2006)。Dunkerley（2000）表明灌木斑块内的聚水量至少比斑块间隙大10%。Galle 等（2001）估计澳大利亚的无脉相思树的降水集中系数（rainfall concentration factor，植被 斑块的渗透量与降水量的比值）约为1.4，墨西哥和尼日尔的"虎斑纹"状斑块为2～4。 植被斑块下的入渗速度提高是由于土壤团聚体、生物活动相关的大孔隙（如干旱地区的白 蚁、蚂蚁和蚯蚓活动）和植被根系的存在（Ludwig et al.，2005）。Howes 和 Abrahams（2003） 通过模型模拟研究表明，相邻斑块径流入渗平均占灌木下总入渗量的3%～20%。Newman 等（2010）指出，与斑块间隙相比，植被斑块具有更大的蒸腾速率和更低的蒸发蒸腾比。 Li X J 等（2008）表明中国腾格里沙漠中的一个点状灌木斑块可以截留55%的地表径流， 75%以上的沉积物、63%的土壤碳、74%的土壤氮和45%～73%的溶解养分被输送到灌木 斑块。Bisigato 等（2009）回顾了在 Monte 沙漠地区，植被斑块的土壤有机质含量是相邻 斑块上土壤有机质的1.23～3.70倍，土壤氮的1.25～5.00倍，土壤磷的1.10～1.66倍。对 于植物斑块下养分聚集机制，主要是由于原位死亡的植物根系和凋落物，大风带来的外来 土壤有机物，雨水冲刷沉积在树冠上的灰尘和营养物，以及在斑块间隙的侵蚀造成的养分。 然而，这些机制的相对重要性尚未得到充分评估（Bisigato et al.，2009）。

植被区的优先流和土壤水分再分布被认为是影响干旱地区斑块状植被格局建立和维 持的两个主要过程（Rietkerk et al.，2004；Ursino，2009）。这表明干旱区的生态水文学和 水文土壤学通过有效土壤水分强烈耦合，而土壤水分在影响植被结构和生态系统服务的过 程中起着重要的调节和控制作用。土壤水分在根区局部积累，影响根系生长和地上生物量 （Ursino，2009）。一方面，土壤水分的空间分布取决于土壤性质、植物生理特征以及降水 的季节性和日变化（de Michele et al.，2008）；另一方面，土壤水分控制着养分的移动、植 物根系的生长以及微生物种群活动（Young et al.，2010）。现有土壤与植物生长关系的研究 侧重于肥力和营养探究或植物对资源分配的反馈，很少系统地研究土壤水分的空间格局如 何影响山坡尺度上的植物蒸腾模式。因此，未来的研究需要采用更全面的方法，重点关注 资源库动态、分配过程和反馈机制之间的联系（Young et al.，2010）。

6.2.4 山坡和集水区的地表和地下径流

山坡是水文景观的基本单元，具有地形、岩性、土壤、土地利用和植被的非均质性。 因此，山坡上的产流在空间和时间上是高度可变和复杂的。长期以来，土壤和植物的作用 被认为是山坡和集水区降水径流过程的关键因素 [图 6-12（d）]。因此，生态水文学和水文 土壤学在加强对降水径流过程的理解和预测方面都具有重要的潜力。

传统的地表产流通常基于超渗产流或经典霍顿产流概念（Horton，1933a，1933b），其 中地表径流是降水强度超过土壤表面入渗能力的结果。这种地表径流在干旱和半干旱地 区更为常见，在这些地区降水强度通常较高，土壤渗透能力因表面密封而降低（Yair and Lavee，1985）。另一种产流模式是变源面径流（Hewlett and Hibbert，1967），在靠近溪流 或地形洼地区域产生蓄满产流。因此，土壤特性及其空间分布，以及与地形、土地利用、植被群落和水文循环的其他组成部分（除降水外）的相互作用变得非常重要（Lin et al.，2008）。

  在集水区尺度上，各种水（如土壤水、地下水和溪水）以复杂的非线性方式相互作用（Peters and Havstad，2006）。从降水到溪流的运移路径通常包括地表和地下径流的组合（Brooks et al.，1991），其中许多与生物因素有关，如前文所述，包括树冠、茎和根的影响。干旱区集水区从地表到溪流的水流运动通常使用平动流（translatory flow）的概念来描述，该概念假定降水进入土壤的水将取代先前存在的"旧"水，将其推入更深土壤，最终流入河流（Horton and Hawkins，1965）。土壤通常被认为是一个巨大的海绵吸收降水，并随着时间的推移慢慢释放到溪流中（Phillips，2010）。然而，Brooks等（2010）的一项研究发现，占据土壤孔隙空间并被树木利用的水并不参与平动流，假设土壤水被分为流动水（最终进入河流）和植物使用的结合水的两个水世界。这项工作将挑战平流的假设以及植物和溪流使用同一个水源的观点。为了更好地理解土壤水和地下水对洪水径流的快速贡献的触发机制，Uhlenbrook（2006）认为需要更好地观测和量化以下内容：①水体和水流路径在景观中的连通性作用；②基岩地形的作用；③基岩渗透性；④土壤的储存渗透特性，包括水流动、不流动部分和停留时间；⑤土壤和地下水中的波传播（波速、速度）与实际流速的关系。

  地下暴雨径流是另一种产流机制，在大多数山地地形中发生，特别是在湿润地区和陡峭地形中具有导水性的土壤或具有滞水层的土壤。虽然一些研究将地下暴雨径流记录为包气带中的非饱和流，但大多数研究表明，地下暴雨径流是饱和或接近饱和的。这是由于地下水位上升到渗透性更强的土壤中，或是在滞水层、土壤–基岩界面上方的瞬时饱和，或渗透性降低的区域（如脆磐层、黏土层和土壤剖面中的其他致密层）（Lin et al.，2008）。

  近年来，越来越多的研究表明地下水流网络是理解降水径流过程（包括阈值行为）的关键，而水流路径通常决定生物地球化学过程的关键点和时刻（Lin et al.，2008）。McClain等（2003）发现了反硝化作用的热点随着尺度的变化而变化，土柱尺度（1 m）、土链尺度上的地形凹陷（10 m）、土壤–河流界面的高地地形序列（100 m），以及次流域尺度（10 000 m）的山地–湿地接触带。土壤和水文系统中网络结构的动态变化和自组织的循环模式是许多研究与模型开发的主题（Weiler and McDonnell，2007；Lin et al.，2008）。土壤中各种网络结构十分复杂但难以看见，如根分支网络、菌根真菌网络、动物搬运网络、岩石裂缝网络等（Lin，2010b）。土壤中的流动和运输网络是由土壤形成（主要是气候和生物）的驱动作用所导致的。湿润和干燥、冷冻和解冻、收缩和膨胀的循环，再加上有机质的积累和分解、生物活动和化学反应，导致在地下形成不同的土壤团聚体和孔隙网络结构（Lin，2010b）。一些研究表明，河流树枝状结构和地下优势流网络之间可能存在相似性（Deurer et al.，2003）。在地上，树枝、叶片结构和植被空间分布也表现出相似的网络结构，这表明地表植被和地表水流网络似乎与地下根系及地下水流网络有着密切的联系。嵌入地表和地下镶嵌的水流网络需进一步研究，这将成为生态水文学与水文土壤学相结合的另一个具有启发性的课题。

6.2.5 不同时间尺度下的植被演变与土壤发育

土壤在植物群落的组成和演化中起着重要的作用。植物可以改变生长环境中土壤的生物和非生物特性，而土壤的这些特性也会影响植物行为（Bever，1994）。因此，植被与土壤的协同演化是生态水文学与水文土壤学耦合的基础。以下用沙丘固定、灌木入侵草原以及冻土退化背景下的草地退化三个例子来说明植被–土壤相互作用及其随时间的反馈作用。

一个典型的例子是腾格里沙漠东南缘沙坡头地区固定沙丘区的植被演化和土壤发育。自 1956 年以来，种植固沙植被（旱生植物和灌木）成功地固定了过去的流动沙丘，使包兰铁路得以运营。这期间固沙植被群落组成、结构和土壤性质发生了显著变化。大多数固沙植被在 20 年后开始退化，之后种植的原始木本物种逐渐被本地草本物种取代（Li et al.，2010）。最初的细枝羊柴–柠条锦鸡儿–黑沙蒿（*Corethrodendron scoparium-Caragana korshinskii-Artemisia ordosica*）的人工群落逐渐演变为黑沙蒿–柠条锦鸡儿–雾冰藜–小画眉草（*Artemisia ordosica-Caragana korshinskii-Bassia dasyphylla-Eragrostis poaeoides*）半自然群落（Xiao et al.，2009）。相应地，土壤类型从新成土演变为旱成土。在 0～20 cm 土层中，土壤平均粒径由＞0.2 mm 变为＜0.08 mm。人工栽植植被区风沙土剖面可分为结皮层、过渡层和原始流沙层。生物土壤结皮是土壤生物（苔藓、地钱、藻类、地衣、真菌、细菌和蓝细菌）与表层土壤的结合体。蓝藻结皮捕捉了更多的黏土颗粒，降低了地面热容量，导致更大的昼夜温差，促进表层土壤吸收凝结水。苔藓结皮比其他类型的生物结皮与裸露沙面更利于吸附水汽（Zheng et al.，2018）。由此推测，在流沙稳定过程中，地上植被与地下土壤发育共同演化，说明了在不同时间尺度上进行生态水文学与水文土壤学耦合的重要性。

在干旱和半干旱地区，灌木入侵是草地退化的常见现象（Asner et al.，2004）。木本多年生植物入侵草原可能涉及与人为因素之间的相互作用，如放牧和火灾，以及温度和降水量的变化（McPherson，1997）。Potts 等（2010）指出，木本植物改变了地表和地下土壤水分的时空动态。在地上，木本植物冠层与降水特征（如降水强度）相互作用，通过降水截留和遮蔽土壤表面来影响土壤含水量（Dunkerley，2000）。累积在土壤表面的木本植物凋落物可能增加土壤水分入渗（Ludwig et al.，2005）和降低土壤温度（Breshears et al.，1998），从而延长土壤水分增加的时间。在地下，木本植物功能性较强的根系分布较深并降低深层土壤水分（Seyfried and Wilcox，2006），而根系的吸收和水分再分布可能进一步改变木本植物覆盖下土壤含水量的时间变化（Scott et al.，2008）。虽然这些机制已描述清楚，但是在不同深度和相邻的景观斑块之间影响土壤水分的整体格局的相互作用方式仍然知之甚少（Potts et al.，2010）。

研究表明，青藏高原多年冻土的范围和深度已经发生了明显变化。与多年冻土相比，季节性冻土反复冻融更容易受到植被的影响，且在气候较冷、海拔较高、季节性冻土层较厚的内陆和季风影响的东北地区，冻融深度变化最为显著（Zhao et al.，2004）。植物是土壤水热条件的重要影响因子，Wang 等（2016）比较了青藏高原 NDVI 数据与土壤水分、多年冻土分布之间的关系，发现高寒草甸主要分布在季节性冻土区，土壤含水量在 0.15～0.25 m^3/m^3，比高寒草原的蓄水能力强。相对弱的蒸散发强度、地温低、含冰土深厚是高寒草甸分布的基本条件，冻土层可阻碍高寒草甸根系层水分与养分向土壤深部迁移，冻土上限从 1.7 m 下降至 4.9 m 时，地上生物量从 667 g/m^2 减少至 344 g/m^2（王根绪等，2006），可见冻土退化会引起高寒草甸的退化。冻土退化引起的水分和养分保持动态的变化可能会影响植被组成和生产力，但植被覆盖减少也是促进或加速多年冻土退化的因素（Wang et al., 2008），两者在相互反馈的过程中又相互制约。

在上述一系列尺度上的非线性动态变化特征显示了控制因素的变化以及界面对尺度的重要性。在土壤孔隙和气孔尺度上，水从土壤向根部和叶片的向上流动受土壤性质、根系形态、植物种类和气象条件的控制；在单个植物尺度上，降水特征、冠层结构、植物种类和土壤类型共同控制着冠层降水再分配及其对土壤水分的贡献；在斑块尺度上，斑块植被的土壤水分分布受土壤性质、植物种类、景观特征和降水量变化的控制；在山坡和集水区尺度上，地表和地下水流分布受地形、土壤条件、植被格局、水文连通性、扰动和管理制度的变化的影响。然而，跨尺度相互作用仍然不确定，需要进一步研究。

6.3 水文土壤学在土壤环境研究中的应用

土壤是地球系统的关键组分，能够控制水-气质量，调节植物生长，是连接着大气圈、水圈、岩石圈与生物圈的介质，维持地球上的生态系统，是人类赖以生存的物质基础。受自然和人为作用，内在或外显的土壤状况称为土壤环境，其变化直接关系到人类的健康和社会经济的可持续发展，同时它也是维护全球生态环境平衡的重要因素之一。土壤污染和土壤侵蚀是当前两种常见的土壤环境问题。水文土壤学在土壤环境研究中的应用通常与土壤结构和水分状况等水文土壤属性的时空变化有关。土壤优势流会影响土壤污染物的迁移路径和反应时间；径流等水文过程与土壤可蚀性等是土壤侵蚀发生发展的必要条件，流域景观要素的异质性引起坡面侵蚀与流域产沙关系复杂。观测技术的限制导致薄层水流流速、流量等难以准确测定，水分入渗、蒸散等难以实时确定，这会影响土壤侵蚀过程的物理定量表达，如对植被截留、土壤入渗、地表产流、侵蚀输沙、搬运沉积等过程的描述。因此，水文土壤学在土壤环境研究中有重要的理论价值和实践意义。

6.3.1 土壤优势流在土壤污染研究中的应用

土壤污染是指进入土壤的污染物超过土壤的自净能力，引起土壤的组成、结构和功能发生变化，微生物活动受到抑制，有害物质或其分解产物在土壤中逐渐积累，通过"土壤—植物—人体或动物"，或通过"土壤—水—人体或动物"间接被人体或动物吸收，达到危害健康的程度。随着工业化的发展、城镇化进程的深入，我国土壤环境污染不断加剧。2014 年环境保护部和国土资源部联合发布的《全国土壤污染状况调查公报》显示，我国土壤污染与防治的情况不容乐观，重金属污染土壤，农药化肥过度施用使污染土壤的面积超过千万公顷，直接关系到农产品的安全。一些地区的土壤污染已经引起地下水污染，土壤污染已经成为限制我国农产品质量和社会经济可持续发展的重大障碍之一。土壤是一个开放体系，它与其他环境要素在时刻进行着物质和能量的交换，因而造成土壤污染的物质来源极为广泛，有天然污染源，也有人为污染源，后者是土壤污染的主要原因。其中，化肥和农药施用量的日益增多、工业废水的大量排放、污染物的不当处理等，农药、重金属等在土壤中的移动及对土壤和水体的污染等已成为世界性的严重问题（侯春霞等，2003）。土壤优势流是在土壤各向异性的情况下，水分和溶质在多重因素的共同作用下，沿着特定的路径向下发生非稳定渗流的现象，是水文土壤学的重要内容。土壤优势流对水和养分的可利用性以及污染物的迁移有很大的影响（Jury，1999）。土壤优势流形成土壤水分的快速非平衡流，使降水或灌溉水及其溶质（养分、盐分、污染物等）不能与土体充分相互作用，而是"直接"快速流出土体或补给地下水（即所谓的"短路"）（Isensee et al.，1988）。结果一方面使降水或灌溉水、养分不能被作物利用，浪费资源，增加农业投入；另一方面导致随水进入土壤的污染物质（如农药、有机化学品、重金属等）以很高的浓度直接进入地下水（倪余文等，2001）。因此，土壤优势流对土壤污染的影响不容忽视。

土壤优势流能够快速穿透土体，促进污染物向深层运移。当优势流存在时，毛管力对水流穿透的影响很小，优势流所挟带的各种溶质在水流快速穿透土壤过程中也快速地穿过土壤出现在土壤的底层或地下水中。近年来在地下水中检测到的农药种类和数量逐年提高（Li and Masoud，1997），地下水溶质浓度的变化远高于预测值（Kladivko et al.，1991）。土壤优势流使大多数杀虫剂被淋失和运移到土壤深处，杀虫剂淋失量受降水量的影响，同时也受降水强度的影响，只有少数对土壤吸附性强的杀虫剂受其影响较小。优势流也会加快地下水的响应速度，在地下排水系统中往往会检测到除草剂、杀虫剂，在灌溉洗盐的过程中也会因优势流的影响使杀虫剂进入地下水。土壤优势流还会促使重金属向下迁移，Richard 等（1998）通过对污泥施用田块的重金属移动性的研究认为，土壤优势流会促使重金属向下迁移，分析心土层重金属总量的变化很难反映土壤中重金属的迁移。研究还发现，污染物在许多田间条件下的移动速率比单纯考虑土壤基本迁移和吸附参数所得到的速率要快得多（章明奎，2005）。在优势流的作用下，污染物可快速到达 1 m 或更深的土层深度（Beck et al.，1995）。再者，土壤优势流造成溶质优先迁移的比例远大于优势流在总水流中的比例，引起溶质大量、快速迁移，大量的各种溶质直接进入地下水，造成严重的环境问题。这是由于土壤优势流具有穿透曲线不对称和拖尾现象，当优势流对溶质的运移起主导作用时，基质流的影响不明显。在淋洗阶段基质流的平衡入渗过程是产生不对称性和拖尾的主要原因，同时优势流与土体间的相互作用较弱也是土壤优势流不对称和拖尾现象的主要原因。所以优势流的存在对土壤水转化、土壤溶质迁移产生重大影响。Gachter 等（1998）在研究染料沿大孔隙侧向入渗时，在 80 cm 土体内并未观察到侧向流动，表明溶质的侧向入渗不会对溶质优先迁移产生显著影响。换言之，溶质由大孔隙向土壤基质的径向迁移非常少，绝大部分溶质则随土壤优先水流快速迁移至深层土壤。区自清等（1999）研究了吸附性污染物直链烷基苯磺酸盐（LAS）的优先穿透，在土壤–植物系统中，优先穿透峰浓度可达平衡穿透峰浓度的 20%～30%。与之比较，非吸附性离子较吸附性离子的优先迁移作用更强。NO_3^- 作为一种典型的面源污染和地下水污染的危险源污染物，在土壤优先水流作用下的优先迁移能够造成土壤深层次污染，增加地下水污染的危险。可见，优势流使施于农田表层的农业化学物质的利用效率降低，浪费资源，增加农业投入，且污染地下水。当研究污染物在土壤中的运移时，必须考虑土壤优势流的影响（董宾芳，2007）。

另外，土壤优势流会减弱土壤对污染物的净化作用。在优势流迁移过程中污染物与土壤只发生微弱的作用，导致如吸附、微生物降解、植物利用等土壤对污染物的净化作用明显减弱。同时，土壤优势流使水流与土体的作用较弱，相对平衡流而言，水流与土体间分子扩散相对较小，水流所挟带的溶质与土壤发生很小的相互作用，快速穿透土体向下移动。这样会引起降水或灌溉以及所施养分迅速向土壤下层流动，而没有和土壤充分接触，从而也降低了对植物的有效性。因此，加强土壤优势流运动规律的研究对田间土壤水分和溶质迁移的实用模型的建立、水分利用率的提高、地下水污染防治措施的选择具有关键作用。

6.3.2　水文土壤学在土壤侵蚀研究中的应用

土壤侵蚀是土壤或母质在水力、风力、冻融等内外营力作用下被破坏、剥离和搬运的过程。我国有关部门根据侵蚀发生的营力，把土壤侵蚀分为水蚀、风蚀和冻融侵蚀三大类型（景可，1999）。水文土壤属性的时空变化会直接影响土壤侵蚀。由于技术手段上的限制，薄层水流流速、流量等难以准确测定，水分入渗、蒸散等难以实时确定；坡面薄层流动力过程的解析仍主要沿用河流泥沙运动学和明渠水力学的理论方法；风沙传输主要依赖经典力学和流体力学相关理论。由此造成学科理论体系不完善和土壤侵蚀过程的定量描述，制约了土壤侵蚀的发展（史志华等，2018）。土壤厚度是土壤表层风化的深度，准确估算其空间分布对水文研究越来越重要，目前建立的模型参数须进行大量采样才可获得，大大限制了对土壤深度的推断和预测。通过对高分辨率 DEM 图像中地形因子的分析，建立以地形过程为基础的模型参数估测体系，可以更好地估算土壤厚度，对土壤侵蚀进行预测与评估（王晶等，2016）。同时，由于降水过程的随机性、景观要素的空间变异性及其格局的复杂性，异质景观流域的物质与能量复杂多变（傅伯杰等，2010）。坡面侵蚀与流域产沙的关系，以及景观要素对流域侵蚀产沙的作用不是简单的线性叠加，而是具有高度非线性的复杂系统（Syvitski et al.，2005）。流域景观异质性引起的坡面侵蚀与流域产沙间非线性变化规律和作用机制还不清楚。传统的流域侵蚀产沙研究往往用概化方法来处理坡面侵蚀与流域产沙的关系，将流域划分为坡面和沟道分别进行探讨，且处理中多数采用线性水沙汇集的传递条件。"坡面+沟道"描述的流域侵蚀产沙，不能系统地反映坡面侵蚀与流域产沙的耦合机制（Parsons et al.，2006）。不同类型土壤侵蚀的形成原因与作用机制均有所不同，因此本小节通过水文土壤属性对不同土壤侵蚀类型的影响，探讨水文土壤学在土壤侵蚀研究中的应用。

1. 土壤水蚀

土壤水蚀是土壤及其母质在降水、径流等水力作用下被破坏、分离、搬运和沉积的过程。降水和径流为土壤水蚀过程提供了能量和载体，是其发生发展的必要条件。发生水蚀的区域约占全球侵蚀区域的 50%，主要发生在 50°N～40°S 的湿润、半湿润与半干旱地区（唐克丽，2004），这些区域也是人类活动最为活跃与集中、社会发展程度较高的地区。影响降水径流和土壤侵蚀常用的具有代表性的指标是降水量、降水强度和时间间隔，但是这些指标并不能完全表达降水信息。一方面，可以利用雨强峰值区域（peak zone of rainfall intensity）和降水时间内的间歇性降水（intra-event intermittency of rainfall）来监测不同降水模式对径流和土壤侵蚀的影响。另一方面，可以在水文学模型中增加土壤参数、用绝对含水量和土壤自由水等指标描述土壤水分特征、典型区域土壤水的空间异质性及其对降水等影响因子的响应机制（王晶等，2016）。同时，土壤特性对水蚀的影响主要表现在以下三种能力上：首先，土壤特性能够影响降水或径流侵蚀动力对土壤物质的分散崩解，即土壤的抗蚀能力；其次，土壤特性能够决定雨水的入土速度，即土壤的入渗能力；最后，土壤特性能够在降水或径流期间表现出来的抵抗搬运冲刷的特性，即土壤的抗冲–抗剪能力（夏青和何丙辉，2006）。

在分散崩解过程中，水能够从两个方面使土壤团聚体崩解：一是雨滴破坏土壤团聚体之间裸露的土壤，下降水滴的碰撞与打击是土壤表层团聚体分散的首要原因；二是水化作用，经过差异性膨胀过程和土体孔隙中空气的爆炸，可使团聚体瓦解。干土湿润时，水的迅速进入引起整个土块的不等同膨胀，从而引起土块沿裂面发生破碎。此外，水被吸进毛细管，首先使封闭气压压缩，最后当陷入的气体压力超过颗粒的黏结力时，土块就会崩裂。

在入渗过程中，如果土壤入渗速率大，水就会迅速渗过土壤表面最终储存于土体之中，从而减少地表径流量和冲刷量，减缓水蚀过程和水蚀强度，可见土壤入渗性能可以直接影响地表产生汇流过程，进而决定地表径流的冲刷能力和水蚀过程。而土壤的入渗能力大小主要取决于三个因素：一是以通气孔隙度为代表的表层土壤条件；二是降水时的土壤含水量；三是土壤剖面表层的有机质含量分布状况。土壤接纳雨水能力的大小主要影响还未形成径流时的降水对地面的溅蚀作用。土壤接纳雨水的能力越强，产生溅蚀的临界值越大，越不易产生水力侵蚀；反之，越易产生溅蚀。

土壤抗冲性指土壤抵抗径流的机械破坏和搬运的能力。在抗冲–抗剪过程中，它主要取决于土壤抵抗径流推移的强弱。在冲刷过程中，土壤颗粒或土块不一定在水中分散和悬浮，但只要能被径流推动就可发生侵蚀。在抗冲过程和机理方面，认为土壤抗冲与径流冲刷的关系实际上是以径流为动力、土壤抗冲为阻力的一种动力过程（吴普特，1997）。对于一定的降水，地表径流的大小与土壤入渗密切相关，入渗量大则径流量小，反之径流量大。因此土壤抗冲性与土壤的入渗性质有关。

2. 土壤风蚀

风蚀是指在风力的作用下，松散的地表土壤颗粒发生位置移动的过程，具体包括土壤颗粒被风吹起、空间搬运和沉降堆积的过程，以及地表物质受到风吹跃迁颗粒落地撞击而破碎的磨蚀过程，这是个复杂的风沙物理过程。虽然风的搬运能力远小于水，而水蚀受地形坡度的限制，风蚀却能从地表运移大量养分富集的颗粒。风蚀使地表变粗、有机质减少，导致生产力下降，促使地表养分的再分配和碳循环，而地表养分的富集率和碳循环通常是评价土地生产力退化的重要标志。同时，土壤风蚀使地表的细小颗粒进行了不同距离的输送并在附近或较远的区域沉积，被风吹起的土壤有机质一部分在地表重新分配，一部分沉积到低凹的地区，还有一部分被带到其他圈层。虽然大部分由于风蚀在地表重新分配或者被埋于地下，但剩下的部分总会以 CO_2 或者 CH_4 的形式输入到大气中去（Lal，2004）。

土壤湿度是影响土壤可蚀性的重要因素，风洞试验研究表明，风蚀强度对被侵蚀物质中的水分含量特别敏感，土壤水的存在使土壤颗粒表面形成水膜层，水膜的静电作用使土壤颗粒之间产生黏着力。Chepil（1956）利用风洞试验研究发现，土壤湿度增加能提高颗粒物吸附水的黏滞力从而改变风力侵蚀能力。Bisal 和 Hsieh（1966）研究发现，土壤颗粒越细抑制风蚀发生的土壤含水量越高。另外，还有研究表明，湿度增加会增强沙床表面颗粒之间的黏滞阻力，降低蠕移输沙率，随风启动的低能量沙粒的跃移碰撞被抑制（Dong et al.，2002）。在影响土壤风蚀的各自然因素中，以风况、植被盖度、水分状况和地表物质组成最为重要。在当地风况和地表性质不变的情况下，防治土壤自然风蚀的有效办法是保护天然植被和建立人工植被，或采取其他机械措施保护土壤层。

3. 土壤冻融侵蚀

冻融侵蚀是一个相对复杂的过程，其主要的动力来源为寒冬风化（物理风化、化学风化、生物风化）和雪蚀作用，前者主要表现为土壤水分的相变而引起土体或者岩石的破碎，而后者主要表现为不同矿物与土壤水分结合后体积变化引起土壤或者岩石的破碎（Guo et al.，2015）。冻融侵蚀过程中，由于温度的变化，土壤中水分发生相变，体积增加或减小，从而导致土体膨胀与收缩，造成土壤结构破坏以及土壤形状改变，从而在重力等的作用下进行搬运、迁移和堆积。水文土壤属性对冻融侵蚀的影响表现为以下两方面：一方面，土壤含水率的变化影响着土壤的热特性参数以及土壤溶质的扩散，促使土壤热传导与温度不断重新分布；另一方面，土壤温度梯度的存在影响着土壤水分的运移过程以及水分特征参数的变化（付强等，2015）。土壤冻融作用和水热交换过程，发生于寒区流域的产汇流、入渗和蒸散发等水文过程之中，是寒区流域水文循环过程的关键环节。

温度、坡度和坡向、植被及降水是影响冻融侵蚀的几个主要因素。0℃上下土壤温度变化的频率和幅度被认为是冻融作用的强度，影响土层的冻融过程，进而影响土壤结构的稳定性和抗蚀性；温差越大，冻融作用的强度越大，土层冻融的深度越大，发生冻融侵蚀的可能性也越大。坡度影响冻融侵蚀产物向坡下输移的数量和距离（张娟等，2011）；坡向的差异影响坡面接收太阳辐射量，因此通过影响冻融作用强度来影响冻融侵蚀过程。较高的植被盖度可以提高土壤稳定性，减小土壤温度变化，削弱冻融作用强度，进而减小冻融侵蚀强度。降水可通过影响岩土中的水分含量来间接影响冻融过程，岩土中的水分含量越大，在冻结过程中水分相变对岩土体的破坏作用越大，融化过程也会加快坡面径流对土壤的搬运（史展等，2012）。

土壤侵蚀强度的空间变化加剧了下垫面条件的空间异质性，导致不同地形部位土壤冻融循环变化及其对土壤侵蚀的影响也存在空间差异。冻融作用对土壤性质乃至产流产沙的影响都有一个范围，并非随着冻融循环的持续进行，土壤性质会无限制地发生改变。齐吉琳等（2005）提出细粒土经过冻融循环后，土壤容重增大，孔隙比减小。温美丽等（2009）

发现冻融循环过程可以改变土壤的密实度，密实的土壤经过冻融循环作用会逐渐变得疏松，并且土壤经过若干次的冻融循环作用后会逐渐接近于一个与土壤种类相关的相对稳定干容重。Lehrsch（1998）发现土壤团聚体在经过少量冻融循环后会逐渐增加其稳定性，并且该稳定性与土壤含水量密切相关，中等含水量的土壤在冻融后会使团聚体的稳定性增强，相反，高含水量和低含水量的土壤在冻融后都会导致团聚体稳定性降低。杨平和张婷（2002）通过实验研究发现冻融循环会明显地改变黏性原状土的力学性质，在经过冻融循环后，其无侧限抗压强度、直剪强度和三轴剪切强度降低，相较于黏性原状土，相同的冻融循环作用对砂土的性质变化影响较小。土壤侵蚀强度的空间变化加剧了下垫面条件的空间异质性，导致不同地形部位土壤冻融循环变化及其对土壤机械组成及理化性质的影响也存在空间差异。

做好土壤环境治理工作，防治土壤污染与土壤侵蚀等问题的发生，保证土壤生产力，提升生态环境是我国生态文明建设的重大战略需求。习近平总书记提出并多次强调，山水林田湖草是生命共同体。生态是统一的自然系统，是相互依存、紧密联系的有机链条。人的命脉在田，田的命脉在水，水的命脉在山，山的命脉在土，土的命脉在林和草，这个生命共同体是人类生存发展的物质基础。对山水林田湖进行统一保护、统一修复是十分必要的。在生态文明建设背景下，利用水文土壤学知识确保土壤生态功能已成为继流域综合治理之后土壤环境治理方面的新需求。应注重生态系统的整体性与长期性，统筹流域及区域的空间分异与功能分区，基于生态系统的功能与服务，融合使用包括综合治理在内多种土壤污染与侵蚀防治措施、流域及区域管理策略，关注土壤环境变化的形成与反馈机制，对土壤污染与侵蚀引起的物质流、能量流与功能流进行生态调控，实现土壤生态系统生产的高效性和环境的可持续性。

|第7章| 水文土壤学展望

7.1 水文土壤学的研究态势

　　水文土壤学利用系统的思路从多尺度综合研究水与土壤的相互作用关系，在过去近二十年的发展中得到国际学术界的普遍关注与认可。水文土壤学对于实现联合国可持续发展目标至关重要，因为土壤健康和水资源管理是联合国千年发展目标（Millennium Development Goals，MDG）的核心问题，其中水土研究与目标六（SDG#6）清洁饮水和卫生设施密切相关。水文土壤学自 2003 年创立以来，已取得了长足发展。基于 Hydropedology 主题词在 Web of Science 数据库查询结果表明，自 2003 年以来，共有 181 篇水文土壤学相关英文论文发表，每年发表论文数量呈现波动上升 [图 7-1（a）]。在所有英文文献中，美国发表数量最多，达到 84 篇；中国发表数量位于第二位，为 68 篇；其次是英国、德国和南非等国家 [图 7-1（c）]。词云分析结果显示，土壤、水和生物是水文土

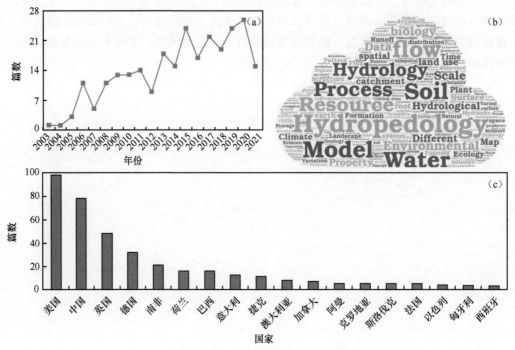

图 7-1　2003～2021 年水文土壤学研究英文文献统计

（a）不同年份发文量，（b）水文土壤学词云图，（c）不同国家发文量（基于 Hydropedology 主题词于 2022 年 6 月 22 日在 Web of Science 数据库查询结果）

壤学的主要研究主题，注重水文过程与土壤过程的相互作用、突出对格局和过程的理解、强调不同时空尺度的转换是水文土壤学的核心思想，制图、观测、模拟是水文土壤学的重要研究手段［图 7-1（b）］。

美国的水文土壤学研究主要集中在地球关键带的结构、水土作用过程与关键带功能方面，如美国的 Shale Hill 关键带观测站重点通过地貌学、地球化学、地球物理、景观演化和水文土壤学相结合的方法综合研究页岩风化层的形成、演化和结构及其对水分传输路径、流速和停留时间的影响。主要关注以下研究主题：①关键带各种水的相对年龄、滞留时间及其与岩石、植被、土壤水及地下水的关联。②应用地球物理、水文、同位素、土壤和生态观测方法辨识流域优势流的路径及阈值行为。③在不同风化层深度和坡面部位植物蒸腾和根系分布对水分散失的作用。④风化层形成过程对土壤结构及地下优势流分布网络如何影响？如何对结构进行参数化预测水文响应。

目前，地球关键带水文与土壤过程的多尺度耦合和响应机制是水文土壤学研究的热点科学问题，地球关键带水文土壤学未来研究的主要科学问题包括：①地球关键带成土过程、土壤演变与水文过程相互作用机制；②地球关键带水分–养分–污染物迁移转化的时空变异规律与主控因素；③土壤结构的定量化、土壤异质性及其水文参数定量表达；④土壤功能如何响应土地利用、侵蚀和其他人类干扰，以及土壤水文过程在不同时空尺度上如何影响生态系统演变。欧洲的水文土壤学研究更多侧重于定量刻画土壤结构、过程和功能，发展土壤过程集成模型（Vereecken et al.，2016），主要关注土壤演化过程，量化土地利用和气候变化对土壤功能和服务价值的影响，构建欧洲土壤威胁和减缓措施的 GIS 评价框架。近年来欧洲利用地球物理探测技术，如计算机断层扫描技术、电磁感应方法、高密度电阻率法和探地雷达等在土柱、剖面、坡面、小流域等尺度的土壤结构与物理性质探测方面取得了新进展。然而，水文土壤过程的尺度问题仍是难点和瓶颈（Vogel，2019）。在非洲，水文土壤学得到重视和发展。南非的政府部门和工业公司把水文土壤学作为制定水资源管理策略的重要工具，在土壤分类中考虑了水文土壤属性参数，建立了南非水文土壤功能单元，成功应用到土壤和水污染的控制、湿地保护与修复和水资源利用与保护方面（van Tol，2020）。

7.2　地球关键带

近地表圈层是地质环境与人类社会经济相互作用最直接、最显著的地球表层部分，既是经济社会发生发展的立足之本，又是经济发展所需的水、土、矿产、粮食等资源之源，对于调节自然生境、支撑经济发展、提供生态服务等具有至关重要的作用。由于地表圈层的重要性和独特性，美国国家研究委员会（National Research Council，NRC）于 2001 年提出地球关键带（Earth's Critical Zone）概念，是指地球表层系统中土壤圈与大气圈、生物圈、水圈、岩石圈物质迁移和能量交换的交汇区域（图 1-1），也是维系地球生态系统功能和人类生存的关键区域，被认为是 21 世纪基础科学研究的重点区域。地球关键带是指异质的近地表环境，土壤、岩石、水、空气和生物在其中发生着复杂的相互作用，调节着自然生境，决定着维持生命的资源供应。按垂直空间范围划分，地球关键带包括从植被冠层到地下含水层的区域，这个区域是地球物质和生物世界的界面，调节着营养物质向陆地生命体的转移过程（National Research Council，2001）（图7-2）。

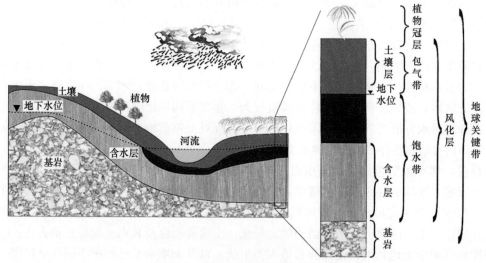

图 7-2　地球关键带及其构成示意

自美国科学家提出地球关键带的概念后，地球关键带取得了长足发展，但对关键带结构的定义范围还不清楚，下面是 Lin（2010a）总结的几点有关对地球关键带组成的看法。

（1）很多人认为地球关键带是仅由土壤组成的，事实上，关键带比土壤圈范围更大。地球关键带包括整个土壤圈，是地球系统中唯一一个全部包括在关键带中的圈层。

（2）一些人把"地球关键带"与地质学中的"风化层"等同，实际上关键带与土壤学中的 O（有机质层）、A（腐殖质层）、E（淋溶层）、B（淀积层）、C（母质层）土层一致，传统狭义土壤的概念是以农业为中心，土壤作为作物生长介质，仅包括 A、B 土层。美国 NRC 定义的地球关键带包含风化层、风化层以上的植被及风化层以下的岩石或沉积物并与地下水作用的土壤。

（3）地球关键带的下层界限不清楚，不同区域由于地下水较深或土层较厚等，很难精确确定关键带下限。但地球关键带定义中的地下水含水层以上区域的界定可以更好地定义有效水循环的低边界的变化及动力因素。当前我们还不能准确知道有效水流在不同的地下生态系统和地质区域停止的情况，这种理解对于区分年变化、十年变化、百年变化循环是很重要的。水文及地球生物化学模型常假设有效水文循环的下边界（如岩床或地下2 m等），但是扩大关键带的下界到1 km或更深至碎石岩床，储存在这个层的水容量可能是巨大的，可能比所有河流与湖泊的水量都大。

地球关键带之所以称为"关键"，主要是因为对人类生存和发展而言是至关重要的，地球关键带控制着土壤的发育、水的数量和质量、生物化学循环，并在调控自然生境的同时供应着人类社会发展所需的资源，对维持地表生命和人类可持续发展非常重要。地球关键带能够为人类生存提供重要的生态服务功能，包括食物生产、净化环境、热能、碳存储、大气化学平衡、生物多样性、基因库、文化价值等（图 7-3）。作为与人类联系最密切的地球圈层，地球关键带对于维持和支撑经济社会发展具有不可替代的重要作用。

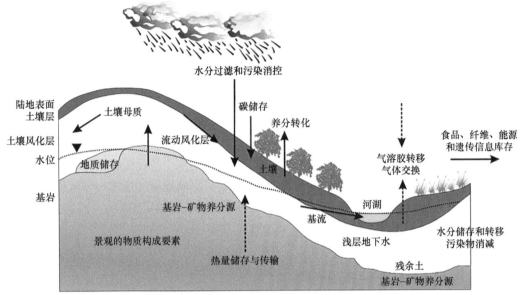

图 7-3　地球关键带的生态服务功能（Banwart et al.，2011）

地球关键带科学作为地球科学、土壤学、水文地质学、大气科学、生态科学等的综合交叉学科，以调查、监测、试验、模拟、预测为手段，研究不同时间和空间尺度上土壤、水文、植被和大气相互作用过程及其景观、物质与能量传输的关系，实现关键带结构–过程–功能–服务的耦合与集成。地球关键带研究的时空尺度包括从微观到全球、从秒到数千万年前以及未来。地球关键带呈现高度的异质性和复杂性，并具有以下特点：①过程演变性，地球关键带的变化是不可逆的累积渐进过程，可受极端干扰而变化；②循环耦合性，不同时间和空间尺度的地质与生物地球化学过程具有循环耦合性，涉及地球系统不同圈层的耦合；③垂直界面性，地表以下各层之间的界面控制着关键带对地上生态系统变化的响应和反馈；④空间异质性，表现为层次组织和景观网络性。地球关键带的研究内容包括土壤时空演化与关键带多界面、多尺度、多要素过程耦合关系，关键带重要的生物地球化学过程和驱动机制，关键带结构与水文过程、岩石风化、土壤形成之间的关系，关键带过程对土壤生产力、生态环境安全等功能的影响（张甘霖等，2019）。地球关键带科学的独特性表现为强调生物–非生物相互作用、地上–地下整体研究、不同时空尺度物理–化学–生物之间耦合、自然过程与人为过程耦合、地质循环和生物循环相互作用，以及从分子尺度到全球尺度的跨越。

7.2.1　地球关键带的基础科学问题

自 2001 年以来，地球关键带研究发展迅速，基于 Earth's Critical Zone 主题词在 Web of

Science 数据库中的查询结果表明,近 20 年全球共有 3616 篇地球关键带相关英文论文发表,每年发表的论文数量呈现持续增长趋势(图 7-4)。所有英文论文中,中国发表数量最多,达到 1511 篇,显著高于其他国家;美国和英国发表数量位于第二、第三位,分别为 1313 篇和 332 篇;其他国家发表的论文数量均少于 350 篇(图 7-4)。词云分析结果表明,水、土壤、生物、大气(能量)和人类活动是地球关键带研究的主要要素;核心研究内容包括地球关键带的结构、形成和演化,关键带过程与物质循环,关键带功能及可持续性,以及全球地球关键带观测站网络建设等;流域系统观测、综合集成和模型模拟是地球关键带研究的主要方法;资源环境、气候变化、灾害风险和可持续发展等则是地球关键带综合研究重点关注的环境问题(图 7-4)。地球关键带研究还体现了多学科交叉特点,涉及土壤学、水文学、生物地球化学、地貌学、地球物理、生态学和环境科学等学科。地球关键带研究围绕大气、地形、生态系统和水之间的相互作用,有以下四个关键问题:①什么过程控制着大气中的碳通量、微粒和反应气体?②化学和物理风化过程如何影响地球关键带?③风化过程如何滋养生态系统?④生物化学过程如何控制水和土壤资源的长期稳定性?

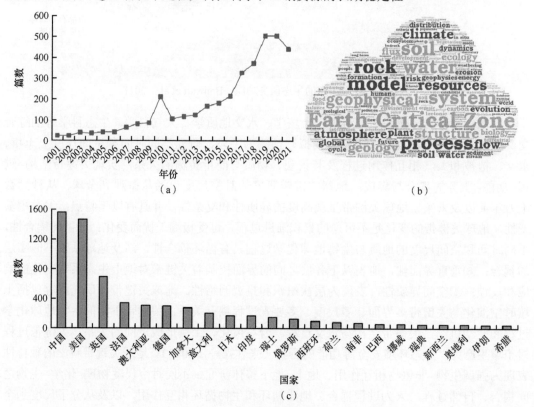

（a）
（b）
（c）

图 7-4　2001～2021 年地球关键带研究英文论文统计

（a）不同年份发文量,（b）地球关键带词云图,（c）不同国家发文量（基于 Earth Critical Zone 主题词于 2021 年在 Web of Science 数据库中的查询结果）

　　近年来,地球关键带研究沿时间（time）、深度（depth）和耦合（coupling）"三个纵深"（three depths）方向,在多尺度多要素多过程相互作用、关键带模型与数据库、地球关键带全球网络观测系统方面取得了新进展（李小雁和马育军，2016）。目前，国际地球关键带研究需要构建具有统一标准的地球关键带观测方法体系，形成具有可比性的全球地球关键带观测网络系统，实现数据共享，开展全球多个地球关键带比较与综合集成研究。中国地球关键带研究需要结合国际上已有地球关键带观测网络平台，基于自然环境特色以及社会可持续发展的需要，选择具有世界影响和中国特色的不同环境（气候、地质地貌、生态系统、人类活动强度）梯度变化的典型流域开展过程、机理、模拟与预测综合研究。目前，我国已经开始在黄土高原、喀斯特地区、红壤地区和宁波城乡过渡带、高寒半干旱青海湖流域开展地球关键带研究，未来还需要继续在青藏高原、东北黑土区、华北平原及干旱荒漠区等典型地区建立地球关键带观测站，形成我国乃至世界上未来地球科学研究和人才培养的重要平台。

7.2.2　地球关键带的研究进展

自地球关键带概念提出以来，国际上先后在美国、英国、德国和中国等发起并建立了69 个地球关键带观测站，初步形成了具有全球环境变化（气候、岩石、人类活动等）梯度的国际地球关键带观测网络。2005 年美国特拉华大学主办了一项由美国国家科学基金会资助的"地球关键带探索的前沿领域"研讨会；2006 年美国特拉华大学宣布成立地球关键带研究中心，并建立了首批 3 个关键带观测站，2009 年又新增建立了 3 个观测站。2014 年 1 月，美国国家科学基金会再次宣布新的"地球关键带研究计划"，资助新建 4 个地球关键带观测站。到目前为止，美国围绕岩性和气候等环境梯度建立了 10 个地球关键带观测站和 1 个关键带研究网，包括内华达山脉地球关键带观测站（Southern Sierra CZO）、博尔德克里克地球关键带观测站（Boulder Creek CZO）、萨斯奎汉纳/西尔斯山地地球关键带观测站（Susquehanna/Shale Hills CZO）、卢基约地球关键带观测站（Lequillo CZO）、赫梅斯河流域-圣卡塔利娜山地球关键带观测站（Jemez River Basin-Santa Catalina Mountains CZO）、克里斯蒂娜河流域地球关键带观测站（Christina River Basin CZO）、卡尔洪地球关键带观测站（Calhoun CZO）、雷诺兹河流域地球关键带观测站（Reynolds Creek CZO）、鳗鱼河流域地球关键带观测站（Eel River CZO）、集中管理景观地球关键带观测站（Intensively Managed Landscapes CZO）。欧洲的地球关键带观测站包括德国的 4 个 TERENO（Terrestrial Environmental Observatories）观测站，欧盟的 4 个 SoilTrEC（Soil Transformation in European Catchments）观测站（瑞士、奥地利、希腊、捷克斯洛伐克）。澳大利亚也正在借助长期生态观测网络站发展自己的地球关键带观测站。2020 年美国开始从关键带观测站转向关键带合作联盟（the Critical Zone Collaborative Network）研究，多个关键带观测站一起围绕相同科学主题进行协同研究，并建立协同中心（the Coordinating Hub），管理项目数据，计划未来设施和仪器需求与教育活动。

中国的地球关键带研究起步相对较晚。2010 年 7 月 11~13 日，北京师范大学主办了"水文土壤学与地球关键带前沿研究及应用国际学术研讨会"，引进并推动了地球关键带研究在我国的发展。2010 年 10 月，张波、曲建升和丁永建在《世界科技研究与发展》发表了《国际临界带研究发展回顾与美国临界带研究进展介绍》一文。2013 年 6 月 29～30 日，北京师范大学再次主办了"水文土壤学与自然资源可持续利用国际学术研讨会"，地球关键带是其中的一个重要议题。2013 年 3 月 16～17 日，刘丛强院士在中国科学院"地球生物学前沿"科学与技术前沿论坛上做了题为"地球关键带过程与生物地球化学循环"的学术报告。2013 年 4 月 22～25 日，中国矿物岩石地球化学学会第八次全国会员代表大会在南京召开，"地表关键带过程和物质循环与气候–生态–环境变化"是其中的一个主要分会场。2013 年 8 月 11～12 日，生态系统野外站联盟会议暨中国生态系统研究网络第二十次工作会议在贵阳召开，刘丛强院士做了题为"喀斯特关键带研究进展"的学术报告。2014 年 5 月 8～11 日，国家自然科学基金委员会与中国科学院地学部联合举办了第 114 期"双清论坛"和第 35 期"科学与技术前沿论坛"，重点分析了地球关键带科学的国际发展态势及我国的相关科学和技术基础，凝练了地球关键带科学急需关注和解决的重大科学问题以及未来研究发展方向。2015 年 4～9 月，国家自然科学基金委员会与英国自然环境研究理事会共同征集并资助了 5 项"地球关键带中水和土壤的生态服务功能维持机理研究"中英重大国际合作研究计划项目，大力推进了中国的地球关键带研究。此后，2015 年 10 月 6～7 日，中国和美国国家科学基金会联合资助、中国科学院地球化学研究所与中国科学院南京土壤研究所承办了中美地球关键带科学研讨会。2016 年 8 月 16～19 日，北京师范大学主办了第三届水文土壤学国际会议，会议主题为"地球关键带中的水文土壤学与自然资源"。"十三五"期间，地球关键带研究是中国地球系统科学研究的一个重要方向，"地球关键带过程与功能"被列为国家自然科学基金委员会地球科学部重点项目资助领域，并支持了一系列项目。2021 年 10 月，科学技术部批准建设"江西千烟洲红壤丘陵地球关键带国家野外科学观测研究站"、"北京燕山地球关键带国家野外科学观测研究站"、"天津环渤海滨海地球关键带国家野外科学观测研究站"和"陕西黄土高原地球关键带国家野外科学观测研究站"，我国的地球关键带研究未来将会取得更大发展。

7.2.3 地球关键带的未来研究趋势

2017 年 6 月在美国弗吉尼亚州阿灵顿举行的美国国家科学基金会关键带观测站全体会议发布了题为《关键带科学的新机遇》（New Opportunities for Critical Zone Science）的报告（Sullivan et al.，2017）。该报告针对美国过去 10 年地球关键带项目的发展状况、存在问题、未来关键带研究所需的方法和未来六大科学问题进行了总结。

美国地球关键带科研项目的开展促进了全球地球关键带科学的发展，回顾过去 10 年地球关键带科学的发展，会议强调了迄今为止从该项目开始以来的 10 个关键认识：①人类依赖于地球关键带的服务，包括人类生存和生产所需的食物、木材和纤维、水资源、沉积物和土壤以及河流等。②生物群从底层岩石和降落的尘埃及气溶胶中获取营养物质。无论是有益的营养还是有害的毒素，通过分析地质或大气环境要素，都可以解释它们的分布和变化。③树木从含水土壤和岩石中获得水分。地球关键带的水循环对自然环境循环、土壤表层形成、地下生物群、水分盈亏和气候边界层都有深远的影响。④地球物理成像和深层取样可以用来绘制地球关键带深部结构，这在大多数研究区域是不为人所知的。⑤迄今为止的模拟研究表明，具有一定岩性的地球关键带构造的空间变化取决于河流切割速率、区域应力场、地下水溶质演化、冻融活动的深度以及表层沉积物的运移过程。⑥地球关键带结构控制着水文功能，而地球关键带结构则通过由水分控制的物理、化学和生物过程演化而来。⑦风化层中微生物的分布也是地球关键带结构的一部分，地球关键带结构和微生物功能的共同演化刚刚开始被破译。⑧地球关键带结构可能是地质、构造或气候历史遗留的产物，可能不会与现有驱动力处于平衡状态。⑨人为的扰动正在改变一些地区的地球关键带，使其从一个营养物质加工系统转变为一个简单的以运输为主导的营养物质转移系统。⑩在涉及本科生、研究生和博士后的关键带项目中，整个地球关键带研究吸引和造就了一批将地球和环境科学无缝衔接的学者。

未来地球关键带研究的科学问题归纳为以下6个方面：①能量如何驱动地球关键带结构、矿物质和微生物的分布？②地球关键带服务功能的演化是如何响应人为和自然的干扰？③植被冠层和深层基岩之间存在何种联系与反馈机制？如何利用地球关键带观测台站测量数据与模型推断气候、风化和构造的全球反馈？④能否对地球关键带的类型进行分类和量化，用以描述地球关键带的形态、功能和动态变化？⑤如何在地球关键带科学中使用数据同化方法来创建预测模型？⑥如何将地球关键带科学纳入各级教育中，并提升在科学家、管理者和政策制定者之间的应用？

2020年美国国家科学基金会启动的地球关键带联盟专题集群的研究主题分别是：①基岩控制着深层关键带、景观与生态系统；②山前-滨海平原过渡的城市地球关键带过程；③CINet——集约管理景观中的关键界面网络；④西部山区流域地球关键带动态储存过程的量化控制与反馈；⑤地球关键带地质微生物学与生物地球化学；⑥利用大数据方法评估跨尺度生态水文恢复；⑦海岸地球关键带——陆地与海洋景观改变过程与通量；⑧碳酸盐干旱区地球关键带生态水文、CO_2通量和养分有效性的格局与过程；⑨从大盆地到落基山脉的地球关键带的沙尘。

同时，2020年美国NRC发布了地球科学十年战略规划，即《时域地球：美国国家科学基金会地球科学十年愿景（2020-2030）》（*A Vision for NSF Earth Sciences 2020-2030: Earth in Time*），把"地球关键带如何影响气候"列为12个引人瞩目的优先科学问题之一。

地球关键带研究面临的挑战有：①真正的整体性集成研究；②复杂性的定量表征；③时间尺度与演化；④结构与功能；⑤土壤-景观集成模型。

地球关键带研究将土壤学的研究范畴从传统的土壤自身研究延伸到地球表层系统。在地球关键带土壤科学研究方面，土壤学整合了地质学、水文学、地球化学、大气科学、生物学、生态学、环境科学等知识和技术，大大提升了解释地球各圈层之间交互作用的能力以及对区域土壤环境质量进行综合管理的能力。沈仁芳等（2020）指出地球关键带过程与土壤功能演变是未来中国土壤科学的优先研究领域，需要从以下几方面加强研究：①研究地球关键带类型划分方法与理论框架，绘制区域、国家及全球尺度地球关键带类型分区图。②研究地球关键带的厚度、地层结构、风化强度、孔隙结构等的空间变异及其气候、生物、水文、地质和人为活动驱动力。③表征地球关键带中水、碳、氮、磷、钾、微生物等的时空动态。④研究地球关键带区域、流域、坡面、剖面等多尺度的生态水文过程及其驱动的物质迁移过程，创新多尺度观测与模拟研究方法和理论；探究土–气、土–水、土–岩和土–根界面热区物质迁移和转化过程，创建多界面物质循环通量观测和模拟研究理论。⑤剖析碳、氮、磷、硫、铁、锰等元素微观至宏观的生物地球化学循环过程及其耦合关系。⑥研究典型生态脆弱地区关键带过程对土壤资源演变的驱动机制，以及地球关键带过程对土壤功能与安全的影响，开展青藏高原、黄土高原等热点地区的横纵向界面研究及国际对比。⑦研究气候变化情景下矿物风化、土壤形成、植被演变、土地利用等影响下地球关键带碳、氮、磷、硫等生源要素循环过程与机制。⑧探索地球关键带过程调控与应对气候变化的综合途径，构建我国地球关键带调查观测研究平台。

7.3 水文土壤学面临的挑战

全球突出的生态环境问题如土地退化、粮食安全、环境污染等都和水土密切相关，而且目前土壤学中与土壤水文相关的悬而未决的问题限制了其他学科的发展，土壤学科成为最后一个学科"前沿领域"（the final frontier）。地球系统科学多学科交叉综合与集成研究的需要也为水文土壤学提供了难得的发展机遇。水文土壤学需要解决的关键难点科学问题包括土壤结构的定量化及其对土壤水分和溶质运移的影响机理、不同时空尺度土壤演变与水文过程相互作用机制及控制因子识别、尺度转换的理论与方法、人类活动对土壤与水文过程的影响、水文土壤学综合观测技术等。由于水文土壤学的发展时间较短，具备交叉学科背景的研究人员缺乏，以及观测技术的限制等问题，目前水文土壤学面临着以下的困境和挑战。

7.3.1 研究方法和理论创新

现代土壤科学是在 19 世纪中期德国化学家李比希的"植物矿质营养学说"，19 世纪末至 20 世纪初俄国道库恰耶夫的土壤发生学基础上发展起来的，形成了以土壤营养元素化验分析和土壤质地为主的土壤肥力与土壤发生分类等研究体系。在土壤水分研究方面，1907年 Buckingham 首次提出用能量观点进行土壤水研究，1920 年 Gardner 将土壤水含量和土壤水能量联系起来，1928 年 Richards 提出了土壤总水势的概念，并在 1931 年提出著名的描述土壤水分运动的 Richards 方程，标志着现代土壤物理学的诞生，这些理论和方法上的创新促进了土壤水分定量研究的大发展。土壤物理学经过近一个世纪的发展，在点尺度均质土壤的过程机制、模型模拟方面已经建立起比较完善的体系，但在异质性土壤的非平衡水流和溶质迁移研究方面进展缓慢。在土壤物理学研究基础上，水文土壤学需要在"真实"土壤结构定量描述与模拟方面取得进展，要借鉴"人体"生命科学研究的技术和方法对土壤进行精量化研究，解析土壤发生过程中的水文与土壤环境要素及空间关系，实现道库恰耶夫土壤形成理论和达西定律土壤水分运动理论的融合应用，建立土壤自组织空间分布网络结构与水分运移理论。同时，利用物理学等其他学科理论（如耗散结构理论）研究土壤的时空演变规律。在研究方法上，水文土壤学要突破传统破坏土壤结构的取样和分析方法，进一步全面发展非接触性观测技术和多参数测定技术；同时还要借助先进的数学和计算机模拟技术（如分形数学、混沌模型和最优算法等），进行水文土壤参数估计。在宏观尺度上，还需利用 3S（GIS、GPS 和 RS）技术，实现土壤物理过程从微观尺度向大尺度转变。

7.3.2　多尺度水文土壤学综合观测网络体系与模型

土壤是一个具有多样生物学组分和非线性物理学特征的系统，而该系统具有这种特征的根本原因是纳米尺度到区域尺度的异质性。地表空间异质性及其土壤水文参数的多尺度定量表达是水文土壤学面临的一个主要挑战，关键是对不同空间尺度（土壤孔隙–土体–坡面–流域–区域）的土壤与水文作用过程、机理和控制因子缺乏系统深入理解，缺乏多要素、多尺度的土壤–水文过程耦合与综合观测系统和研究体系，没有准确可靠的尺度转换理论和方法，无法实现不同尺度上土壤和水文信息的转换。在多尺度的土壤体系中，主要是在等级框架概念下，利用不同等级水平的相关性将各尺度联系起来，但各等级间的不连续性使尺度转换过程存在极大不确定性。在水文尺度研究方面，目前主要基于"上推"和"下推"的基本假定，即中小尺度上原理和等式同样适用于描述大尺度过程，将中小尺度的水文观测因子代入大尺度的水文模型中，忽略了不同尺度上水文及其他地表过程的时空异质性，在模拟真实水文动态变化中存在极大的不确定性。近年发展较快的分布式水文模型尽管考虑了空间异质性，但没有从空间异质性自身内在规律上根本解决尺度转换问题，在划分水文单元时缺乏对土壤异质性的考虑。在水文观测尺度中，如何确定不同水文过程的阈值尺度以使类内差异最小，类间差异最大是实现尺度转换中有效真实数据获取的关键，而该阈值的大小又与土壤结构功能单元有关。因此，需要建立多尺度水文土壤学综合观测网络体系，为解决土壤和水文的空间尺度转换问题提供实验基础。

随着多源、多平台传感器的发展以及土壤地理信息获取和处理技术的不断进步，以土壤发生学为理论基础，通过数字土壤制图模型模拟大范围区域乃至洲际、全球尺度上的土壤相关属性的时空分布特征仍然是一个挑战（张甘霖等，2020）。Lin（2010a，2010b）提出了 3M（mapping-monitoring-modeling）模式，即通过在全球建立长期定位水文土壤学监测网络体系，获取可靠的、连续的土壤–水文时间序列数据，从而为不同尺度模型建立提供大量的数据资料，并作为最终模型优劣度的评判标准。基于该定量化模型，可实现区域尺度土壤水文功能单元的分区制图，用于实际水土资源管理及风险评价的参考依据。

7.3.3　水文土壤学与其他学科的交叉研究

水文土壤学作为一门新兴交叉学科，需要与不同学科进行深度交叉，才能解决复杂的生态环境问题。水文土壤学与地质科学交叉来研究地表水–地下水的互动关系，与生物地球化学交叉来研究营养物质的迁移转化及其可利用性，与生态水文学及社会科学交叉来研究生态–水文–社会经济系统的运行机制以及人类对自然系统的调控措施，与地球关键带科学交叉研究地球表层系统结构、演化过程与功能，最终服务于粮食安全、生态环境安全与可持续发展。

7.4 展 望

    水文土壤学从 2003 年创立以来经历了近二十年的发展，虽然在科学研究方面取得了一些新进展，但学科建设方面进展缓慢。2005 年在国际土壤科学联合会（International Union of Soil Sciences，IUSS）上成立了水文土壤学工作组，2012 年 Henry Lin 出版了第一本水文土壤学专著（*Hydropedology: Synergistic Integration of Soil Science and Hydrology*），但至今水文土壤学学科定位和发展方向还不明晰。

    近年来，水文学家和土壤物理学家对水文土壤学研究参与度较高，在水文过程与模型中更加重视土壤–景观异质性特征，但土壤发生学家和土壤地理学家的参与度不高，土壤空间变化和土壤制图技术并没有广泛应用到水文过程和生物地球化学过程与模型研究中。水文土壤学和土壤制图的协同作用将促进新的研究方向发展，有利于促进地理空间土壤数据库开发和基于过程的建模（Lin，2011a）。水文土壤学和土壤制图之间的主要联系是水在土壤形成和土壤景观过程中的作用，这些过程强烈影响土壤特性的空间变异性。水文通过土壤形成过程（添加、流失、转化和迁移）影响成土，从而促进发生层和发育特征的发展。然而，土壤性质尤其是异质性，通过孔隙、土体和坡面尺度上的水土相互作用来影响水文。水文土壤学制图未来研究需求和展望包括：①发展量化环境变量的新技术；②有效运用新型数据和遗留数据；③利用不同新型推理方法；④利用尺度和分辨率对预测效用的影响；⑤支持大数据多终端的计算模式；⑥拓展推广不同领域的应用。

    水文土壤学未来需要确定跨尺度的自组织原理和模式，这些原理和模式可以将关键带的地上和地下现象联系起来（Fatichi et al.，2020）。未来的研究需要更全面地整合，包括：①更加充分研究和定量化地上和地下生物量分布及其与能量和水通量的联系；②基于跨尺度观测到的植被和土壤模式，建立它们与潜在控制因素之间的联系；③阐明土壤发育和植被演替随时间的共同演化；④开发、校准和验证综合模型，补充大尺度模型忽略的由土壤生物物理活动形成的土壤结构影响下的土壤水力参数的关键作用，以在空间与时间尺度上耦合地上和地下现象。

    需要加快培养水文土壤学与可持续发展教育的专门人才。水文土壤学研究需要具有土壤学、水文学及地学和生态学相关专业背景的综合性知识人才，但目前土壤学和水文学专业培养的人才知识面相对单一，掌握的知识主要局限于土壤学或水文学各自专业领域，缺乏同时具备土壤和水文知识，又具有很好的数学、物理和计算机知识与技能的人才。要编写高质量水文土壤学教材，在高等院校开设水文土壤学专业课程，大力推进相关人才的培养，促进生态文明教育。面向可持续发展教育要加强国际合作、优化专业布局、发挥专业集群优势和赋能课程教学等方面，以期推进契合可持续发展目标的科技人才培养质量持续提升（郭哲等，2022）。

综上，未来需要明晰水文土壤学在自然、人文、社会科学体系中的位置和意义，完善和确立水文土壤学学科知识体系、理论、实践领域、学科方向与研究规范。通过国际土壤科学联合会（International Union of Soil Sciences，IUSS）、美国农学会（American Society of Agronomy，ASA）、美国农作物学会（Crop Science Society of America，CSSA）、美国土壤学会（Soil Science Society of America，SSSA）、美国地球物理学会（American Geophysical Union，AGU）和欧洲地球科学联合会（European Geosciences Union，EGU）等国际学术组织的合作与交流，推广和发展水文土壤学，尽快确定水文土壤学的学科地位。需要不断深化水文土壤学科学研究，以国际地球关键带（地球表层系统）科学研究带动水文土壤学研究，研发多尺度水文土壤过程研究方法和数据融合技术体系，通过多尺度、多过程、跨学科地系统研究自然和人为作用下土壤发育与水文过程耦合作用机制，建立水文土壤耦合模型，模拟多尺度水文过程、物质迁移转化过程和土壤演变过程，预测未来土壤结构和功能的演变趋势（张甘霖等，2020）。针对联合国可持续发展目标和国家生态文明建设需要，建立全球或区域多时空水文土壤属性数据库，服务于陆表过程模型模拟和土壤资源的评价、开发、利用和管理。

参 考 文 献

蔡彩霞, 林剑辉, 孟繁佳, 等. 2010. EM38探测复垦土壤厚度分布的可行性研究. 农业工程学报, 26(12): 319-323.

常运华, 刘学军, 李凯辉, 等. 2012. 大气氮沉降研究进展. 干旱区研究, (6): 49-56.

陈斌, 胡祥云, 刘道涵, 等. 2014. 磁共振测深技术的发展历程与新进展. 地球物理学进展, (2): 650-659.

陈世苹, 白永飞, 韩兴国. 2002. 稳定性碳同位素技术在生态学研究中的应用. 植物生态学报, 26(5): 549-560.

丁文峰, 李勉. 2010. 不同坡面植被空间布局对坡沟系统产流产沙影响的实验. 地理研究, 29(10): 1870-1878.

董宾芳. 2007. 黄土丘陵区林地植物根系与土壤优势流关系研究. 重庆: 西南大学.

董浩斌. 2003. 高密度电法的发展与应用. 地学前缘, 10(1): 171-175.

董泽君, 鹿琪, 冯旭, 等. 2017. 探地雷达测量土壤含水量的应用研究. 地球物理学进展, 32(5): 2207-2213.

付强, 侯仁杰, 王子龙, 等. 2015. 积雪覆盖下土壤热状况及其对气象因素的响应研究. 农业机械学报, 46(7): 154-161.

傅伯杰, 徐延达, 吕一河. 2010. 景观格局与水土流失的尺度特征与耦合方法. 地球科学进展, 25(7): 673-681.

高红凯, 赵舫. 2020. 全球尺度水文模型: 机遇, 挑战与展望. 冰川冻土, 42(1): 10224-10233.

高扬, 于贵瑞. 2020. 区域C-N-H$_2$O耦合循环过程及其驱动机制. 中国科学: 地球科学, (9): 1195-1205.

龚子同. 2014. 中国土壤地理. 北京: 科学出版社.

龚子同, 张甘霖. 2003. 人为土壤形成过程及其在现代土壤学上的意义. 生态环境, 12(2): 184-191.

龚子同, 陈鸿昭, 张甘霖. 2015. 寂静的土壤. 北京: 科学出版社.

顾慰祖. 1992. 集水区降雨径流响应的环境同位素实验研究. 水科学进展, 3(4): 246-254.

顾慰祖, 尚爰廷, 翟劭燊, 等. 2010. 天然实验流域降雨径流现象发生的悖论. 水科学进展, 21(4): 471-477.

郭哲, 徐立辉, 王孙禺. 2022. 面向可持续发展教育的工程科技人才需求特质与培养趋向研究. 中国工程科学, 24(2): 1-10.

海春兴, 陈健飞. 2016. 土壤地理学. 北京: 科学出版社.

贺缠生, 田杰, 张宝庆, 等. 2021. 土壤水文属性及其对水文过程影响研究的进展、挑战与机遇. 地球科学进展, 36(2): 113-124.

侯春霞, 胡海英, 魏朝富, 等. 2003. 土壤溶质运移研究动态及展望. 土壤通报, 1: 70-73.

侯士彬, 宋献方, 于静洁, 等. 2008. 太行山区典型植被下降水入渗的稳定同位素特征分析. 资源科学, 30(1): 86-93.

胡振琪, 陈宝政, 陈星彤. 2005. 应用探地雷达检测复垦土壤的分层结构. 中国矿业, 14(3): 73-75.

黄蓉, 王辉, 马维伟, 等. 2014. 尕海洪泛湿地退化过程中土壤理化性质的变化特征. 水土保持学报, 28(5): 221-227.

黄思华, 濮励杰, 解雪峰, 等. 2020. 面向数字土壤制图的土壤采样设计研究进展与展望. 土壤学报, 57(2): 14.

黄锡荃. 1993. 水文学. 北京: 高等教育出版社.

吉丽青, 朱安宁, 张佳宝, 等. 2011. 低频探地雷达地波法测定土壤含水量的可行性研究. 土壤, 43(1): 123-129.

简放陵, 李华兴. 2001. 土壤生态系统耗散结构变异规律研究的理论与方法探讨. 华南农业大学学报, 22(3): 16-19.

蒋定生. 1984. 地面坡度对降雨入渗影响的模拟试验. 水土保持通报, (4): 10-13.

蒋玲梅, 崔慧珍, 王功雪, 等. 2020. 积雪、土壤冻融与土壤水分遥感监测研究进展. 遥感技术与应用, 35(6): 26.

蒋志云, 李小雁, 张志华, 等. 2015. 基于 EM38 电导率仪土壤水分探测研究. 干旱区研究, 32(1): 48-55.

景可. 1999. 土地退化、荒漠化及土壤侵蚀的辨识与关系. 中国水土保持, (2): 31-32.

康绍忠. 1993. 土壤–植物–大气连续体水分传输动力学及其应用. 力学与实践, (1): 11-19.

雷志栋, 杨诗秀, 谢森传. 1988. 土壤水动力学. 北京: 清华大学出版社.

李保国. 1995. 土壤变化及其过程的定量化. 土壤学进展, 23(2): 33-42.

李保国, 龚元石, 左强. 2000. 农田土壤水的动态模型及应用. 北京: 科学出版社.

李东生, 吉喜斌, 赵丽雯. 2015. 黑河流域中游制种玉米农田土壤水分运移规律. 干旱区研究, 32(3): 9.

李天成. 2008. 电阻率成像技术的二维三维正反演研究. 北京: 中国地质大学.

李小雁. 2012. 水文土壤学面临的机遇与挑战. 地球科学进展, 27(5): 557-562.

李小雁, 马育军. 2008. 水文土壤学: 一门新兴的交叉学科. 科技导报, 26(9): 78-82.

李小雁, 马育军. 2016. 地球关键带科学与水文土壤学研究进展. 北京师范大学学报 (自然科学版), 56(2): 731-737.

李新. 2013. 陆地表层系统模拟和观测的不确定性及其控制. 中国科学: 地球科学, 43: 1735-1742.

李振宇. 2006. 地面核磁共振方法在地质工程中的应用. 北京: 中国地质大学出版社.

李中恺. 2019. 基于土壤水分动态的绿洲边缘沙质农田水平衡项估算模型及灌溉优化. 北京: 中国科学院大学.

林光辉. 2013. 稳定同位素生态学. 北京: 高等教育出版社.

刘伟, 区自清, 应佩峰. 2001. 土壤大孔隙及其研究方法. 应用生态学报, 12(3): 465-468.

马东豪, 张佳宝, 吴中东, 等. 2014. 电阻率成像法在土壤水文学研究中的应用及进展. 土壤学报, 51(3): 11-19.

马孝义, 王君勤, 李志军. 2002. 基于土壤消退指数的田间土壤水分预报方法的研究. 水土保持研究, (2): 93-96.

莫兴国. 1997. 冠层表面阻力与环境因子关系模型及其在蒸散估算中的应用. 地理研究, (2): 82-89.

倪余文, 区自清, 应佩峰. 2001. 土壤优先水流及溶质优先迁移的研究. 应用生态学报, 1: 103-107.

牛健植, 余新晓. 2005. 优先流问题研究及其科学意义. 中国水土保持科学, 3(3): 110-116.

潘剑君. 2010. 土壤调查与制图 (第三版). 北京: 中国农业出版社.

彭书时, 岳超, 常锦峰. 2020. 陆地生物圈模型的发展与应用. 植物生态学报, 44(4): 154-166.

彭新华, 王云强, 贾小旭, 等. 2020. 新时代中国土壤物理学主要领域进展与展望. 土壤学报, 57(5): 1071-1087.

齐吉琳, 程国栋, Vermeer P A. 2005. 冻融作用对土工程性质影响的研究现状. 地球科学进展, (8): 887-894.

秦承志, 朱阿兴, 李宝林, 等. 2006. 基于栅格 DEM 的多流向算法述评. 地学前缘, 13(3): 91-98.

区自清, 贾良清, 金海燕, 等. 1999. 大孔隙和优先水流及其对污染物在土壤中迁移行为的影响. 土壤学报, 3: 341-347.

尚松浩, 毛晓敏, 雷志栋, 等. 2002. 冬小麦田间墒情预报的 BP 神经网络模型. 水利学报, (4): 60-63.

邵明安, 王全九, 黄明斌. 2006. 土壤物理学. 北京: 高等教育出版社.

沈仁芳, 颜晓元, 张甘霖, 等. 2020. 新时期中国土壤科学发展现状与战略思考. 土壤学报, 57(5): 1051-1059.

史展, 陶和平, 刘淑珍, 等. 2012. 基于 GIS 的三江源区冻融侵蚀评价与分析. 农业工程学报, 28(19): 214-221.

史志华, 王玲, 刘前进, 等. 2018. 土壤侵蚀: 从综合治理到生态调控. 中国科学院院刊, 33(2): 198-205.

孙家柄. 2013. 遥感原理与应用. 武汉: 武汉大学出版社.

孙孝林, 赵玉国, 刘峰, 等. 2013. 数字土壤制图及其研究进展. 土壤通报, 44(3): 8.

唐克丽. 2004. 中国水土保持. 北京: 科学出版社.

田日昌, 陈洪松, 宋献方, 等. 2009. 湘西北红壤丘陵区土壤水运移的稳定性同位素特征. 环境科学, 30(9): 2747-2755.

王爱国, 马巍, 王大雁. 2007. 高密度电法不同电极排列方式的探测效果对比. 工程勘察, (1): 72-75.

王根绪, 李元首, 吴青柏, 等. 2006. 青藏高原冻土区冻土与植被的关系及其对高寒生态系统的影响. 中国科学 (D 辑: 地球科学), 8: 743-754.

王根绪, 夏军, 李小雁, 等. 2021. 陆地植被生态水文过程前沿进展: 从植物叶片到流域. 科学通报, 66(28): 17.

王海平, 于志鸿, 刘忠平. 1992. 遥感图像处理中比值法的解析及其应用. 地质论评, 38(1): 82-89.

王晶, 赵文武, 张骁. 2016. 地球关键带水文土壤学与自然资源可持续利用——2016 年水文土壤学国际会议述评. 生态学报, 36(22): 7501-7504.

王鹏飞. 2012. 超高密度激电数据采集与正反演解释方法研究. 长沙: 中南大学.

王志强. 2019. 环境勘查中水文地质勘查技术的实施. 中国金属通报, (9): 190-191.

温美丽, 刘宝元, 魏欣, 等. 2009. 冻融作用对东北黑土容重的影响. 土壤通报, 40(3): 492-495.

温学发, 张心昱, 魏杰, 等. 2019. 地球关键带视角理解生态系统碳生物地球化学过程与机制. 地球科学进展, (5): 471-479.

吴锦奎, 丁永建, 王根绪, 等. 2004. 同位素技术在寒旱区水科学中的应用进展. 冰川冻土, 26(4): 509-516.

吴普特. 1997. 黄土区土壤抗冲性研究进展及亟待解决的若干问题. 水土保持研究, 4(5): 59-66.

吴擎龙. 1993. 田间腾发条件下水热迁移数值模拟的研究. 北京: 清华大学.

夏青, 何丙辉. 2006. 土壤物理特性对水力侵蚀的影响. 水土保持应用技术, (5): 12-15.

谢小立, 尹春梅, 陈洪松, 等. 2012. 基于环境同位素的红壤坡地水分运移研究. 水土保持通报, 32(3): 1-6.

熊汉锋. 2005. 湿地碳氮磷的生物地球化学循环研究进展. 土壤通报, 36(2): 240-243.

徐宗恒, 徐则民, 曹军尉, 等. 2012. 土壤优先流研究现状与发展趋势. 土壤, 44(6): 905-916.

闫利. 2010. 遥感图像处理实验教程. 武汉: 武汉大学出版社.

杨劲松, 姚荣江, 刘广明. 2008. 电磁感应仪用于土壤盐分空间变异性的指示克立格分析评价. 土壤学报, 45(4): 585-593.

杨平, 张婷. 2002. 人工冻融土物理力学性能研究. 冰川冻土, (5): 665-667.

于德浩, 杨彤, 邵云帆, 等. 2019. 核磁共振法在供水勘察中的应用. 中国地球物理学会国家安全地球物理专业委员会、陕西省地球物理学会军事地球物理专业委员会. 国家安全地球物理丛书 (十五)——丝路环境与地球物理. 中国地球物理学会国家安全地球物理专业委员会、陕西省地球物理学会军事地球物理专业委员会: 中国地球物理学会, 9.

岳宁, 董军, 李玲, 等. 2016. 基于高密度电阻率成像法的陇中半干旱区土壤含水量监测研究. 中国生态农业学报, 24(10): 1417-1427.

曾昭发, 刘四新, 冯晅. 2010. 探地雷达原理与应用. 北京: 电子工业出版社.

张彩霞, 杨勤科, 李锐. 2005. 基于 DEM 的地形湿度指数及其应用研究进展. 地理科学进展, 24(6): 116-123.

张甘霖, 朱永官, 邵明安. 2019. 地球关键带过程与水土资源可持续利用的机理. 中国科学 (地球科学), 49(12): 1945-1947.

张甘霖, 史舟, 朱阿兴, 等. 2020. 土壤时空变化研究的进展与未来. 土壤学报, 57(5): 1060-1070.

张洁, 吕特, 薛建锋, 等. 2016. 适用于斜坡降雨入渗分析的修正 Green-Ampt 模型. 岩土力学, 37(9): 2451-2457.

张娟, 沙占江, 宋昌斌, 等. 2011. 布哈河流域冻融侵蚀研究. 地球环境学报, 2(6): 680-684.

张午朝, 马育军, 李小雁, 等. 2020. 基于探地雷达的高原鼢鼠洞道结构特征. 草业科学, 37(3): 574-582.

章明奎. 2005. 污染土壤中重金属的优势流迁移. 环境科学学报, 25(2): 6.

赵景波, 罗小庆, 刘瑞, 等. 2015. 关中平原黄土中第 1 层古土壤发育时的土壤水分研究. 地质学报, 89(12): 2389-2399.

赵坤, 傅海燕, 李薇, 等. 2009. 流域水文模型研究进展. 现代农业科技, (23): 267-270.

赵英时. 2013. 遥感应用分析原理与方法. 北京: 科学出版社.

郑云云. 2014. 辽河口退化湿地土壤理化性质及其对芦苇生长影响. 青岛: 中国海洋大学.

周虎, 李文昭, 张中彬, 等. 2013. 利用 X-射线 CT 研究多尺度土壤结构. 土壤学报, 50(6): 1226-1230.

周启友. 2003. 从高密度电阻率成像法到三维空间上的包气带水文学. 水文地质工程地质, 30(6): 97-104.

周志华, 肖化云, 刘丛强. 2004. 土壤氮素生物地球化学循环的研究现状与进展. 地球与环境, 32(3): 21-26.

朱阿兴, 杨琳, 樊乃卿, 等. 2018. 数字土壤制图研究综述与展望. 地理科学进展, 37(1): 13.

朱永官, 李刚, 张甘霖, 等. 2015. 土壤安全: 从地球关键带到生态系统服务. 地理学报, 70(12): 1859-1869.

Aber J D, Ollinger S V, Driscoll C T, et al. 2002. Inorganic nitrogen losses from a forested ecosystem in response to physical, chemical, biotic, and climatic perturbations. Ecosystems, 5: 648-658.

Abnee A C, Thompson J A, Kolka R K, et al. 2004. Landscape influences on potential soil respiration in a forested watershed of southeastern Kentucky. Environmental Management, 33(Suppl. 1): S160-S167.

Aerts R, Chapin F S. 2000. The mineral nutrition of wild plants revisited: a re-evaluation of processes and patterns. Advances in Ecological Research, 30: 1-67.

Aguiar M R, Sala O E. 1999. Patch structure, dynamics and implications for the functioning of arid ecosystems. Trends in Ecology and Evolution, 14(7): 273-277.

Ahrens B, Braakhekke M C, Guggenberger G, et al. 2015. Contribution of sorption, DOC transport and microbial interactions to the ^{14}C age of a soil organic carbon profile: insights from a calibrated process model. Soil Biology and Biochemistry, 88: 390-402.

Ain-Lhout F, Boutaleb S, Diaz-Barradas M C, et al. 2016. Monitoring the evolution of soil moisture in root zone system of Argania spinosa using electrical resistivity imaging. Agricultural Water Management, 164: 158-166.

Alaoui A, Lipiec J, Gerke H H. 2011. A review of the changes in the soil pore system due to soil deformation: A hydrodynamic perspective. Soil and Tillage Research, 115: 1-15.

Algeo J, Dam R L V, Slater L. 2016. Early-Time GPR: a method to monitor spatial variations in soil water content during irrigation in clay soils. Vadose Zone Journal, 15(11), DOI: 10.2136/vzj2016.03.0026.

Allaire-Leung S E, Gupta S C, Moncrief J F. 2000. Water and solute movement in soil as influenced by macropore characteristics: 1. Macropore continuity. Journal of Contaminant Hydrology, 41(3-4): 283-301.

Allen R G, Pereira L S, Raes D, et al. 1998. Crop evapotranspiration-Guidelines for computing crop water requirements-FAO Irrigation and drainage paper 56. Fao, Rome, 300(9): D05109.

Allison G B. 1982. The relationship between ^{18}O and deuterium in water in sand columns undergoing evaporation. Journal of Hydrology, 55: 163-169.

Allred B J, Ehsani M R, Saraswat D. 2005. The impact of temperature and shallow hydrologic conditions on the magnitude and spatial pattern consistency of electromagnetic induction measured soil electrical conductivity. Transactions of the ASAE, 48(6): 2123-2135.

Amen A, Blaszczynski J. 2001. Integrated Landscape Analysis. U.S. Department of the Interior, Bureau of Land Management. National Science and Technology Center, Denver, CO, 2-20.

Amenu G G, Kumar P. 2008. A model for hydraulic redistribution incorporating coupled soil root moisture transport. Hydrology and Earth System Sciences, 12(1): 55-74.

Amin I E, Campana M E. 1996. A general lumped parameter model for the interpretation of tracer data and transit time calculation in hydrologic systems. Journal of Hydrology, 179(1): 1-21.

Amundson R. 2021. Factors of soil formation in the 21st century. Geoderma, 391: 114960.

Amundson R G, Davidson E A. 1990. Carbon dioxide and nitrogenous gases in the soil atmosphere. Journal of Geochemical Exploration, 38: 13-41.

André F, Leeuwen C V, Saussez S, et al. 2012. High-resolution imaging of a vineyard in south of France using ground-penetrating radar, electromagnetic induction and electrical resistivity tomography. Journal of Applied Geophysics, 78(none): 113-122.

Arora V K, Boer, G J. 2003. A representation of variable root distribution in dynamic vegetation models. Earth Interactions, 7(6): 141-144.

Arrouays D, Vion I, Kicin J L. 1995. Spatial analysis and modeling of topsoil carbon storage in temperate forest humic loamy soils of France. Soil Science, 159: 191-198.

Asano Y, Uchida T, Ohte N. 2002. Residence times and flow paths of water in steep unchannelled catchments, Tanakami, Japan. Journal of Hydrology, 261: 173-192.

Asano Y, Compton J E, Church M R. 2006. Hydrologic flowpaths influence inorganic and organic nutrient leaching in a forest soil. Biogeochemistry, 81: 191-204.

Asner G P, Elmore A J, Olander L P, et al. 2004. Grazing systems, ecosystem responses, and global change. Annual Review of Environment and Resources, 29: 261-299.

Atwell M, Wuddivira M, Gobin J, et al. 2013. Edaphic controls on sedge invasion in a tropical wetland assessed with electromagnetic induction. Soil Science Society of America Journal, 77(5): 1865-1874.

Aulenbach B T, Hooper R P, van Meerveld, H J, et al. 2021. The evolving perceptual model of streamflow generation at the Panola Mountain Research Watershed. Hydrological Processes, 35(4): e14127.

Austin A T, Vivanco L. 2006. Plant litter decomposition in a semiarid ecosystem controlled by photodegradation. Nature, 442: 555-558.

Bacq-Labreuil A, Crawford J, Mooney S J, et al. 2018. Effects of cropping systems upon the three-dimensional architecture of soil systems are modulated by texture. Geoderma, 332: 73-83.

Baggaley N, Lilly A, Blackstock K, et al. 2020. Soil risk maps—Interpreting soils data for policy makers, agencies and industry. Soil Use and Management, 36(1): 19-26.

Ball B, Crichton I, Horgan G. 2008. Dynamics of upward and downward N_2O and CO_2 fluxes in ploughed or no-tilled soils in relation to water-filled pore space, compaction and crop presence. Soil and Tillage Research, 101: 20-30.

Banwart S, Bernasconi S M, Bloem J, et al. 2011. Assessing soil processes and function across an International network of critical zone observatories: research hypotheses and experimental design. Vadose Zone Journal, 10: 974-987.

Barnes C J, Allison G B. 1988. Tracing of water movement in the unsaturated zone using stable isotopes of hydrogen and oxygen. Journal of Hydrology, 100(1): 143-176.

Baron J, McKnight D, Denning A S. 1991. Sources of dissolved and particulate organic material in Loch Vale Watershed, Rocky Mountain National Park, Colorado, USA. Biogeochemistry, 15: 89-110.

Baveye P, Boast C W. 1998. Concepts of "fractals" in soil science: demixing apples and oranges. Soil Science Society of America Journal, 62: 1469-1470.

Bazzaz F A. 1996. Plants in Changing Environments: Linking Physiological, Population, and Community Ecology. New York: Cambridge University Press: 320.

Bear J. 1972. Dynamics of Fluids in Porous Media. New York: Elsevier.

Beare M H, Gregorich E G, St-Georges P. 2009. Compaction effects on CO_2 and N_2O production during drying and rewetting of soil. Soil Biology and Biochemistry, 41: 611-621.

Beaudette D E, O'Geen A T. 2009. Quantifying the aspect effect: an application of solar radiation modeling for soil survey. Soil Science Society of America Journal, 73: 1345-1352.

Beck A J, Lam V, Henderson D E, et al. 1995. Movement of water and the herbicides atrazine and isoproturon through a large structured clay soil core. Journal of Contaminant Hydrology, 19: 237-260.

Behrens T, Schmidt K, Ramirez-Lopez L, et al. 2014. Hyper-scale digital soil mapping and soil formation analysis. Geoderma, 213: 578-588.

Behroozmand A A, Keating K, Auken E. 2015. A Review of the Principles and Applications of the NMR Technique for Near-Surface Characterization. Surveys in Geophysics, 36(1): 27-85.

Bekele A, Hudnall W H, Daigle J J, et al. 2005. Scale dependent variability of soil electrical conductivity by indirect measures of soil properties. Journal of Terramechanics, 42: 339-351.

Bell J C, Cunningham R L, Havens M W. 1992. Calibration and validation of a soil-landscape model for predicting soil drainage class. Soil Science Society of America Journal, 56: 1860-1866.

Bell J C, Cunningham R L, Havens M W. 1994. Soil drainage probability mapping using a soil landscape model. Soil Science Society of America Journal, 58: 464-470.

Bernal B, Mckinley D C, Hungate B A, et al. 2016. Limits to soil carbon stability: Deep, ancient soil carbon decomposition stimulated by new labile organic inputs. Soil Biology & Biochemistry, 98: 85-94.

Bernhardt E S, Hall R O, Likens G E. 2002. Whole-system estimates of nitrification and nitrate uptake in streams of the Hubbard Brook Experimental Forest. Ecosystems, 5: 419-430.

Bernot M J, Dodds W K, Gardner W S, et al. 2003. Comparing denitrification estimates for a Texas estuary by using acetylene inhibition and membrane inlet mass spectrometry. Applied and Environmental Microbiology, 69: 5950-5956.

Bethune M G, Selle B, Wang Q J. 2008. Understanding and predicting deep percolation under surface irrigation. Water Resources Research, 44: W12430.

Beven K, Germann P. 2013. Macropores and water flow in soils revisited. Water Resources Research, 49(6): 3071-3092.

Beven K J, Kirkby M J. 1979. A physically based variable contributing area model of catchment hydrology. Hydrology Science Bulletin, 24: 43-69.

Bever J D. 1994. Feedback between plants and their soil communities in an old field community. Ecology, 75: 1965-1977.

Bierkens M F. 2001. Spatio-temporal modelling of the soil water balance using a stochastic model and soil profile descriptions. Geoderma, 103(1-2): 27-50.

Bisal F, Hsieh J. 1966. Influence of moisture on erodibility of soil by wind. Soil Science, 102(3): 143-146.

Bishop K H, Grip H, Oneill A. 1990. The origins of acid runoff in a hillslope during storm events. Journal of Hydrology, 116: 35-61.

Bishop K, Seibert J, Koher S, et al. 2004. Resolving the double paradox of rapidly mobilized old water with highly variable responses in runoff chemistry. Hydrological Processes, 18: 185-189.

Bishop T F A, McBratney A B. 2001. A comparison of prediction methods for the creation of field-extent soil property maps. Geoderma, 103: 149-160.

Bisigato A J, Villagra P E, Ares J O, et al. 2009. Vegetation heterogeneity in Monte Desert ecosystems: a multi-scale approach linking patterns and processes. Journal of Arid Environments, 73: 182-191.

Blum A, Flammer I, Friedli T, et al. 2004. Acoustic tomography applied to water flow in unsaturated soils. Vadose Zone Journal, 3: 288-299.

Blume T, van Meerveld H J I. 2015. From hillslope to stream: methods to investigate subsurface connectivity. Wiley Interdisciplinary Reviews: Water, 2(3): 177-198.

Boer M M, del Barrio G, Puigdefabregas J. 1996. Mapping soil depth classes in dry Mediterranean areas using terrain attributes derived from a digital elevation model. Geoderma, 72: 99-118.

Böhner J, Antonic O. 2009. Land-surface parameters specific to topo-climatology // Hengl T, Reuter H I. Geomorphometry: Concepts, Software, Applications, Developments in Soil Science, vol. 33. Amsterdam: Elsevier: 195-226.

Bonetti S, Wei Z W, Or D. 2021. A framework for quantifying hydrologic effects of soil structure across scales. Communications Earth and Environment, 2(107), DOI: 10. 1038/s43247-021-00180-0.

Bormann F H, Likens G E. 1967. Nutrient cycling. Science, 155: 424-429.

Bouda M, Saiers J E. 2017. Dynamic effects of root system architecture improve root water uptake in 1-D process-based soil-root hydrodynamics. Advances in Water Resources, 110: 319-334.

Bouma J, Anderson J L. 1973. Relationships between soil structure characteristics and hydraulic conductivity // Bruce R R, Flach K, Taylor H M. Field Soil Water Regime. SSSA special publication No. 5, Madison, WI, 77-105.

Bouma J, Jongmans A G, Stein A, et al. 1989. Characterizing spatially variable hydraulic properties of a boulder clay deposit. Geoderma, 45: 19-31.

Bouma J, Droogers P, Sonneveld M P W, et al. 2011. Hydropedological insights when considering catchment classification. Hydrology and Earth System Sciences, 15: 1909-1919.

Bouraoui F, Vachaud G, Haverkamp R, et al. 1997. A distributed physical approach for surface-subsurface water transport modeling in agricultural watersheds. Journal of Hydrology, 203(1-4): 79-92.

Boyer E W, Hornberger G M, Bencala K E, et al. 1997. Response characteristics of DOC flushing in an alpine catchment. Hydrological Processes, 11: 1635-1647.

Boyer E W, Hornberger G M, Bencala K E, et al. 2000. Effects of asynchronous snowmelt on flushing of dissolved organic carbon: a mixing model approach. Hydrological Processes, 14: 3291-3308.

Breiman L. 1996. Bagging predictors. Machine Learn, 26: 123-140.

Breiman L. 2001. Random forest. Machine Learn, 45: 5-32.

Breshears D D, Nyhan W, Heil C E, et al. 1998. Effects of woody plants on microclimate in a semiarid woodland: soil temperature and evaporation in canopy and open patches. International Journal of Plant Sciences, 159: 1010-1017.

Brevik E C, Fenton T E. 2003. Use of the Geonics EM-38 to delineate soil in a loess over till landscape, southwestern Iowa. Soil Horizons, 44: 16-24.

Brevik E C, Fenton T E. 2004. The effect of changes in bulk density on soil electrical conductivity as measured with the Geonics® EM-38. Soil Horizons, 45: 96-102.

Brevik E C, Fenton T E, Lazari A. 2006. Soil electrical conductivity as a function of soil water content and implications for soil mapping. Precision Agriculture, 7: 393-404.

Brevik E C, Fenton T E, Jaynes D B. 2012. Use of electrical conductivity to investigate soil homogeneity in Story County, Iowa, USA. Soil Horizons, 53(5): 50-54.

Brooks J R, Meinzer F C, Coulombe R, et al. 2002. Hydraulic redistribution of soil water during summer drought in two contrasting Pacific Northwest coniferous forests. Tree Physiology, 22(15-16): 1107-1117.

Brooks J R, Barnard H R, Coulombe R, et al. 2010. Ecohydrologic separation of water between trees and streams in a Mediterranean climate. Nature Geoscience, 3: 100-104.

Brooks K N, Ffoiliott P F, Gregersen H M. 1991. Hydrology and the Management of Watersheds. Iowa State University Press, Ames, IA.

Brooks R H, Corey A T. 1966. Properties of Porous Media Affecting Fluid Flow. Journal of the Irrigation & Drainage Division Proceedings of the American Society of Civil Engineers, 92(2): 61-88.

Brooks P D, Campbell D H, Tonnessen K A, et al. 1999. Natural variability in N export from headwater catchments: snow cover controls on ecosystem N retention. Hydrological Processes, 13: 2191-2201.

Brown D J. 2007. Using a global VNIR soil-spectral library for local soil characterization and landscape modeling in a 2nd-order Uganda watershed. Geoderma, 140(4): 444-453.

Brown R B, Miller G A. 1989. Extending the use of soil survey information. Journal of Agronomic Education, 18: 32-36.

Brunet P, Clément R, Bouvier C. 2010. Monitoring soil water content and deficit using electrical resistivity tomography (ERT)—a case study in the cevennes area, France. Journal of Hydrology (Amsterdam), 380(1-2): 146-153.

Buckingham E. 1907. Studies on the movement of soil moisture. US Department of Agriculture, Washington, DC.

Bundt M, Widmer F, Pesaro M, et al. 2001. Preferential flow paths: biological "hot spots" in soils. Soil Biology & Biochemistry, 33: 729-738.

Buol S W, Southard R J, Graham R C, et al. 2003. Soil Genesis and Classification, 5th education. Blackwell/ Iowa State Press, Ames, IA.

Burke B C, Heimsath A M, White A F. 2007. Coupling chemical weathering with soil production across soil-mantled landscapes. Earth Surface Processes and Landforms, 32: 853-873.

Burke B C, Heimsath A M, Dixon J L, et al. 2009. Weathering the escarpment: Chemical and physical rates and processes, south-eastern Australia. Earth Surface Processes and Landforms, 34: 768-785.

Burns D A, Kendall C. 2002. Analysis of δ^{15}N and δ^{18}N to differentiate NO_3^- sources in runoff at two watersheds in the Catskill Mountains of New York. Water Resources Research, 38: 1051.

Burns D A, Murdoch P S, Lawrence G B, et al. 1998. The effect of ground-water springs on NO_3^- concentrations during summer in Catskill Mountain streams. Water Resources Research, 34: 1987-1996.

Burns D A, McDonnell J J, Hoope R P, et al. 2001. Quantifying contributions to storm runoff through end-member mixing analysis and hydrologic measurements at the Panola Mountain Research Watershed (Georgia, USA). Hydrological Processes, 15(10): 1903-1924.

Burt T, McDonnell J J. 2015. Whither field hydrology? The need for discovery science and outrageous hydrological hypotheses. Water Resources Research, 51(8): 5919-5928.

Caldwell M M, Dawson T E, Richards J H. 1998. Hydraulic lift: consequences of water efflux from the roots of plants. Oecologia, 113: 151-161.

Callaghan P T, Dykstra R, Eccles C D, et al. 1999. A nuclear magnetic resonance study of Antarctic sea ice brine diffusivity. Cold Regions Science and Technology, 29: 153-171.

Camillo P J, Gurney R J. 1986. A resistance parameter for bare-soil evaporation models. Soil Science, 141(2): 95-105.

Campforts B, Vanacker V, Vanderborght J, et al. 2016. Simulating the mobility of meteoric 10 Be in the landscape through a coupled soil-hillslope model (Be2D). Earth and Planetary Science Letters, 439: 143-157.

Campling P, Gobin A, Feyen J. 2002. Logistic modeling to spatially predict the probability of soil drainage classes. Soil Science Society of America Journal, 66: 1390-1401.

Carey S K, Woo M K. 1999. Hydrology of two slopes in subarctic Yukon, Canada. Hydrological Processes, 13(16): 2549-2562.

Carey S K, Woo M K. 2001. Slope runoff processes and flow generation in a subarctic, subalpine catchment. Journal of Hydrology, 253(1-4): 110-129.

Carré F, McBratney A B, Mayr T, et al. 2007. Digital soil assessment: beyond DSM. Geoderma, 142: 69-79.

Casey F X M, Logsdon S D, Horton R, et al. 1998. Measurement of field soil hydraulic and solute transport parameters. Soil Science Society of America Journal, 62: 1172-1178.

Cassel D K, Nielsen D R. 1986. Field capacity and available water capacity // Klute A. Methods of Soil Analysis: Part 1. Physical and Mineralogical Methods, second ed. American Society of Agronomy, Madison, WI, 901-926.

Castellano M J, Schmidt J P, Kaye J P, et al. 2011. Hydrological controls on heterotrophic soil respiration across an agricultural landscape. Geoderma, 16: 273-280.

Celia M A, Bouloutas E T, Zarba R L. 1990. A general mass-conservative numerical solution for the unsaturated flow equation. Water Resources Research, 26: 1483-1496.

Chamran F, Gessler P E, Chadwick O A. 2002. Spatially explicit treatment of soil-water dynamics along a semiarid catena. Soil Science Society of America Journal, 66: 1571-1583.

Chapelle F H, Bradley P M. 1996. Microbial acetogenesis as a source of organic acids in ancient Atlantic Coastal Plain sediments. Geology, 24: 925-928.

Chaplot V, Walter C. 2002. The suitability of quantitative soil—landscape models for predicting soil properties at a regional level. 7th World Congress of Soil Science, Bangkok, Thailand, 2331.

Chaplot V, Walter C, Curmi P. 2000. Improving soil hydromorphy prediction according to DEM resolution and available pedological data. Geoderma, 97: 405-422.

Chen Y, Feng J, Yuan X, et al. 2020. Effects of warming on carbon and nitrogen cycling in alpine grassland ecosystems on the Tibetan Plateau: A meta-analysis. Geoderma, 370: 114363.

Cheng Y Y, Ogden F L, Zhu J T. 2017. Earthworms and tree roots: a model study of the effect of preferential flow paths on runoff generation and groundwater recharge in steep, saprolitic, tropical lowland catchments. Water Resources Research, 53: 5400-5419.

Chepil W S. 1956. Influence of moisture on erodibility of soil by wind. Soil Science Society America Proceedings, 20(2): 288-292.

Chorover J, Kretzschmar R, Garcia-Pichel F, et al. 2007. Soil biogeochemical processes within the critical zone. Elements, 3(5): 321-326.

Choudhury B J, Monteith J L. 1988. A four-layer model for the heat budget of homogeneous land surfaces. Quarterly Journal of the Royal Meteorological Society, 114(480): 373-398.

Cialella A T, Dubayah R, Lawrence W, et al. 1997. Predicting soil drainage class using remotely sensed and digital elevation data. Photogrammetric Engineering and Remote Sensing, 63: 171-178.

Cohen S, Willgoose G, Svoray T, et al. 2015. The effects of sediment transport, weathering, and aeolian mechanisms on soil evolution. Journal of Geophysical Research-Earth Surface, 120(2): 260-274.

Cole N J, Bodily J M. 2008. Landsat spectral data for digital soil mapping // Hatemink A E, McBratney A B, Mendonca-Santos M L. Digital Soil Mapping with Limited Data. Springer, Dordrecht, 193-202.

Coles A E, McDonnell J J. 2018. Fill and spill drives runoff connectivity over frozen ground. Journal of Hydrology, 558: 115-128.

Collins D, Bras R L. 2007. Plant rooting strategies in water-limited ecosystems. Water Resources Research, 43(6): 1-10.

Collins M E, Kuehl R J. 2001. Organic matter accumulation and organic soils // Richardson J L, Vepraskas M J. Wetland Soils: Their Genesis, Morphology, Hydrology, Landscapes, and Classification. Boca Raton: CRC Press: 137-162.

Conacher A J, Dalrymple J B. 1977. The nine unit landscape model and pedogeomorphic research. Geoderma, 18(1-2): 127-144.

Corwin D L. 2008. Past, present, and future trends in soil electrical conductivity measurements using geophysical methods // Allred B J, Daniels J J, Ehsani M R. Handbook of agricultural geophysics. New York: CRC Press.

Cosby B J, Hornberger G M, Clapp R B, et al. 1984. A Statistical Exploration of the Relationships of Soil Moisture Characteristics to the Physical Properties of Soils. Water Resources Research, 20: 682-690.

Couvreur V, Vanderborght J, Javaux M. 2012. A simple three-dimensional macroscopic root water uptake model based on the hydraulic architecture approach. Hydrology and Earth System Sciences, 16(8): 2957-2971.

Couvreur V, Vanderborght J, Beff L, Javaux M. 2014. Horizontal soil water potential heterogeneity: simplifying approaches for crop water dynamics models. Hydrology and Earth System Sciences, 18: 1723-1743.

Craig L S, Palmer M A, Richardson D C, et al. 2008. Stream restoration strategies for reducing river nitrogen loads. Frontiers in Ecology and the Environment, 6: 529-538.

Cui Z, Liu Y, Jia C, et al. 2018. Soil water storage compensation potential of herbaceous energy crops in semi-arid region. Field Crops Research, 233: 41-47.

D'Amore D V, Stewart S R, Huddleston J H, et al. 2000. Stratigraphy and hydrology of the Jackson-Frazier wetland. Oregon. Soil Science Society of America Journal, 64: 1535-1543.

D'Odorico P, Porporato A. 2006. Ecohydrology of arid and semiarid ecosystems: an introduction // D'Odorico P, Porporato A. Dryland Ecohydrology. The Netherlands: Springer, Dordrecht: 1-10.

D'Odorico P, Laio F, Porporato A, et al. 2003. Hydrologic controls on soil carbon and nitrogen cycles II: a case study. Advances in Water Resources, 26: 59-70.

Daamen C C, Simmonds L P. 1996. Measurement of evaporation from bare soil and its estimation using surface resistance. Water Resources Research, 32(5): 1393-1402.

Dahlin T, Zhou B. 2004. A numerical comparison of 2-D resistivity imaging with 10 electrode arrays. Geophysical Prospecting, 52: 379-398.

Dai C T, Wang T W, Zhou Y W, et al. 2019. Hydraulic properties in different soil architectures of a small agricultural watershed: implications for runoff generation. Water, 11: 2537.

Daly E, Porporato A, Rodriguez-Iturbe I. 2004. Coupled dynamics of photosynthesis, transpiration, and soil water balance. Part I: upscaling from hourly to daily level. Journal of Hydrometeorology, 5: 546-558.

Daniels J J, Allred B, Collins M, et al. 2003. Geophysics in soil science // Lal R. Encyclopedia of Soil Science, Second edition. New York: Marcel Dekker: 1-5.

Dansgaard W. 1953. The abundance of ^{18}O in atmospheric water and water vapor. Tellus, 5(4): 461-469.

Davidson E A, Janssens I A. 2006. Temperature sensitivity of soil carbon decomposition and feedbacks to climate change. Nature, 440: 165-173.

Davidson E A, Verchot L V. 2000. Testing the hole-in-the-pipe model of nitric and nitrous oxide emissions from soils using the TRAGNET database. Global Biogeochemical Cycles, 14: 1035-1043.

Dawson T E, Mambelli S, Plamboeck A H, et al. 2002. Stable Isotopes in Plant Ecology. Annual Review of Ecology and Systematics, 33(1): 507-559.

de Bruin S, Stein A. 1998. Soil-landscape modeling using fuzzy c-means clustering of attribute data derived from a Digital Elevation Model (DEM). Geoderma, 83: 17-33.

de Jonge L W, Moldrup P, Schjønning P. 2009. Soil infrastructure, interfaces & translocation processes in inner space ("Soil-it-is"): towards a road map for the constraints and crossroads of soil architecture and biophysical processes. Hydrology and Earth System Sciences, 13: 1485-1502.

de Kroon H, Mommer L. 2006. Root foraging theory put to the test. TRENDS in Ecology and Evolution, 21(3): 113-116.

de Michele C, Vezzoli R, Pavlopoulos H, et al. 2008. A minimal model of soil water-vegetation interactions forced by stochastic rainfall in water-limited ecosystem. Ecological Modelling, 212(3-4): 397-407.

del Grosso S J, Parton W J, Mosier A R, et al. 2005. Modeling soil CO_2 emissions from ecosystems. Biogeochemistry, 73: 71-91.

Deurer M, Green S R, Clothier B E, et al. 2003. Drainage networks in soils: a concept to describe bypass-flow pathways. Journal of Hydrology, 272(1-4): 148-162.

Devitt D A, Smith S D. 2002. Root channel macropores enhance downward movement of water in a Mojave desert ecosystem. Journal of Arid Environments, 50(1): 99-108.

Di Phillips J. 1993. Progressive and regressive pedogenesis and complex soil evolution. Quaternary Research 40: 169-176.

Dietrich W E, Reiss R, Hsu M L, Montgomery D R. 1995. A process-based model for colluvial soil depth and shallow landsliding using digital elevation data. Hydrological Processes, 9: 383-400.

Ding J, Li F, Yang G, et al. 2016. The permafrost carbon inventory on the Tibetan Plateau: a new evaluation using deep sediment cores. Global Change Biology, 22(8): 2688-2701.

Dinnes D L, Karlen D L, Jaynes D B, et al. 2002. Nitrogen management strategies to reduce nitrate leaching in tiledrained midwestern soils. Agronomy Journal, 94: 153-171.

Dittman J A, Driscoll C T, Groffman P M, et al. 2007. Dynamics of nitrogen and dissolved organic carbon at the Hubbard Brook Experimental Forest. Ecology, 88: 1153-1166.

Dobos E, Montanarella L, Nègre T, et al. 2001. A regional scale soil mapping approach using integrated AVHRR and DEM data. International Journal of Applied Earth Observation and Geoinformation, 3(1): 30-42.

Dobos E, Daroussin J, Montanarella L. 2005. A SRTM-based Procedure to Delineate SOTER Terrain Units on 1:1 M and 1:5 M Scales. European Commission Report, EUR 21571. Office for Official Publications of the European Communities, Luxembourg.

Dobos E, Bialko T, Micheli E, et al. 2010. Legacy soil data harmonization and database development // Boettinger J L, et al. Digital Soil Mapping: Bridging Research, Environmental Application, and Operation. Dordrecht: Springer: 309-323.

Dobson A. 1990. An introduction to Generalized Linear Model. London: Chapman & Hall, 50-60.

Dokuchaev V V. 1886. Key points in the history of land evaluation in the European Russia, with classification of Russian soils. Materials for Land Evaluation of the Nizhny Novgorod Governorate. Natural and Historical Part: Report to the Nizhny Novgorod Governorate Zemstvo, Vol. 1. Nizhny Novgorod Governorate Zemstvo, St. Petersburg (in Russian).

Dong Z, Wang H, Liu X, et al. 2002. Velocity profile of a sand cloud blowing over a gravel surface. Geomorphology, 45(3): 277-289.

Doolittle J A, Brevik E C. 2014. The use of electromagnetic induction techniques in soils studies. Geoderma, 223: 33-45.

Doolittle J, Murphy R, Parks G, et al. 1996. Electromagnetic induction investigations of a soil delineation in Reno County, Kansas. Soil Horizons, 37: 11-12.

Doolittle J A, Indorante S J, Potter D K , et al. 2002. Comparing three geophysical tools for locating sand blows in alluvial soils of southeast Missouri. Journal of Soil and Water Conservation, 57(3): 175-182.

Doolittle J, Zhu Q, Zhang J, et al. 2012. Geophysical investigations of soil and scape architecture and its impacts on subsurface flow // Lin H. Hydropedology: Synergistic Integration of Soil Science and Hydrology. Elsevier: Academic Press: 413-447.

Doolittle J, Chibirka J, Muniz E, et al. 2013. Using EMI and P-XRF to characterize the magnetic properties and the concentration of metals in soils formed over different lithologies. Soil Horiz, 54 (3): 1-10.

Drewniak B A. 2019. Simulating dynamic roots in the energy Exascale Earth system land model. Journal of Advances in Modeling Earth Systems, 11: 338-359.

Driscoll C T, Lawrence G B, Bulger A J, et al. 2001. Acidic deposition in the northeastern United States: sources and inputs, ecosystem effects, and management strategies. BioScience, 51: 180-198.

Droogers P, Bouma J. 1997. Soil Survey Input in Exploratory Modeling of Sustainable Soil Management Practices. Soil Science Society of America Journal, 61(6): 1704-1710.

Dunkerley D. 2000. Hydrologic effects of dryland shrubs: defining the spatial extent of modified soil water uptake rates at an Australian desert site. Journal of Arid Environments, 45: 159-172.

Dunn B W, Beecher H G. 2007. Using electro-magnetic induction technology to identify sampling sites for soil acidity assessment and to determine spatial variability of soil acidity in rice fields. Australian Journal of Experimental Agriculture, 47: 208-214.

Eagleson P S. 1978. Climate, Soil and Vegetation 6, Dynamics of the annual water balance. Water Resources Research, 14(5): 749-763.

Eagleson P S. 2005. Ecohydrology: Darwinian Expression of Vegetation Form and Function. Cambridge: Cambridge University Press.

Edwards W M, Shipitalo M J, Owens L B, et al. 1993. Factors Affecting Preferential Flow of Water and Atrazine through Earthworm Burrows under Continuous No-Till Corn. Journal of Environmental Quality, 22(3): 453-457.

Egli M, Fitze P. 2001. Quantitative aspects of carbonate leaching of soils with differing ages and climates. Catena, 46(1): 35-62.

Ehleringer J R, Cooper T A. 1988. Correlations Between Carbon Isotope Ratio and Microhabitat in Desert Plants. Oecologia, 76(4): 562-566.

Eigenberg R A, Doran J W, Nienaber J A, et al. 2002. Electrical conductivity monitoring of soil condition and available N with animal manure and a cover crop. Agriculture, Ecosystems and Environment, 88: 183-193.

Elshorbagy A, Parasuraman K. 2008. On the relevance of using artificial neural networks for estimating soil moisture content. Journal of Hydrology, 362(1): 1-18.

Enquist B J, Kerkhoff A J, Stark S C, et al. 2007. A general integrative model for scaling plant growth, carbon flux, and functional trait spectra. Nature, 449: 218-222.

Falkowski P G, Fenchel T, Delong E F. 2008. The microbial engines that drive earth's biogeochemical cycles. Science, 320: 1034-1039.

Fan Y, Miguez-Macho G, Jobbágy E G, et al. 2017. Hydrologic regulation of plant rooting depth. Proceedings of the National Academy of Sciences of the United States of America, 114(40): 10572-10577.

Farquhar G D, Sharkey T D. 1982. Stomatal Conductance and Photosynthesis. Annual Review of Plant Biology, 33: 317-345.

Farquhar G D, von Caemmerer S, Berry J A. 1980. A biochemical model of photosynthetic CO_2 assimilation in leaves of C3 species. Planta, 149: 78-90.

Farquharson R, Baldock J. 2007. Concepts in modelling N_2O emissions from land use. Plant Soil, 309: 147-167.

Fatichi S, Ivanov V Y, Caporali E. 2012. A mechanistic eco-hydrological model to investigate complex interactions in cold and warm water-controlled environments. 1. Theoretical framework and plot-scale analysis. Journal of Advances in Modeling Earth Systems, 4: M05002.

Fatichi S, Pappas C, Ivanov V Y, et al. 2016. Modeling plant-water interactions: an ecohydrological overview from the cell to the global scale. Wires Water, 3(3): 327-368.

Fatichi S, Or D, Walko R, et al. 2020. Soil structure is an important omission in Earth System Models. Nature Communications, 11(1): 1-11.

Feddes R A, Hoff H, Bruen M. 2001. Modeling root water uptake in hydrological and climate models. Bulletin of the American Meteorological Society, 82(12): 2797-2810.

Feyen H, Wunderli H, Wydler H, et al. 1999. A tracer experiment to study flow paths of water in a forest soil. Journal of Hydrology, 225: 155-167.

Field C B, Lobell D B, Peters H A, et al. 2007. Feedbacks of Terrestrial Ecosystems to Climate Change. Annual Review of Environment and Resources, 32: 1-29.

Fierer N, Schimel J P. 2003. A Proposed Mechanism for the Pulse in Carbon Dioxide Production Commonly Observed Following the Rapid Rewetting of a Dry Soil. Soil Science Society of America Journal, 67(3): 798-805.

Finke P A. 2012. Modeling the genesis of luvisols as a function of topographic position in loess parent material. Quaternary International, 265: 3-17.

Finke P A, Hutson J L. 2008. Modelling soil genesis in calcareous loess. Geoderma, 145: 462-479.

Finke P A, Samouëlian A, Suarez-Bonnet M, et al. 2015. Assessing the usage potential of SoilGen2 to predict clay translocation under forest and agricultural land uses. European Journal of Soil Science, 66(1): 194-205.

Firestone M K, Davidson E A. 1989. Microbiological basis of NO and N_2O production and consumption in soil. In Exchange of Trace Gases Between Terrestrial Ecosystems and the Atmosphere, ed. MO Andreae, DS Schimel, 7-24. New York: Wiley.

Flammer I, Blum A, Leiser A, et al. 2001. Acoustic assessment of flow patterns in unsaturated soil. Journal of Applied Geophysics, 46: 115-128.

Flury M, Leuenberger J, Studer B, et al. 1995. Transport of anions and herbicides in a loamy and sandy field soil. Water Resources Research, 31: 823-835.

Franzluebbers A J. 1999. Microbial activity in response to water- filled pore space of variably eroded southern Piedmont soils. Applied Soil Ecology, 11: 91-109.

Fraser F C, Todman L C, Corstanje R et al. 2016. Distinct respiratory responses of soils to complex organic substrate are governed predominantly by soil architecture and its microbial community. Soil Biology & Biochemistry, 103: 493-501.

Frédéric André, Leeuwen C V, Stéphanie Saussez, et al. 2012. High-resolution imaging of a vineyard in south of France using ground-penetrating radar, electromagnetic induction and electrical resistivity tomography. Journal of Applied Geophysics, 78: 113-122.

Freer J, McDonnell J, Beven K J, et al. 1997. Topographic controls on subsurface storm flow at the hillslope scale for two hydrologically distinct small catchments. Hydrological Processes, 11(9): 1347-1352.

Freund Y, Schapire R E. 1997. A decision-theoretic generalization of on-line learning and an application to boosting. Journal of Computer and System Sciences, 55 (1): 119-139.

Frogbrook Z L, Oliver M A. 2007. Identifying management zones in agricultural fields using spatially constrained classification of soil and ancillary data. Soil Use and Management, 23: 40-51.

Frohlich R K, Parke C D. 1989. The electrical resistivity of the vadose zone field survey. Ground Water, 27(4): 524-530.

Furbish D J, Fagherazzi S. 2001. Stability of creeping soil and implications for hillslope evolution. Water Resources Research, 37: 2607-2618.

Gachter R, Ngatiah J M, Stamm C. 1998. Transport of phosphate from soil to surface water by preferential flow.

Environmental Science & Technology, 32(13): 1865-1869.

Gagkas Z, Lilly A, Baggaley N J. 2021. Digital soil maps can perform as well as large-scale conventional soil maps for the prediction of catchment baseflows. Geoderma, 400: 115230.

Galagedara L W, Parkin G W, Redman J D, et al. 2005. Field studies of the GPR ground wave method for estimating soil water content during irrigation and drainage. Journal of Hydrology, 301(1-4): 182-197.

Gallant J C, Wilson J P. 2000. Primary topographic attributes//Wilson J P, Gallant J C. Terrain Analysis: Principles and Applications. New York: John Wiley & Sons, 51-85.

Galle S, Brouwer J, Delhoume J P. 2001. Soil water balance // Tongway D J, et al. Band Vegetation Patterning in Arid and Semiarid Environments. Ecological Studies, 149. New York: Springer-Verlag 77-104.

Galloway J N. 2001. Acidification of the world: natural and anthropogenic. Water, Air, & Soil Pollution, 130: 17-24.

Gao Y, Yu G, He N. 2013. Equilibration of the terrestrial water, nitrogen, and carbon cycles: Advocating a health threshold for carbon storage. Ecological Engineering, 57(57): 366-374.

Gao Y, Ma M Z, Yang T, et al. 2018. Global atmospheric sulfur deposition and associated impaction on nitrogen cycling in ecosystems. Journal of Cleaner Production, 195: 1-9.

Gazis C, Feng X H. 2004. A stable isotope study of soil water: evidence for mixing and preferential flow paths. Geoderma, 119(1-2): 97-111.

Geris J, Tetzlaff D, Soulsby C. 2015. Resistance and resilience to droughts: hydropedological controls on catchment storage and run-off response. Hydrological Processes, 29(21): 4579-4593.

Germann P F, Beven K. 1985. Kinematic Wave Approximation to Infiltration Into Soils With Sorbing Macropores. Water Resources Research, 21(7): 990-996.

Germann P F, Di Pietro L. 1999. Scales and dimensions of momentum dissipation during preferential flow in soils. Water Resources Research, 35: 1443-1454.

Gerwin W, Schaaf W, Biemelt D, et al. 2009. The artificial catchment "Chicken Creek" (Lusatia, Germany)—A landscape laboratory for interdisciplinary studies of initial ecosystem development. Ecological Engineering, 35(12): 1786-1796.

Gessler P E, Moore I D, McKenzie N J, et al. 1995. Soil-landscape modelling and spatial prediction of soil attributes. International Journal of Geographical Information Systems, 9: 421-432.

Glass R J, Yarrington L. 1996. Simulation of gravity fingering in porous, media using a modified invasion percolation model. Geoderma, 70: 231-252.

Glushkov V G. 1961. Theory And Methods Of Hydrology Studies. Moscow: Publishing House of the USSR Academy of Sciences.

Gong Z, Li H, A D, et al. 2017. Spatial distribution characteristics of organic matter in the water level fluctuation zone of Guanting Reservoir. Acta Ecologica Sinica, 37: 8336-8347.

Goodale C L, Aber J D, Mcdowell W H. 2000. The Long-term Effects of Disturbance on Organic and Inorganic Nitrogen Export in the White Mountains, New Hampshire. Ecosystems, 3(5): 433-450.

Goovaerts P. 1999. Geostatistics in soil science: state-of-the-art and perspectives. Geoderma, 89: 1-45.

Gorham E. 1958. The Influence and Importance of Daily Weather Conditions in the Supply of Chloride, Sulphate and Other Ions to Fresh Waters from Atmospheric Precipitation. Proceedings of the Royal Society of London, 244(1236): 140.

Gorham E, Vitousek P M, Reiners W A. 1979. The regulation of element budgets over the course of terrestrial ecosystem succession. Annual Review of Ecology, Evolution, and Systematics, 10: 53-84.

Grandy A S, Neff J C. 2008. Molecular C dynamics downstream: the biochemical decomposition sequence and its impact on soil organic matter structure and function. The Science of the Total Environment, 404: 297-307.

Green E G, Dietrich W E, Banfield J F. 2006. Quantification of chemical weathering rates across an actively eroding hillslope. Earth And Planetary Science Letters, 242: 155-169.

Green W H, Ampt G A. 1911. Studies on so il physics: 1. Flow of air and water through soils. Journal of Agricultural Science, 4(1): 1-24.

Gregory P J, Hutchison D J, Read D B, et al. 2003. Non-invasive imaging of roots with high resolution X-ray micro-tomography. Plant and Soil, 255(1): 351-359.

Groffman P M, Butterbach-Bahl K, Fulweiler R W, et al. 2009. Challenges to incorporating spatially and temporally explicit phenomena (hotspots and hot moments) in denitrification models. Biogeochemistry, 93: 49-77.

Grunwald S. 2005. What do we really know about the space-time continuum of soil-landscapes // Grunwald S. Environmental Soil-Landscape Modeling: Geographic Information Technologies and Pedometrics. Boca Raton, Florida: CRC Press: 3-36.

Grunwald S. 2009. Multi-criteria characterization of recent digital soil mapping and modeling approaches. Geoderma, 152: 195-207.

Grunwald S, Thompson J A, Boettinger J L. 2011. Digital soil mapping and modeling at continental scales-finding solutions for global issues. Soil Science Society of America Journal, 75(4): 1201-1213.

Guderle M, Hildebrandt A. 2015. Using measured soil water contents to estimate evapotranspiration and root water uptake profiles—a comparative study. Hydrology & Earth System Sciences, 19: 409-425.

Guerrero C, Stenberg B, Wetterlind J, et al. 2014. Assessment of soil organic carbon at local scale with spiked NIR calibrations: effects of selection and extra-weighting on the spiking subset. European Journal of Soil Science, 65(2): 248-263.

Guisan A, Edwards T C, Hastie T. 2002. Generalized linear and generalized additive models in studies of species distributions: setting the scene. Ecological Modelling, 157(2-3): 89-100.

Gunderson P, Schmidt I, Rauland-Rasmussen K. 2006. Leaching of nitrate from temperate forests—effects of air pollution and land management. Environmental Reviews, 14: 1-57.

Güntner A, Bronstert A. 2004. Representation of landscape variability and lateral redistribution processes for large-scale hydrological modelling in semi-arid areas. Journal of Hydrology, 297(1-4): 136-161.

Guo B, Zhou Y, Zhu J, et al. 2015. An estimation method of soil freeze-thaw erosion in the Qinghai-Tibet Plateau. Nature Hazards, 78: 1843-1857.

Guswa A J. 2008. The influence of climate on root depth: A carbon cost-benefit analysis. Water Resources Research, 44(2): W02427.

Guswa A J, Celia M A, Rodriguez-Iturbe I. 2004. Effect of vertical resolution on predictions of transpiration in water-limited ecosystems. Advances in Water Resources, 27(5): 467-480.

Häattenschwiler S, Vitousek P. 2000. The role of polyphenols in terrestrial ecosystem nutrient cycling. Trends in Ecology & Evolution, 15: 238-243.

Haei M, Oquist M G, Buffam I, et al. 2010. Cold winter soils enhance dissolved organic carbon concentrations in soil and stream water. Geophysical Research Letters, 37(8): 162-169.

Hartemink A E, Hempel J, Lagacherie P, et al. 2010. GlobalSoilMap.net: a new digital soil map of the world // Boettinger J L. Digital Soil Mapping: Bridging Research, Environmental Application, and Operation. Springer-Verlag, Dordrecht, the Netherlands, 423-427.

Harvey O R, Morgan C L S. 2009. Predicting regional-scale soil variability using single calibrated apparent soil electrical conductivity model. Soil Science Society of America Journal, 73: 164-169.

Hastie T J, Tibshirani R, Friedman J. 2009. The Elements of Statistical Learning: Data Mining, Inference and Prediction. Springer Series in Statistics, second ed. New York: Springer-Verlag.

Hayashi M, van der Kamp G, Schmidt R. 2003. Focused infiltration of snowmelt water in partially frozen soil under small depressions. Journal of Hydrology, 270(3): 214-229.

Heeraman D A, Hopmans J W, Clausnitzer V. 1997. Three-dimensional imaging of plant roots in situ with X-ray computed tomography. Plant and Soil, 189: 167-179.

Heimsath A M, Dietrich W E, Nishiizumi K, et al. 1997. The soil production function and landscape equilibrium. Nature, 388: 358-388.

Heimsath A M, Dietrich W E, Nishiizumi K, et al. 1999. Cosmogenic nuclides, topography, and the spatial variation of soil depth. Geomorphology, 27: 151-172.

Heimsath A M, Chappell J, Spooner N A, Questiaux D G. 2002. Creeping soil. Geology, 30: 111-114.

Helliwell J R, Sturrock C J, Grayling K M, et al. 2013. Applications of X-ray computed tomography for examining biophysical interactions and structural development in soil systems: a review. European Journal of Soil Science, 64: 279-297.

Hendrickx M H, Flury M. 2001. Uniform and preferential flow mechanisms in the vadose zone//Hsieh P A .Conceptual Models of Flow and Transport in the Fractured Vadose Zone. Washington D C：National Academy Press.

Hendrickx M H, Markus H. 2001. Uniform and preferential flow mechanisms in the vadose zone, in Conceptual Models of Flow and Transport in the Fractured Vadose Zone, ed. by P.A. Hsieh (National Academy Press, Washington, 2001), 149-198.

Hengl T. 2009. A Practical Guide to Geostatistical Mapping. Amsterdam: University of Amsterdam.

Hengl T, Heuvelink G B M, Stein A. 2004. A generic framework for spatial prediction of soil variables based on regression kriging. Geoderma, 120: 75-93.

Hermans C, Hammond J P, White P J, et al. 2006. How do plants respond to nutrient shortage by biomass allocation? Trends in Plant Science, 11(12): 610-617.

Hertrich M, Green A G, Braun M, et al. 2009. High-resolution surface NMR tomography of shallow aquifers based on multioffset measurements. Geophysics, 74(6): G47.

Heuvelink G. 2003. The definition of pedometrics. Pedometron, 15: 11-12.

Heuvelink G B M, Webster R. 2001. Modeling soil variation: past, present and future. Geoderma, 100: 269-301.

Hicks B B. 1986. Measuring dry deposition: a reassessment of the state of the art. Water, Air, & Soil Pollution, 30: 75-90.

Hill A R, Kemp W A. 1999. Nitrogen chemistry of subsurface storm runoff on forested Canadian Shield hillslopes. Water Resources Research, 35: 811-821.

Hobbie S E, Ogdahl M, Chorover J, et al. 2007. Tree species effects on soil organic matter dynamics: the role of soil cation composition. Ecosystems, 10: 999-1018.

Hodge A. 2004. The plastic plant: Root responses to heterogeneous supplies of nutrients. New Phytologist, 162(1): 9-24.

Hooper R P. 2001. Applying the scientific method to small catchment studies: a review of the Panola Mountain experience. Hydrological Processes, 15: 2039-2050.

Hope D, Billett M F, Cresser M S. 1994. A review of the export of carbon in river water: fluxes and processes. Environmental Pollution, 84: 301-324.

Hopmans J W, Bristow K L. 2002. Current capabilities and future needs of root water and nutrient uptake modeling. Advances in Agronomy, 77: 103-183.

Hopmans J W, Pasternack G. 2006. Experimental hydrology: A bright future. Advances in Water Resources, 29(2): 117-120.

Hornberger G M, Bencala K E, Mcknight D M. 1994. Hydrological controls on dissolved organic carbon during snowmelt in the Snake River near Montezuma, Colorado. Biogeochemistry, 25(3): 147-165.

Horton J H, Hawkins R H. 1965. Flow path of rain from soil surface to water table. Soil Science, 100: 377-383.

Horton R E. 1933a. The relation of hydrology to the botanical sciences. Transactions American Geophysical Union, 14.

Horton R E. 1933b. The role of infiltration in the hydrologic cycle. Transactions American Geophysical Union. 14: 446-460.

Howes D A, Abrahams A D. 2003. Modeling runoff and runon in a desert shrubland ecosystem, Jornada Basin, New Mexico. Geomorphology, 53: 45-73.

Hrnčíř M, Šanda M, Kulasová A, et al. 2010. Runoff formation in a small catchment at hillslope and catchment scales. Hydrological Processes, 24(16): 2248-2256.

Hu G R, Li X Y. 2019. Subsurface flow // Li X, Vereecken H. Observation and Measurement of Ecohydrological processes. Heidelberg: Springer: Berlin: 307-328.

Hu G R, Li X Y, Yang X F. 2020. The impact of micro-topography on the interplay of critical zone architecture and hydrological processes at the hillslope scale: Integrated geophysical and hydrological experiments on the Qinghai-Tibet Plateau. Journal of Hydrology, 583.

Hu X, Li X Y, Guo L L, et al. 2018. Influence of shrub roots on soil macropores using X-ray computed tomography in a shrub-encroached grassland in northern China. Journal of Soil and Sediments, 19: 1970-1980.

Hu X, Li X Y, Wang P, et al. 2019. Influence of exclosure on CT-measured soil macropores and root architecture in a shrub-encroached grassland in northern China. Soil Tillage Resource. 187: 21-30.

Huang C, Wylie B, Yang L, et al. 2002. Derivation of a tasseled cap transformation based on Landsat 7 at-satellite reflectance. International Journal of Remote Sensing, 23(8): 1741-1748.

Huete A R. 1988. A soil adjusted vegetation index (SAVI). Remote Sensing of Environment, 25: 295-309.

Huggett R J. 1975. Soil landscape systems: a model of soil genesis. Geoderma, 13: 1-22.

Hursh C, Brater E. 1941. Separating storm hydrographs from small drainage areas into surface- and subsurface-flow. Transactions, American Geophysical Union, 22: 863-871.

Hutchins R B, Blevins R L, Hill J D, et al. 1976. The influence of soils and microclimate on vegetation of forested slopes in eastern Kentucky. Soil Science, 121: 234-241.

Inamdar S P, Christopher S F, Mitchell M J. 2004. Export mechanisms for dissolved organic carbon and nitrate during summer storm events in a glaciated forested catchment in New York, USA. Hydrological Processes, 18(14): 2651-2661.

International Union of Soil Sciences (IUSS). 2006. World reference base for soil resources. World Soil Resources Reports no. 103, FAO, Rome.

Isensee A R, Helling C S, Gish T J, et al. 1988. Groundwater residues of atrazine, alachlor, and cyanazine under no-tillage practices. Chemosphere, 17: 165-174.

Jacques D, Šimůnek J, Mallants D, et al. 2008. Modelling coupled water flow, solute transport and geochemical reactions affecting heavy metal migration in a podzol soil. Geoderma, 145(3-4): 449-461.

Jarvis N J. 2007. A review of non-equilibrium water flow and solute transport in soil macropores: principles, controlling factors and consequences for water quality. European Journal of Soil Science, 58: 523-546.

Jarvis N J, Villholth K G, Ulen B. 1999. Modelling particle mobilization and leaching in macroporous soil. European Journal of Soil Science, 50(4): 621-632.

Jarvis N J, Moeys J, Hollis J M. et al. 2009. A conceptual model of soil susceptibility to macropore flow. Vadose Zone Journal, 8: 902-910.

Jarvis N J, Moeys J, Koestel J. 2012. Preferential flow in a pedological perspective // Lin H. Hydropedology. Waltham, MA: Academic Press, 75-120.

Javaux M, Schroder T, Vanderborght J, et al. 2008. Use of a three-dimensional detailed modeling approach for predicting root water uptake. Vadose Zone Journal, 7(3): 1079-1088.

Jenny H. 1941. Factors of soil formation. A System of Quantitative Pedology. New York: McGraw-Hill.

Jenny H. 1961. Derivation of state factor equations of soils and ecosystems. Soil Science Society of America Journal, 25: 385-388.

Jenny H. 1980. The Soil Resources. New York: Spring-Verlag.

Jian S Y, Li J W, Chen J, et al. 2016. Soil extracellular enzyme activities, soil carbon and nitrogen storage under nitrogen fertilization: A meta-analysis. Soil Biology & Biochemistry, 101: 32-43.

Jiang X J, Zhu X, Yuan Z Q, et al. 2021. Lateral flow between bald and vegetation patches induces the degradation of alpine meadow in Qinghai-Tibetan Plateau. Science of The Total Environment, 751: 142338.

Jochheim H, Dietmar L, Winfried R. 2022. Stem distance as an explanatory variable for the spatial distribution and chemical conditions of stand precipitation and soil solution under beech (Fagus sylvatica L.) trees. Journal of Hydrology, 608: 127629.

Johnson C K, Doran J W, Duke H R, et al. 2001. Field-scale conductivity mapping for delineating soil condition. Soil Science Society of America Journal, 65: 1829-1837.

Johnson D L, Watson-Stegner D. 1987. Evolution model of pedogenesis. Soil Science, 143: 349-366.

Johnson M S, Lehmann J. 2006. Double-funneling of trees: stemflow and root-induced preferential flow. Ecoscience, 13(3): 324-333.

Juniper B E, Jeffree C E. 1983. Plant Surfaces. London: Edward Arnold.

Jury W A. 1999. Present directions and future research in vadose zone hydrology // Parlange M B, Hopmans J W. Vadose Zone Hydrology: Cutting Across Disciplines, New York: Oxford University Press: 433-441.

Kalbitz K, Solinger S, Park J H, et al. 2000. Controls on the dynamics of dissolved organic matter in soils: a review. Soil Science, 165: 277-304.

Kaplan J O, Prentice I C, Buchmann N. 2002. The stable carbon isotope composition of the terrestrial biosphere: Modeling at scales from the leaf to the globe. Global Biogeochemical Cycles, 16(4): 1-11.

Katul G, Novick K. 2009. Evapotranspiration // Likens G E. Encyclopedia of Inland Waters, 1. Oxford: Elsevier: 661-667.

Katul G, Porporato A, Oren R. 2007. Stochastic dynamics of plant-water interactions. Annual Review of Ecology and Systematics, 38: 767-791.

Kauth R J, Thomas G S, 1976. The tasselled cap—A graphic description of the spectral-temporal development of agricultural crops as seen by Landsat. In: Symposium on Machine Processing of Remotely Sensed Data, IEEE, 76: 41-51.

Kaye J P, Hart S C. 1997. Competition for nitrogen between plants and soil microorganisms. Trends in Ecology & Evolution, 12: 139-143.

Keller G V, Frischknecht F C. 1966. Electrical Methods in Geophysical Prospecting. Oxford: Pergamon Press.

Keyvanshokouhi S. 2018. Projecting the Evolution of Soil Due to Global Change. Marseille: Aix-Marseille

University: 195.

Kim S. 2016. Time series modeling of soil moisture dynamics on a steep mountainous hillside. Journal of Hydrology, 536: 37-49.

Kinlaw A, Grasmueck M. 2012. Evidence for and geomorphologic consequences of a reptilian ecosystem engineer: the burrowing cascade initiated by the Gopher Tortoise. Geomorphology, 157-158: 108-121.

Kinlaw A, Conyers L, Zajac W. 2007. Use of ground penetrating radar to image burrows of the Gopher Tortoise (Gopherus polyphemus). Herpetological Review, 38(1): 50-56.

Kirkby M J. 1977. Soil development models as a component of slope models. Earth Surface Processes and Landforms, 2(2-3): 203-230.

Kirkby M J. 1985. A basis for soil profile modelling in a geomorphic context. European Journal of Soil Science, 36: 97-121.

Kladivko E J, van Scoyoc G E, Monke E J, et al. 1991. Pesticides and nutrient movement into tile drain on a silt loam soil in Indiana. Journal of Environmental Quality, 20: 264-270.

Klafter J, Shlesinger M F, Zumofen G. 1996. Beyond Brownian motion. Physics Today, 49(2): 33-39.

Kleidon A. 2004. Global datasets of rooting zone depth inferred from inverse methods. Journal of Climate, 17(13): 2714-2722.

Kline J R. 1973. Mathematical simulation of soil-plant relationships and soil genesis. Soil Science, 115: 240-249.

Knapp A K, Smith M D. 2001. Variation among biomass in temporal dynamics of aboveground primary production. Science, 291: 481-484.

Knuteson J A, Richardson J L, Patterson D D, et al. 1989. Pedogenic carbonates in a calciaquoll associated with a recharge wetland. Soil Science Society of America Journal, 53(2): 495-499.

Koestel J K, Moeys J, Jarvis N J. 2012. Meta-analysis of the effects of soil properties, site factors and experimental conditions on solute transport. Hydrology and Earth System Sciences, 16: 1647-1665.

Kostiakov A N. 1932. On the dynamics of the coefficient of water-percolation in soils and on the necessity of studying it from a dynamic point of view for purposes of amelioration. Social Soil Science. Russian.

Kosugi K. 1994. Three-parameter lognormal distribution model for soil water retention. Water Resources Research, 30(4): 891-901.

Kramer P J, Boyer J S. 1995. Water Relations of Plants and Soils. Academic Press.

Kubota T, Tsuboyama Y. 2004. Estimation of evaporation rate from the forest floor using oxygen-18 and deuterium compositions of through fall and stream water during a non-storm runoff period. Journal of Forest Research, 9: 51-59.

Kung K J S, Steenhuis T S, Kladivko E J, et al. 2000. Impact of preferential flow on the transport of adsorbing and non-adsorbing tracers. Soil Science Society of America Journal, 64: 1290-1296.

Kutilek M. 1966. Soil Science in Water Management. Prague: State Publisher of Technical Literature (In Czech: Vodohospodarska Pedologie).

Kutilek M, Nielsen D R. 1994. Soil Hydrology. Catena Verlag, Cremlingen-Destedt, Germany.

Lagacherie P. 2008. Digital soil mapping: a State of the art, 3-14 // Hartemink A E, McBratney A B, Mendonca-Santos M L. Digital Soil Mapping with Limited Data. Dordrecht: Springer.

Laio F. 2006. A vertically extended stochastic model of soil moisture in the root zone. Water Resources Research, 42(2): W02406.

Laio F, Porporato A, Ridolfi L, et al. 2001. Plants in water‐controlled ecosystems: active role in hydrologic processes and response to water stress: II. Probabilistic soil moisture dynamics. Advances in Water Resources,

24(7): 707-723.

Laio F, D'Odorico P, Ridolfi L. 2006. An analytical model to relate the vertical root distribution to climate and soil properties. Geophysical Research Letter, 33(18): L18401.

Laio F, Tamea S, Ridolfi L. 2009. Ecohydrology of groundwater‐dependent ecosystems: 1. Stochastic water table dynamics. Water Resources Research, 45(5).

Lal R. 2004. Soil Carbon Sequestration Impacts on Global Climate Change and Food Security. Science, 304(5677): 1623-1627.

Lane P W. 2002. Generalized linear models in soil science. European Journal of Soil Science, 53: 241-251.

Lark R M. 1999. Soil-landform relationships at within-field scales: an investigation using continuous classification. Geoderma, 92: 141-165.

Larsson M H, Jarvis N J. 1999. A dual-porosity model to quantify macropore flow effects on nitrate leaching. Journal of Environment Quality, 28: 1298-1307.

Lehmann-Horn J A, Walbrecker J O, Hertrich M, et al. 2011. Imaging groundwater beneath a rugged proglacial moraine. Geophysics, 76: 165-172.

Lehrsch G A. 1998. Freeze-Thaw Cycles Increase Near-Surface Aggregate Stability. Soil Science, 163(1): 63-70.

Lemercier B, Lacoste M, Loum M, et al. 2012. Extrapolation at regional scale of local soil knowledge using boosted classification trees: A two-step approach. Geoderma, 171-172: 75-84.

Levia D F, Frost E E. 2003. A review and evaluation of stemflow literature in the hydrologic and biogeochemical cycles of forested and agricultural ecosystems. Journal of Hydrology, 274: 1-29.

Levia D F, Frost E E. 2006. Variability of throughfall volume and solute inputs in wooded ecosystems. Progress in Physical Geography, 30: 605-632.

Li X J, Li X R, Song W M, et al. 2008. Effects of crust and shrub patches on runoff, sedimentation, and related nutrient (C, N) redistribution in the desertified steppe zone of the Tengger Desert, Northern China. Geomorphology, 96: 221-232.

Li X R, Tian F, Jia R L, et al. 2010. Do biological soil crusts determine vegetation changes in sandy deserts? Implications for managing artificial vegetation. Hydrological Processes, 24(25): 3621-3630.

Li X Y. 2011. Hydrology and biogeochemistry of semiarid and arid regions // Levia D F, et al. Forest Hydrology and Biogeochemistry: Synthesis of Past Research and Future Directions. Ecological Studies Series, 216: 285-299.

Li X Y, Liu L Y, Gao S Y, et al. 2008. Stemflow in three shrubs and its effect on soil water enhancement in semiarid loess region of China. Agricultural and Forest Meteorology, 148 (10): 1501-1507.

Li X Y, Yang Z P, Li Y T, et al. 2009. Connecting ecohydrology and hydropedology in desert shrubs: stemflow as a source of preferential flow in soils. Hydrology and Earth System Sciences Discussions, 13(7): 1133-1144.

Li Y M, Masoud G. 1997. Preferential transport of solute through soil columns containing constructed macropores. Soil Science Society of America Journal, 61: 1308-1317.

Li Z, Liu H, Zhao W, et al. 2019. Quantification of soil water balance components based on continuous soil moisture measurement and the Richards equation in an irrigated agricultural field of a desert oasis. Hydrology and Earth System Sciences, 23: 4685-4706.

Liang X, Lettenmaier D P, Wood E F, et al. 1994. A simple hydrologically based model of land surface water and energy fluxes for GSMs. Journal of Geophysical Research, 99(D7): 14415-14428.

Liang X, Lettenmaier D P, Wood E F. 1996. One-dimensional statistical dynamic representation of Subgrid spatial variability of precipitation in the two-layer variable infiltration capacity model. Journal of Geophysical Research, 101(D16): 21403-21422.

Liang Y M, Hazlett D L, Lauenroth W K. 1989. Biomass dynamics and water use efficiencies of five plant communities in the shortgrass steppe. Oecologia, 80: 148-153.

Lilly A. 2006. Hydropedology: synergistic integration of pedology and hydrology. Water Resources Research, 42: W05301.

Lin H S. 2003. Hydropedology: bridging disciplines, scales, and data. Vadose Zone Journal, 2: 1-11.

Lin H S. 2006. Temporal stability of soil moisture spatial pattern and subsurface preferential flow pathways in the Shale Hills Catchment. Vadose Zone Journal, 5: 317-340.

Lin H S. 2007. Cattle vs. ground beef: What is the difference? Soil Survey Horizons, 48: 9-10.

Lin H S. 2010a. Earth's Critical Zone and hydropedology: concepts, characteristics, and advances. Hydrology and Earth System Sciences, 14: 25-45.

Lin H S. 2010b. Linking principles of soil formation and flow regimes. Journal of Hydrology, 393(1-2): 3-19.

Lin H S. 2011a. Three principles of soil change and pedogenesis in time and space. Soil Science Society of America Journal, 75: 2049-2070.

Lin H S. 2011b. Hydropedology: towards new insights into interactive pedologic and hydrologic processes across scales. Journal of Hydrology, 406: 141-145.

Lin H S. 2012a. Understanding soil architecture and its functional manifestation across scales // Lin H. Hydropedology. Waltham: Academic Press: 41-74.

Lin H S. 2012b. Hydropedology: Synergistic Integration of Soil Science and Hydrology. Academic Press.

Lin H S, Rathbun S. 2003. Hierarchical frameworks for multiscale bridging in hydropedology // Pachepsky Y, Radcliffe D E, Selim H M. Scaling methods in soil physics. Boca Raton: CRC Press 353-371.

Lin H S, Bouma J, Wilding L, et al. 2005. Advances in hydropedology. Advances in Agronomy, 85: 1-89.

Lin H S, Bouma J, Pachepsky Y, et al. 2006. Hydropedology: synergistic integration of pedology and hydrology. Water Resource Research, 42: W05301.

Lin H S, Brook E, McDaniel R, et al. 2008. Hydropedology and surface/subsurface runoff processes // Anderson M G. Encyclopedia of Hydrologic Sciences. John Wiley & Sons, Ltd.

Liu J, Pattey E, Nolin M C, et al. 2008. Mapping with in-field soil drainage using remote sensing, DEM and apparent soil electrical conductivity. Geoderma, 143: 261-272.

Liu Y, Liu F, Xu Z, et al. 2015. Variations of soil water isotopes and effective contribution times of precipitation and throughfall to alpine soil water, in Wolong Nature Reserve, China. Catena, 126(1): 201-208.

Llorens P, Domingo F. 2007. Rainfall partitioning by vegetation under Mediterranean conditions. A review of studies in Europe. Journal of Hydrology, 335: 37-54.

Lohse K A, Brooks P D, Mcintosh J C, et al. 2009. Interactions between biogeochemistry and hydrologic systems. Annual Review of Environment and Resources, 34: 65-96.

Lovett G M, Weathers K C, Arthur M A. 2002. Control of nitrogen loss from forested watersheds by soil carbon: nitrogen ratio and tree species composition. Ecosystems, 5: 712-718.

Lowrie W. 2007. Fundamentals of Geophysics. 2nd ed. New York: Cambridge University Press.

Lu H, Yuan W, Chen X. 2019. A processes-based dynamic root growth model integrated into the ecosystem model. Journal of Advances in Modeling Earth Systems, 11(12): 4614-4628.

Ludwig J A, Wilcox B P, Breshears D D, et al. 2005. Vegetation patches and runoff-erosion as interacting ecohydrological processes in semiarid landscapes. Ecology, 86(2): 288-297.

Lunt I A, Hubbard S S, Rubin Y. 2005. Soil moisture content estimation using ground-penetrating radar reflection data. Journal of Hydrology, 307(1-4): 254-269.

Luo L F, Lin H S, Halleck P, et al. 2008. Quantifying soil structure and preferential flow in intact soil using X-ray computed tomography. Soil Science Society of America Journal, 72: 1058-1069.

Luo L F, Lin H S, Li H S. 2010. Quantification of 3-D soil macropore networks in different soil types and land uses using computed tomography. Journal of Hydrology, 393(1-2): 53-64.

Lv L. 2014. Linking montane soil moisture measurements to evapotranspiration using inverse numerical modeling. Dissertations & Theses-Gradworks, 3323.

Ma Y J, Li X Y, Guo L, et al. 2017. Hydropedology: Interactions between pedologic and hydrologic processes across spatiotemporal scales. Earth Science Reviews, 171: 181-195.

MacMillan R A, Moon D E, Coupé R A, et al. 2010. Predictive Ecosystem Mapping (PEM) for 8.2 million ha of Forestland, British Columbia, Canada // Boettinger J L. Digital Soil Mapping: Bridging Research, Environmental Application, and Operation. Dordrecht: Springer: 337-356.

Magnani F, Mencuccini M, Borghetti M, et al. 2007. The human footprint in the carbon cycle of temperate and boreal forests. Nature, 447: 849-851.

Mahfouf J F, Noilhan J. 1991. Comparative study of various formulations of evaporations from bare soil using in situ data. Journal of Applied Meteorology, 30(9): 1354-1365.

Majoube M. 1971. Fractionation in O^{18} between ice and water vapor. Journal De Chimie Physique Et De Physico-chimie Biologique, 4(68).

Malone B P, McBratney A B, Minasny B, et al. 2009. Mapping continuous depth functions of soil carbon storage and available water capacity. Geoderma, 154(1-2): 138-152.

Mandelbrot B B. 1982. The Fractal Geometry of Nature. New York: W. H. Freeman and Company.

Martinez J P, Silva H, Ledent J F, et al. 2007. Effect of drought stress on the osmotic adjustment, cell wall elasticity and cell volume of six cultivars of common beans (Phaseolus vulgaris L.). European Journal of Agronomy, 26(1): 30-38.

Martínez-Mena M, López J, Almagro M, et al. 2012. Organic carbon enrichment in sediments: Effects of rainfall characteristics under different land uses in a Mediterranean area. Catena, 94: 36-42.

Matheron G. 1969. Le krigeage universel, vol 1. Cahiers du Centre de Morphologie Mathématique, École desMines de Paris, Fontainebleau.

Mattson S. 1938. The constitution of pedosphere. Landbrukshogskolans Ann, 5: 261-276.

Mayr T, Rivas-Casado M, Bellamy P, et al. 2010. Two methods for using legacy data in digital soil mapping // Boettinger J L, et al. Digital Soil Mapping: Bridging Research, Environmental Application, and Operation. Dordrecht: Springer: 191-202.

McBratney A B, Odeh I, Bishop T, et al. 2000. An overview of pedometric techniques for use in soil survey. Geoderma, 97: 293-327.

McBratney A B, Mendonca Santos M L, Minasny B. 2003. On digital soil mapping. Geoderma, 117(1-2): 3-52.

McBride R A, Gordon A M, Shrive S C. 1990. Estimating forest soil quality from terrain measurements of apparent electrical conductivity. Soil Science Society of America Journal, 54(1): 290-293.

McClain M E, Boyer E W, Dent C L, et al. 2003. Biogeochemical hot spots and hot moments at the interface of terrestrial and aquatic ecosystems. Ecosystems, 6: 301-312.

McDonnell J J, Sivapalan M, Vache K, et al. 2007. Moving beyond heterogeneity and process complexity: A new vision for watershed hydrology. Water Resources Research, 43(7): W07301.

McDonnell J J, Gabrielli C, Ameli A, et al. 2021a. The Maimai M8 experimental catchment database: Forty years of process-based research on steep, wet hillslopes. Hydrological Processes, 35(5): e14112.

McDonnell J J, Spence C, Karran D J, et al. 2021b. Fill-and-Spill: A Process Description of Runoff Generation at the Scale of the Beholder. Water Resources Research, 57(5): e2020WR027514.

McGlynn B L, McDonnell J J. 2003. The role of discrete landscape units in controlling catchment dissolved organic carbon dynamics. Water Resources Research, 39: 1090.

McGlynn B L, McDonnell J J, Brammer D D. 2002. A review of the evolving perceptual model of hillslope flowpaths at the Maimai catchments, New Zealand. Journal of Hydrology, 257(1-4): 1-26.

McGuire K J, McDonnell J J. 2006. A review and evaluation of catchment transit time modeling. Journal of Hydrology, 330(3-4): 543-563.

McIntosh J C, Walter L M, Martini A M. 2002. Pleistocene recharge to midcontinent basins: effects on salinity structure and microbial gas generation. Geochimica Et Cosmochimica Acta, 66(10): 1681-1700.

McKenzie N, Jacquier D. 1997. Improving the field estimation of saturated hydraulic conductivity in soil survey. Australian Journal of Soil Research, 35: 803-825.

McKenzie N, Ryan P. 1999. Spatial prediction of soil properties using environmental correlation. Geoderma, 89: 67-94.

McKnight D M, Harnish R, Wershaw R L, et al. 1997. Chemical characteristics of particulate, colloidal, and dissolved organic material in Loch Vale Watershed, Rocky Mountain National Park. Biogeochemistry, 36: 99-124.

McKnight D M, Boyer E W, Westerhoff P K, et al. 2001. Spectrofluorometric characterization of dissolved organic matter for indication of precursor organic material and aromaticity. Limnol Oceanogr, 46: 38-48.

McLeod M, Aislabie J, Ryburn J, et al. 2008. Regionalizing potential for microbial bypass flow through New Zealand soils. Journal of Environmental Quality, 37: 1959-1967.

McMahon P B. 2001. Aquifer/aquitard interfaces: mixing zones that enhance biogeochemical reactions. Hydrogeology Journal, 9: 34-43.

McMahon P B, Chapelle F H. 2008. Redox processes and water quality of selected principal aquifer systems. Ground Water, 46: 259-271.

McMahon P B, Bohlke J K, Christenson S C. 2004. Geochemistry, radiocarbon ages, and paleorecharge conditions along a transect in the central High Plains aquifer, southwestern Kansas, USA. Applied Geochemistry, 19: 1655-1686.

McNeill J D. 1980a. Electrical conductivity of soils and rock. Technical Note TN-5. Geonics Limited, Mississauga, Ontario, Canada.

McNeill J D. 1980b. Electromagnetic terrain conductivity measurement at low induction numbers. Geonics Limited.

McPherson G R. 1997. Ecology and Management of North American Savannas. University of Arizona Press, Tucson, AZ.

Meadows D G, Young M H, McDonald E V. 2008. Influence of relative surface age on hydraulic properties and infiltration on soils associated with desert pavements. Catena, 72: 169-178.

Meakin P. 1983. Diffusion-controlled deposition on fibers and surfaces. Physical Review A, 27: 2616-2623.

Meixner T, Bales R C, Williams M W, et al. 2000. Stream chemistry modeling of two watersheds in the Front Range, Colorado. Water Resources Research, 36: 77-87.

Melendez-Pastor I, Navarro-Pedreño J, Gómez I, et al. 2008. Identifying optimal spectral bands to assess soil properties with VNIR radiometry in semi-arid soils. Geoderma, 147(3-4): 126-132.

Michalski G, Meixner T, Fenn M, et al. 2004. Tracing atmospheric nitrate deposition in a complex semiarid ecosystem using ^{17}O. Environmental Science & Technology, 38: 2175-2181.

Michot D, Benderitter Y, Dorigny A, et al. 2003. Spatial and temporal monitoring of soil water content with an irrigated corn crop cover using surface electrical resistivity tomography. Water Resources Research, 39(5): 1138.

Milburn J A. 1979. Water Flow in Plants. New York: Longman.

Milne G. 1936. Normal erosion as a factor in soil profile development. Nature, 138: 548-549.

Minasny B, McBratney A B. 1999. A rudimentary mechanistic model for soil production and landscape development. Geoderma, 90: 3-21.

Minasny B, McBratney A B. 2001. A rudimentary mechanistic model for soil formation and landscape development II; a two-dimensional model incorporating chemical weathering. Geoderma, 103: 161-179.

Minasny B, McBratney A B. 2006. Mechanistic soil-landscape modelling as an approach to developing pedogenetic classifications. Geoderma, 133: 138-149.

Minasny B, McBratney A B. 2007. Spatial prediction of soil properties using EBLUP with Mate´rn covariance function. Geoderma, 140: 324-336.

Minasny B, McBratney A B, Salvador-Blanes S. 2008. Quantitative models for pedogenesis — A review. Geoderma, 144: 140-157.

Minsley B J, Abraham J D, Smith B D, et al. 2012. Airborne electromagnetic imaging of discontinuous permafrost. Geophysical Research Letters, 39: 2503.

Minasny B, Finke P A, Stockmann U, et al. 2015. Resolving the integral connection between pedogenesis and landscape evolution. Earth Science Reviews, 150: 102-120.

Mirchooli F, Kiani-Harchegani M, Khaledi Darvishan A, et al. 2020. Spatial distribution dependency of soil organic carbon content to important environmental variables. Ecological Indicators, 116: 106473.

Miyazaki T. 1993. Water Flow in Soils. New York: Marcel Dekker.

Moffett K B, Robinson D A, Gorelick S M. 2010. Relationship of salt marsh vegetation zonation to spatial patterns in soil moisture, salinity, and topography. Ecosystems, 13(8): 1287-1302.

Molz F. 1981. Models of water transport in the soil-plant system—a review. Water Resources Research, 17(5): 1245-1260.

Moncrieff J B, Rayment M, Tedeschi V, et al. 2007. The human footprint in the carbon cycle of temperate and boreal forests. Nature, 447: 849-851.

Mooney S J, Pridmore T P, Helliwell J, et al. 2012. Developing X-ray Computed Tomography to non-invasively image 3-D root systems architecture in soil. Plant and Soil, 352(1-2): 1-22.

Moore I D, Grayson R B, Ladson A R. 1991. Digital terrain modelling: a review of hydrological, geomorphological, and biological applications. Hydrological Processes, 5: 3-30.

Moore I D, Gessler P E, Nielsen G A, et al. 1993. Soil attribute prediction using terrain analysis. Soil Science Society of America Journal, 57: 443-452.

Moran C J, Bui E. 2002. Spatial data mining for enhanced soil map modelling. International Journal of Geographical Information Science, 16: 533-549.

Morford S L, Houlton B Z, Dahlgren R A. 2011. Increased forest ecosystem carbon and nitrogen storage from nitrogen rich bedrock. Nature, 477: 78-81.

Mu C, Zhang T, Zhang X, et al. 2016. Pedogenesis and physicochemical parameters influencing soil carbon and nitrogen of alpine meadows in permafrost regions in the northeastern Qinghai-Tibetan Plateau. Catena, 141: 85-91.

Mualem Y. 1976. New model for predicting the hydraulic conductivity of unsaturated porous media. Water Resources Research, 12(3): 513-522.

Mulder V L, de Bruin S, Schaepman M E, et al. 2011. The use of remote sensing in soil and terrain mapping—a review. Geoderma, 162: 1-19.

Mulholland P J, Hill W R. 1997. Seasonal patterns in streamwater nutrient and dissolved organic carbon concentrations: separating catchment flow path and in-stream effects. Water Resources Research, 33: 1297-1306.

Mulholland P J, Tank J L, Sanzone D M, et al. 2000. Nitrogen cycling in a forest stream determined by a N-15 tracer addition. Ecological Monographs, 70: 471-493.

Muller T. 2004. Soil organic matter turnover as a function of the soil clay content: consequences for model applications. Soil Biology & Biochemistry, 36: 877-888.

Nadelhoffer K J, Emmett B A, Gundersen P, et al. 1999. Nitrogen deposition makes a minor contribution to carbon sequestration in temperate forests. Nature, 398: 1997-2000.

National Research Council. 2001. Basic research opportunities in earth science. Washington, DC: National Academy Press.

Neal A. 2004. Ground-penetrating radar and its use in sedimentology: principles, problems and progress. Earth-Sicence Reviews, 66(3-4): 261-330.

Newman B D, Wilcox B P, Archer S R, et al. 2006. Ecohydrology of water limited environments: a scientific vision. Water Resource Research, 42: W06302.

Newman B D, Breshears D D, Gard M O. 2010. Evapotranspiration partitioning in a semiarid woodland: ecohydrologic heterogeneity and connectivity of vegetation patches. Vadose Zone Journal, 9: 561-572.

Ng C W W, Ni J J, Leung A K. 2020. Effects of plant growth and spacing on soil hydrological changes: a field study. Geotechnique, 70(10): 867-881.

Nield S J, Boettinger J L, Ramsey R D. 2007. Digitally mapping gypsic and natric soil areas using Landsat ETM data. Soil Science Society of America Journal, 71: 245-252.

Nikiforoff C C. 1959. Reappraisal of the Soil. Science (Washington, DC), 129: 186-196.

Noguchi S, Nik A R, Kasran B, et al. 1997. Soil Physical Properties and Preferential Flow Pathways in Tropical Rain Forest, Bukit Tarek, Peninsular Malaysia. Journal of Forest Research, 2(2): 115-120.

Noguchi S, Tsuboyama Y, Sidle R C, et al. 2001. Subsurface runoff characteristics from a forest hillslope soil profile including macropores, Hitachi Ohta, Japan. Hydrological Processes, 15(11): 2131-2149.

Noilhan J, Planton S. 1989. A simple parameterization of land surface processes for meteorological models. Monthly Weather Review, 117(3): 536-549.

Noller J S. 2010. Applying geochronology in predictive digital mapping of soils // Boettinger J L, et al. Digital Soil Mapping: Bridging Research, Environmental Application, and Operation. Dordrecht: Springer: 43-53.

Nuber A, Rabenstein L, Lehmann-Horn J A, et al. 2013. Water Content Estimates of a First-Year Sea Ice Pressure Ridge Keel from Surface Nuclear Magnetic Resonance Tomography. Annals of Glaciology, 54(64): 33-43.

Odgers N P, Libohova Z, Thompson J A. 2012 Equal-area spline functions applied to a legacy soil database to create weighted-means maps of soil organic carbon at a continental scale. Geoderma, 189-190: 153-163.

Olaya V. 2009. Basic land-surface parameters // Hengl T, Reuter H I. Developments in Soil Science. Geomorphometry—Concepts, Software, Applications, 33: 141-169.

Overmeeren V R A, Sariowan S V, Gehrels J C. 1997. Ground penetrating radar for determining volumetric soil water content; results of comparative measurements at two test sites. Journal of Hydrology, 197(1-4): 316-338.

Pachepsky Y A, Rawls W J. 2003. Soil structure and pedotransfer functions. European Journal of Soil Science,

54 (3): 443-452.

Pachepsky Y A, Timlin D J, Rawls W J. 2001. Soil water retention as related to topographic variables. Soil Science Society of America Journal, 65: 1787-1795.

Pachepsky Y A, Rawls W J, Lin H S. 2006. Hydropedology and pedotransfer functions. Geoderma, 131(3): 308-316.

Palmer R C, Holman I P, Robins N S, et al. 1995. Guide to groundwater vulnerability mapping in England and Wales. London: HMSO.

Pampolino M F, Urushiyama T, Hatano R. 2000. Detection of nitrate leaching through bypass flow using pan lysimeter, suction cup and resin capsule. Soil Science and Plant Nutrition, 46: 703-711.

Park J, Sanford R A, Bethke C M. 2006. Geochemical and microbiological zonation of the Middendorf aquifer, South Carolina. Chemical Geology, 230: 88-104.

Park S J, Vlek L G. 2002. Environmental correlation of three-dimensional soil spatial variability: a comparison of three environmental correlation techniques. Geoderma, 109: 117-140.

Park S J, McSweeney K, Lowery B. 2001. Identification of the spatial distribution of soils using a 255 process-based terrain characterization. Geoderma, 103: 249-272.

Parsekian A D. 2013. Detecting unfrozen sediments below thermokarst lakes with surface nuclear magnetic resonance. Geophysical Research Letters, 40(3): 535-540.

Parsekian A D, Creighton A L, Jones B M, et al. 2019. Surface nuclear magnetic resonance observations of permafrost thaw below floating, bedfast, and transitional ice lakes. Geophysics, 84(3): 1-52.

Parsons A J, Wainwright J, Brazier R E, et al. 2006. Is sediment delivery a fallacy? Earth Surface Processes and Landforms, 31(10): 1325-1328.

Parton W, Silver W L, Burke I C, et al. 2007. Global-scale similarities in nitrogen release patterns during long-term decomposition. Science, 315: 361-365.

Pataki D E, Ehleringer J R, Flanagan L B, et al. 2003. The application and interpretation of Keeling plots in terrestrial carbon cycle research. Global Biogeochemical Cycles, 17(1): 1-15.

Pate J, Arthur D. 1998. δC-13 analysis of phloem sap carbon: novel means of evaluating seasonal water stress and interpreting carbon isotope signatures of foliage and trunk wood of Eucalyptus globulus. Oecologia, 117(3): 301-311.

Paterson L. 1984. Diffusion limited aggregation and two-fluid displacements in porous media. Physics Review Letter, 52(18): 1621-1624.

Peixi S, Du M, Zhao A, et al. 2002. Study on water requirement law of some crops and different planting mode in oasis. Agricultural Research in the Arid Areas, 20: 79-85.

Pellerin B A, Wollheim W M, Feng X, et al. 2008. The application of electrical conductivity as a tracer for hydrograph separation in urban catchments. Hydrological processes, 22(12): 1810-1818.

Peng W, Wheeler D B, Bell J C, et al. 2003. Delineating patterns of soil drainage class on bare soils using remote sensing analyses. Geoderma, 115: 261-279.

Pennock D J, Zebarth B J, de Jong E. 1987. Landform classification and soil distribution in Hummocky terrain, Saskatchewan, Canada. Geoderma, 40: 297-315.

Perakis S S, Hedin L O. 2002. Nitrogen loss from unpolluted South American forests mainly via dissolved organic compounds. Nature, 415: 416-419.

Perrier E, Bird N, Rieu M. 1999. Generalizing the fractal model of soil structure: the pore-solid fractal approach. Geoderma, 88: 137-164.

Peters D P C, Havstad K M. 2006. Nonlinear dynamics in arid and semi-arid systems: interactions among drivers and processes across scales. Journal of Arid Environments, 65: 196-206.

Peterson B J, Fry B. 1987. Stable isotopes in ecosystem studies. Annual Review of Ecology and Systematics, 18: 293-320.

Petrovic A M, Siebert J E, Rieke P E. 1982. Soil bulk density analysis in three dimensions by computed tomographic scanning. Soil Science Society of America Journal, 46: 445-450.

Petsch S T, Eglinton T I, Edwards K J. 2001. ^{14}C-dead living biomass: evidence for microbial assimilation of ancient organic carbon during shale weathering. Science, 292: 1127-1131.

Philip J R. 1957. The theory of infiltration: 1 the infiltration equation and its solution. Soil Science, 83(5): 345-435.

Philip J R. 1966. Plant water relations: some physical aspects. Annual Review of Plant Physiology, 17(1): 245-268.

Phillips F M. 2010. Soil-water bypass. Nature Geoscience, 3: 77-78.

Pierret A, Moran C J, Doussan C. 2005. Conventional detection methodology is limiting our ability to understand the roles and functions of fine roots. New Phytologist, 166(3): 967-980.

Plante A F, Conant R T, Stewart C E, et al. 2006. Impact of soil texture on the distribution of soil organic matter in physical and chemical fractions. Soil Science Society of America Journal, 70: 287-296.

Plotnick R E, Gardner R H, O'Neill R V. 1993. Lacunarity indices as measures of landscape texture. Landscape Ecology, 8: 201-211.

Poggio L, Gimona A. 2014. National scale 3D modelling of soil organic carbon stocks with uncertainty propagation—An example from Scotland. Geoderma, 232-234: 284-299.

Porporato A, Rodriguez-Iturbe I. 2002. Ecohydrology—a challenging multidisciplinary research perspective. Hydrological Sciences Journal, 47(5): 811-821.

Porporato A, Laio F, Ridolfi L, et al. 2001. Plants in water‐controlled ecosystems: Active role in hydrologic processes and response to water stress. Advances in Water Resources, 24(7): 725-744.

Porporato A, D'odorico P, Laio F, et al. 2002. Ecohydrology of water-controlled ecosystems. Advances in Water Resources, 25: 1335-1348.

Potts D L, Scott R L, Bayram S, et al. 2010. Woody plants modulate the temporal dynamics of soil moisture in a semi-arid mesquite savanna. Ecohydrology, 3: 20-27.

Puckett L J, Cowdery T K, McMahon P B, et al. 2002. Using chemical, hydrologic, and age dating analysis to delineate redox processes and flow paths in the riparian zone of a glacial outwash aquifer-stream system. Water Resources Research, 38: 1134.

Puigdefábregas J. 2005. The role of vegetation patterns in structuring runoff and sediment fluxes in drylands. Earth Surface Process and Landforms, 30(2): 133-147.

Qin S, Kou D, Mao C, et al. 2021. Temperature sensitivity of permafrost carbon release mediated by mineral and microbial properties. Science Advances, (32): eabe3596.

Quinlan J R. 1993. C4. 5: Programs for Machine Learing. Morgan Kaufmann, San Mateo, CA.

Quisenberry V L, Smith B R, Phillips R E, et al. 1993. A soil classification system for describing water and chemical transport. Soil Science, 156: 306-315.

Rango A, Tartowski S L, Laliberte A, et al. 2006. Island of hydrologically enhanced biotic productivity in natural and managed arid ecosystems. Journal of Arid Environments, 65: 235-252.

Razakamanarivo R H, Grinand C, Razafindrakoto M A, et al. 2011. Mapping organic carbon stocks in eucalyptus plantations of the central highlands of Madagascar: A multiple regression approach. Geoderma, 162(3-4): 335-346.

Refsgaard J C, van der Sluijs J P, Højberg A L, et al. 2007. Uncertainty in the environmental modelling process—A framework and guidance. Environmental Modelling and Software, 22: 1543-1556.

Regan E J. 1977. The Natural Energy Basis for Soils and Urban Growth in Florida. Florida: University of Florida.

Reichstein M, Rey A, Freibauer A. 2003. Modeling temporal and large-scale spatial variability of soil respiration from soil water availability, temperature and vegetation productivity indices. Global Biogeochemical Cycles, 17: 1-15.

Reynolds J F, Virginia R A, Kemp P A, et al. 1999. Impact of drought on desert shrubs: effects of seasonality and degree of resource island development. Ecological Monographs, 69: 69-106.

Reynolds J F, Kemp P R, Ogle K, et al. 2004. Modifying the 'pulse-reserve' paradigm for deserts of North America: precipitation pulses, soil water, and plant responses. Oecologia, 141: 194-210.

Rhoades J D, Corwin D L. 1981. Determining soil electrical conductivity-depth relations using an inductive electromagnetic soil conductivity meter. Soil Science Society of America Journal, 45(2): 255-260.

Rice R C, Bowman R S, Jaynes D B. 1986. Percolation of Water Below an Irrigated Field. Soil Science Society of America Journal, 50: 855-859.

Richards B K, Steenhuis T S, Peverly J H, et al. 1998. Metal mobility at an old, heavily loaded sludge application site. Environmental Pollution, 99(3): 365-377.

Richards L A. 1931. Capillary conduction of liquids through porous mediums. Physics, 1: 318-333.

Richter D D. 2007. Humanity's transformation of Earth's soil: Pedology's new frontier. Soil Science, 172: 957-967.

Riebe C S, Kirchner J W, Finke R C. 2003. Long-term rates of chemical weathering and physical erosion from cosmogenic nuclides and geochemical mass balance. Geochimica et Cosmochimica Acta, 67: 4411-4427.

Riebe C S, Kirchner J W, Finkel R C. 2004a. Erosional and climatic effects on long-term chemical weathering rates in granitic landscapes spanning diverse climate regimes. Earth and Planetary Science Letters, 224: 547-562.

Riebe C S, Kirchner J W, Finkel R C. 2004b. Sharp decrease in long-term chemical weathering rates along an altitudinal transect. Earth and Planetary Science Letters, 218: 421-434.

Rieckh H, Gerke H H, Sommer M. 2012. Hydraulic properties of characteristic horizons depending on relief position and structure in a hummocky glacial soil landscape. Soil and Tillage Research, 125: 123-131.

Rietkerk M, Dekker S C, de Ruiter P C, et al. 2004. Self-organized patchiness and catastrophic shifts in ecosystems. Science, 305: 1926-1929.

Robertson G P. 1989. Nitrification and denitrification in humid tropical ecosystems: potential controls on nitrogen retention // Proctor J. Mineral Nutrients in Tropical Forest and Savanna Ecosystems. Oxford: Blackwell Science.

Robinson D A, Binley A, Crook N, et al. 2008. Advancing process-based watershed hydrological research using near-surface geophysics: a vision for, and review of, electrical and magnetic geophysical methods. Hydrological Processes, 22: 3604-3635.

Robinson D A, Lebron I, Kocar B. 2009. Time-lapse geophysical imaging of soil moisture dynamics in tropical deltaic soils: An aid to interpreting hydrological and geochemical processes. Water Resources Research, 45: W00D32.

Rode A A. 1947. The Soil Forming Process and Soil Evolution. Jerusalem: Israel Program for Scientific Translations.

Rodriguez-Iturbe I, Porporato A, Ridolfi L, et al. 1999. Probabilistic modelling of water balance at a point: the role of climate, soil and vegetation. Proceedings of the Royal Society of London. Series A: Mathematical, Physical and Engineering Sciences, 455(1990): 3789-3805.

Rodriguez-Iturbe I, D'Odorico P, Laio F, et al. 2007. Challenges in humid land ecohydrology: interactions of water table and unsaturated zone with climate, soil, and vegetation. Water Resources Research, 43: W09301.

Romano N, Palladino M. 2002. Prediction of soil water retention using soil physical data and terrain attributes. Journal of Hydrology, 265: 56-75.

Romanya J, Rossi F, Tedeschi V, et al. 2003. Modeling temporal and large-scale spatial variability of soil respiration from soil water availability, temperature and vegetation productivity indices. Global Biogeochemical Cycles, 17.

Rong Y. 2012. Estimation of maize evapotranspiration and yield under different deficit irrigation on a sandy farmland in Northwest China. African Journal of Agricultural Research, 7: 4698-4707.

Roth K. 2007. Scaling of water flow through porous media and soils. Eur J Soil Sci, 59: 125-130.

Rowe E C, Emmett B A, Frogbrook Z L, et al. 2012. Nitrogen deposition and climate effects on soil nitrogen availability: Influences of habitat type and soil characteristics. Science of the Total Environment, 434: 62-70.

Runge E C A. 1973. Soil development sequences and energy models. Soil Science, 115: 183-193.

Russo D. 1988. Determining soil hydraulic properties by parameter estimation: On the selection of a model for the hydraulic properties. Water Resources Research, 24(3): 453-459.

Ryan P J, Mckenzie N J, D O'Connell, et al. 2000. Integrating forest soils information across scales: spatial prediction of soil properties under Australian forests. Forest Ecology & Management, 138(1-3): 139-157.

Saey T, De Smedt P, Monirul Islam M, et al. 2012. Depth slicing of a multi-receiver EMI measurements to enhance the delineation of contrasting soil features. Geoderma, 189-190: 514-521.

Salvador-Blanes S, Minasny B, McBratney A B. 2007. Modelling long-term in situ soil profile evolution: Application to the genesis of soil profiles containing stone layers. European Journal of Soil Science, 58: 1535-1548.

Šamonil P, Valtera M, Schaetzl R J, et al. 2016. Impacts of old, comparatively stable, treethrow microtopography on soils and forest dynamics in the northern hardwoods of Michigan, USA. Catena, 140(Supplement C): 55-65.

Šamonil P, Daněk P, Schaetzl R J, et al. 2018. Converse pathways of soil evolution caused by tree uprooting: a synthesis from three regions with varying soil formation processes. Catena, 161: 122-136.

Samouëlian A, Cousin I, Tabbagh A, et al. 2005. Electrical resistivity survey in soil science: a review. Soil and Tillage Research, 83: 173-193.

Sanderman J, Amundson R. 2008. A comparative study of dissolved organic carbon transport and stabilization in California forest and grassland soils. Biogeochemistry, 92: 41-59.

Santos W, Silva B M, Oliveira G C, et al. 2014. Soil moisture in the root zone and its relation to plant vigor assessed by remote sensing at management scale. Geoderma, 221-222(2): 91-95.

Saxton K E, Rawls W J. 2006. Soil Water Characteristic Estimates by Texture and Organic Matter for Hydrologic Solutions. Soil Science Society of America Journal, 70: 1569-1578.

Saxton K E, Rawls W J, Romberger J S. et al. 1986. Estimating Generalized Soil-water Characteristics from Texture. Soil Science Society of America Journal, 50: 1031-1036.

Scanlon B R, Jolly I M, Sophocleous M, et al. 2007. Global impacts of conversions from natural to agricultural ecosystems on water resources: quantity versus quality. Water Resources Research, 43: W03437.

Schaap M G, Leij F J, van Genuchten, M T. 2001. ROSETTA: a computer program for estimating soil hydraulic parameters with hierarchical pedotransfer functions. Journal of Hydrology, 251(3): 163-176.

Schaetzl R J. 2013. Catenas and soils // Shroder J, Pope G A. Treatise on geomorphology. Academic Press, San Diego, CA, vol.4, Weathering and Soils Geomorphology, 145-158.

Schaetzl R J, Anderson S. 2005. Soils: Genesis and Geomorphology. New York: Cambridge University Press.

Scheibe T D, Schuchardt K, Agarwal K, et al. 2015. Hybrid multiscale simulation of a mixing-controlled reaction. Advances in Water Resources, 83: 228-239.

Schenk H J. 2008. The shallowest possible water extraction profile: a null model for global root distributions. Vadose Zone Journal, 7(3): 1119-1124.

Schimel D S, Braswell B H, Parton W J. 1997. Equilibration of the terrestrial water, nitrogen, and carbon cycles.

Proceedings of the National Academy of Sciences of the United States of America, 94: 8280-8283.

Schimel J P, Bennett J. 2004. Nitrogen mineralization: challenges of a changing paradigm. Ecology, 85: 591-602.

Schlesinger W H, Pilmanis A M. 1998. Plant-soil interactions in deserts. Biogeochemistry, 42: 169-187.

Schlüter S, Weller U, Vogel H J. 2011. Soil-structure development including seasonal dynamics in a long-term fertilization experiment. Journal of Plant Nutrition and Soil Science, 174: 395-403.

Scholz F G, Bucci S J, Hoffmann W A, et al. 2010. Hydraulic lift in a Neotropical savanna: experimental manipulation and model simulations. Agricultural and Forest Meteorology, 150: 629-639.

Schowengerdt R A. 2007. Remote Sensing: Models and Methods for Image Processing, second ed. Burlington: Elsevier.

Schultz J. 2005. The ecozones of the world: the ecological divisions of the geosphere (second ed). Berlin: Springer.

Schumann A W, Zaman Q U. 2003. Mapping water table depth by electromagnetic induction. Applied Engineering in Agriculture, 19(6): 675-688.

Schwinning S, Ehleringer J R. 2001. Water use trade-offs and optimal adaptations to pulse-driven arid ecosystems. Journal of Ecology, 89: 464-480.

Scollar I, Tabbagh A, Hesse A, et al. 1990. Archaeological Prospecting and Remote Sensing. Cambridge: Cambridge University Press.

Scott R L, Cable W L, Hultine K R. 2008. The ecohydrologic significance of hydraulic redistribution in a semiarid savanna. Water Resource Research, 44: W02440.

Scull P, Okin G, Chadwick O A, et al. 2005. A comparison of methods to predict soil surface texture in an alluvial basin. Professional Geographerp, 57(3): 423-437.

Seibert J, McGlynn B. 2007. A new triangular multiple flow direction algorithm for computing upslope areas from gridded digital elevation models. Water Resources Research, 43: W04501.

Sellers P J, Dickinson R E, Randall D A, et al. 1997. Modeling the exchanges of energy, water, and carbon between continents and the atmosphere. Science, 275: 502-509.

Seyfried M S, Wilcox B P. 2006. Soil water storage and rooting depth: key factors controlling recharge on rangelands. Hydrological Processes, 20: 3261-3275.

Shaner D L, Kosla R, Brodahl M K. et al. 2008. How well do zone sampling based soil electrical conductivity maps represent soil variability? Agronomy Journal, 100(5): 1472-1480.

Shanley J B, Kendall C, Smith T E, et al. 2002. Controls on old and new water contributions to stream flow at some nested catchments in Vermont, USA. Hydrological Processes, 16: 589-609.

Shaw C F. 1930. Potent factors in soil formation. Ecology, 11: 239-245.

Shaw M R, Zavaleta E S, Chiariello N R, et al. 2002. Grassland responses to global environmental changes suppressed by elevated CO_2. Science, 298: 1987-1990.

Shipitalo M J, Edwards W M, Owens L B, et al. 1990. Initial Storm Effects on Macropore Transport of Surface-Applied Chemicals in No-Till Soil. Soil Science Society of America Journal, 54(6): 1530-1536.

Siewert M B. 2018. High-resolution digital mapping of soil organic carbon in permafrost terrain using machine learning: a case study in a sub-Arctic peatland environment. Biogeosciences, 15(6): 1663-1682.

Simonson R W. 1959. Outline of a generalized theory of soil genesis. Soil Science Society of America Proceedings, 23: 152-156.

Simonson R W. 1978. A multiple-process model of soil genesis // Mahanev W C. Quaternary Soils. Norwich. UK: Geo Abstracts: 1-25.

Sinowski W, Auerswald K. 1999. Using relief parameters in a discriminant analysis to stratify geological areas with different spatial variability of soil properties. Geoderma, 89: 113-128.

Siqueira M, Katul G, Porporato A. 2008. Onset of water stress, hysteresis in plant conductance, and hydraulic lift: scaling soil water dynamics from millimeters to meters. Water Resource Research, 44: W01432.

Six J, Bossuyt H, Degryze S, et al. 2004. A history of research on the link between (micro) aggregates, soil biota, and soil organic matter dynamics. Soil & Tillage Research, 79(1): 7-31.

Skopp J, Jawson M D, Doran J W. 1990. Steady-state aerobic microbial activity as a function of soil-water content. Soil Science Society of America Journal, 54: 1619-1625.

Smithwick E, Lucash M S, Mccormack M L, et al. 2014. Improving the representation of roots in terrestrial models. Ecological Modelling, 291(291): 193-204.

Sommer M, Schlichting E. 1997. Archetypes of catenas in respect to matter—a concept for structuring and grouping catenas. Geoderma, 76(1-2): 1-33.

Sommer M, Wehrhan M, Zipprich M, et al. 2003. Hierarchical data fusion for mapping soil units at field scale. Geoderma, 112: 179-196.

Sommer M, Gerke H H, Deumlich D. 2008. Modelling soil landscape genesis—A "time split" approach for hummocky agricultural landscapes. Geoderma, 145: 480-493.

Spence R D, Wu H, Sharpe P J H, Clark K G. 1986. Water stress effects on guard cell anatomy and the mechanical advantage of the epidermal cells. Plant Cell and Environment, 9(3): 197-202.

Stark J M, Firestone M K. 1995. Mechanisms for soil-moisture effects on activity of nitrifying bacteria. Applied and Environmental Microbiology, 61: 218-221.

Stockmann U, Minasny B, McBratney A. 2011. Quantifying Processes of Pedogenesis. Advances in Agronomy, 113: 1-74.

Stott P. 1996. Ground-penetrating radar: a technique for investigating the burrow structures of fossorial vertebrates. Wildlife Research, 23(5): 519-530.

Sudduth K A, Kitchen N R, Bollero G A, et al. 2003. Comparison of electromagnetic induction and direct sensing of soil electrical conductivity. Agronomy Journal, 95: 472-482.

Sudha K, Israil M, Mittal S, et al. 2009. Soil characterization using electrical resistivity tomography and geotechnical investigations. Journal of Applied Geophysics, 67: 74-79.

Sullivan P L, Wymore A S, McDowell W H, et al. 2017. New Opportunities for Critical Zone Science. CZO Arlington Meeting White Booklet.

Syvitski J P M, Vörösmarty C J, Kettner A J, et al. 2005. Impact of humans on the flux of terrestrial sediment to the global coastal ocean. Science, 308(5720): 376-380.

Taghizadeh-Mehrjardi R, Schmidt K, Amirian-Chakan A, et al. 2020. Improving the Spatial Prediction of Soil Organic Carbon Content in Two Contrasting Climatic Regions by Stacking Machine Learning Models and Rescanning Covariate Space. Remote Sensing, 12(7): 1095.

Taina I A, Heck R J, Elliot T R. 2008. Application of X-ray computed tomography to soil science: a literature review. Canadian Journal of Soil Science, 88: 1-19.

Tajik S, Ayoubi S, Shirani H, et al. 2019. Digital mapping of soil invertebrates using environmental attributes in a deciduous forest ecosystem. Geoderma, 353: 252-263.

Tamea S, Laio F, Ridolfi L, et al. 2009. Ecohydrology of groundwater-dependent ecosystems: 2. Stochastic soil moisture dynamics. Water Resources Research, 45(5): W05420.

Tang K L, Feng X H. 2001. The effect of soil hydrology on the oxygen and hydrogen isotopic compositions of plants' source water. Earth and Planetary Science Letters, 185: 355-367.

Tang Q H, Oki T, Kanae S, et al. 2007. The influence of precipitation variability and partial irrigation within grid cells on a hydrological simulation. Journal of Hydrometeorology, 8(3): 499-512.

Tani M. 1982. The properties of a water-table rise produces by a one-dimensional, vertical, unsaturated flow. Journal of the Japanese Forestry Society, 64(11): 409-418.

Tank J L, Webster J R. 1998. Interaction of substrate and nutrient availability on wood biofilm processes in streams. Ecology, 79: 2168-2179.

Temme A J A M, Vanwalleghem T. 2016. LORICA—a new model for linking landscape and soil profile evolution: development and sensitivity analysis. Computers & Geosciences, 90(part B): 131-143.

Tesfa T K, Tarboton D G, Watson D W, et al. 2011. Extraction of hydrological proximity measures from DEMs using parallel processing. Environmental Modelling and Software, 26: 1696-1709.

Thompson J A, Kolka R K. 2005. Soil carbon storage estimation in a central hardwood forest watershed using quantitative soil-landscape modeling. Soil Science Society of America Journal, 69: 1086-1093.

Thompson J A, Bell J C, Butler C A. 1997. Quantitative soil-landscape modeling for estimating the areal extent of hydromorphic soils. Soil Science Society of America Journal, 61: 971-980.

Tobler W. 1970. A computer movie simulating urban growth in the Detriot region. Economic Geography, 46(2): 234-240.

Tóth B, Weynants M, Nemes A, et al. 2015. New generation of hydraulic pedotransfer functions for Europe. European Journal of Soil Science, 66(1): 226-238.

Tranter G, Minasny B, McBratney A B, et al. 2007. Building and testing conceptual and empirical models for predicting soil bulk density. Soil Use and Management, 23(4): 437-443.

Troch P A, Carrillo G A, Heidbuchel I, et al. 2009. Dealing with landscape heterogeneity in watershed hydrology: a review of recent progress toward new hydrological theory. Geography Compass, 3: 375-392.

Troeh F R. 1964. Landform parameters correlated to soil drainage. Soil Science Society of America Journal, 28: 808-812.

Tromp-van Meerveld H J, McDonnell J J. 2006a. Threshold relations in subsurface stormflow: 1. A 147-storm analysis of the Panola hillslope. Water Resources Research, 42(2): W02410.

Tromp-van Meerveld H J, McDonnell J J. 2006b. Threshold relations in subsurface stormflow: 2. The fill and spill hypothesis. Water Resources Research, 42(2): W02411.

Tromp-van Meerveld H J, McDonnell J J. 2006c. On the interactions between the spatial patterns of topography, soil moisture, transpiration and species distribution at the hillslope scale. Advances in Water Resources, 29: 293-310.

Tsujimura M, Tanaka T. 1998. Evaluation of evaporation rate from forested soil surface using stable isotopic composition of soil water in a headwater basin. Hydrological Processes, 12: 2093-2103.

Turk J K, Graham R C. 2011. Distribution and properties of vesicular horizons in the western United States. Soil Science Society of America Journal, 75: 1449-1461.

Tyree M T, Zimmermann M H. 2002. Xylem Structure and the Ascent of Sap, second ed. New York: Springer.

U.S. Department of Agriculture, Natural Resources Conservation Service, 2010. Field indicators of hydric soils in the United States, Version 7.0 // Vasilas L M, Hurt G W, Noble C V. USDA, NRCS, in Cooperation with the National Technical Committee for Hydric Soils.

Udawatta R P, Anderson S H. 2008. CT-measured pore characteristics of surface and subsurface soils influenced by agroforestry and grass buffers. Geoderma, 145(3-4): 381-389.

Uhlenbrook S. 2006. Catchment hydrology-a science in which all processes are preferential. Hydrological Processes, 20(16): 3581-3585.

Urdanoz V, Aragüés R. 2012. Comparison of Geonics EM38 and Dualem 1S electromagnetic induction sensors for the measurement of salinity and other soil properties. Soil Use Management, 28: 108-112.

Ursino N. 2009. Above and below ground biomass patterns in arid lands. Ecological Modelling, 220(11): 1411-1418.

USDA-NRCS. 2010. Field indicators of hydric soils in the United States, Version 7.0 // Vasilas L M, Hurt G W, Noble C V. USDA, NRCS in Cooperation with the National Technical Committee for Hydric Soils, Fort Worth, TX.

van de Griend A A, van Boxel J H. 1989. Water and surface energy balance model with a multilayer canopy representation for remote sensing purposes. Water Resources Research, 25(5): 949-971.

van der Meij W M, Temme A J A M, Lin H, et al. 2018. On the role of hydrologic processes in soil and landscape evolution modeling: concepts, complications and partial solutions. Earth-Science Reviews, 185: 1088-1106.

van Genuchten M T. 1980. A closed-form equation for predicting the hydraulic conductivity of unsaturated soils. Soil Science Society of America Journal, 44(5): 892-898.

van Genuchten M T, Nielsen D R. 1985. On describing and predicting the hydraulic properties of unsaturated soils. Annales Geophysicae, 3(5): 615-628.

van Looy K, Bouma J, Herbst M, et al. 2017. Pedotransfer functions in Earth system science: challenges and perspectives. Reviews of Geophysics, 55: 1199-1256.

van Tol J J. 2020. Hydropedology in South Africa: Advances, applications and research opportunities. South African Journal of Plant and Soil, 37(1): 1-11.

van Tol J J, van Zijl G M, Riddell E S, et al. 2015. Application of hydropedological insights in hydrological modelling of the Stevenson Hamilton Research Supersite, Kruger National Park, South Africa. WaterSA, 41: 525-533.

van Wijk M T, Bouten W. 2001. Towards understanding tree root profiles: Simulating hydrologically optimal strategies for root distribution. Hydrology Earth System Science, 5(4): 629-644.

van Zijl G M, van Tol J J, Riddell E S. 2016. Digital soil mapping for hydrological modeling // Zhang G L, Brus D, Liu F, et al. Digital Soil Mapping across Paradigms, Scales and Boundaries. Singapore: Springer.

Vanderborght J, Vereecken H. 2007. Review of dispersivities for transport modeling in soils. Vadose Zone Journal, 6: 29-52.

Vasques G M, Grunwald S, Comerford N B, et al. 2010. Regional modeling of soil carbon at multiple depths within a subtropical watershed. Geoderma, 156: 326-336.

Vepraskas M J, Heitman J L, Austin R E. 2009. Future directions for hydropedology: quantifying impacts of global change on land use. Hydrology and Earth System Sciences, 13: 1427-1438.

Vereecken H, Weynants M, Javaux M, et al. 2010. Using pedotransfer functions to estimate the van Genuchten—Mualem soil hydraulic properties: a review. Vadose Zone Journal, 9(4): 795-820.

Vereecken H, Schnepf A, Hopmans J W, et al. 2016. Modeling Soil Processes: Review, Key Challenges, and New Perspectives. Vadose Zone Journal, 15(5): 1-57.

Vertessy R, Elsenbeer H, Bessard Y, et al. 2000. Storm runoff generation at La Cuenca // Grayson R, Bloschl G. Spatial Pattern in Catchment Hydrology: Observations and Modeling. New York: Cambridge University Press.

Vinther F P, Eiland F, Lind A M, et al. 1999. Microbial biomass and numbers of denitrifiers related to macropore channels in agricultural and forest soils. Soil Biology & Biochemistry, 31(4): 603-611.

Violle C, Reich P B, Pacala S W, et al. 2014. The emergence and promise of functional biogeography. Proceedings of the National academy of science of the United States of America, 111(38): 13690-13696.

Vitharana U W A, van Meirvenne M, Simpson D, et al. 2008. Key soil and topographic properties to delineate potential management classes for precision agriculture in the European loess area. Geoderma, 143: 206-215.

Vitousek P M. 2004. Nutrient Cycling and Limitation: Hawai'i as a Model System. Princeton, NJ: Princeton University Press. 232.

Vitousek P M, Reiners W A. 1975. Ecosystem succession and nutrient retention: a hypothesis. Bioscience, 25: 376-381.

Vitousek P M, Hattenschwiler S, Olander L P, et al. 2002. Nitrogen and nature. Ambio, 31: 97-101.

Vogel H J. 2019. Scale issues in soil hydrology. Vadose Zone Journal, 18: 190001.

Volobuyev V R. 1964. Ecology of soils. Academy of Sciences of the Azerbaidzan SSR. Institute of Soil Science and Agrochemistry. Jerusalem: Israel Program for Scientific Translations.

Volobuyev V R. 1974. Main concepts of ecology. Geoderma, 12: 27-33.

Volobuyev V R, Ponomarev D G. 1977. Some thermodynamic characteristics of the mineral associations of soils. Soviet Soil Science—Genesis Geography of Soils, (9): 1-11.

Vrugt J A, van Wijk M T, Hopmans J W, et al. 2001. One-, two-, and three-dimensional root water uptake functions for transient modeling. Water Resources Research, 37(10): 2457-2470.

Wadoux A M J C. 2019. Using deep learning for multivariate mapping of soil with quantified uncertainty. Geoderma, 351: 59-70.

Wagener S M, Oswood M W, Schimel J P. 1998. Rivers and soils: parallels in carbon and nutrient processing. Bioscience, (2): 104-108.

Walker W, Harremoës P, Rotmans J, et al. 2003. DefiningUncertainty: A Conceptual Basis for Uncertainty Management in Model-Based Decision Support. Integrated Assessment 4(1): 5-17.

Wang B, Waters C, Orgill S, et al. 2018. High resolution mapping of soil organic carbon stocks using remote sensing variables in the semi-arid rangelands of eastern Australia. Science of the Total Environment, 630: 367-378.

Wang F, Harindintwali J, Yuan Z, et al. 2021. Technologies and perspectives for achieving carbon neutrality. The Innovation, 2(4): 100180.

Wang G, Mao T, Chang J, et al. 2017. Processes of runoff generation operating during the spring and autumn seasons in a permafrost catchment on semi-arid plateaus. Journal of Hydrology, 550: 307-317.

Wang H, Zhou X L, Wan C G, et al. 2008. Eco-environmental degradation in the northeastern margin of the Qinghai—Tibetan Plateau and comprehensive ecological protection planning. Environmental Geology, 55: 1135-1147.

Wang J, Fu B, Lu N, et al. 2017. Seasonal variation in water uptake patterns of three plant species based on stable isotopes in the semi-arid Loess Plateau. Science of the Total Environment, 609(31): 27-37.

Wang J F, Li L F, Christakos G. 2009. Sampling and kriging spatial means: Efficiency and conditions. Sensors, 9(7): 5224-5240.

Wang W, Kravchenko A N, Smucker A J M, et al. 2012. Intra-aggregate Pore Characteristics: X-ray Computed Microtomography Analysis. Soil Science Society of America Journal, 76(4): 1159-1171.

Wang X Y, Yi S H, Wu Q B, et al. 2016. The role of permafrost and soil water in distribution of alpine grassland and its NDVI dynamics on the Qinghai-Tibetan Plateau. Global and Planetary Change, 147: 40-53.

Wang-Erlandsson L, Bastiaanssen W G M, Gao H K, et al. 2016. Global root zone storage capacity from satellite-based evaporation. Hydrology Earth System Science, 20(4): 1459-1481.

Ward S H. 1990. The resistivity and induced polarization methods. 1st EEGS Symposium on the Application of Geophysics to Engineering and Environmental Problems, Mar 1988, cp-214-00002. DOI: 10. 4133/1. 2921804.

Wardle D A, Bardgett R D, Klironomos J N, et al. 2004. Ecological linkages between aboveground and belowground biota. Science, 304: 1629-1633.

Warren J M, Hanson P J, Iversen C M, et al. 2015. Root structural and functional dynamics in terrestrial biosphere models—evaluation and recommendations. New Phytologist, 205: 59-78.

Watson K W, Luxmoore R J. 1986. Estimating macroporosity in a forest watershed by use of a tension infiltrometer. Soil Science Society of America Journal, 50: 578-582.

Wehr R, Munger W J, McManus B J, et al., 2016. Seasonality of temperate forest photosynthesis and daytime respiration. Nature, 534(7609): 680-683.

Weiler M, McDonnell J J. 2007. Conceptualizing lateral preferential flow and flow networks and simulating the effects on gauged and ungauged hillslopes. Water Resource Research, 43: W03403.

Welivitiya W D D P, Willgoose G R, Hancock G R, et al. 2016. Exploring the sensitivity on a soil area-slope-grading relationship to changes in process parameters using a pedogenesis model. Earth Surface Dynamics, 4(3): 607.

Wesely M L, Hicks B B. 2000. A review of the current status of knowledge on dry deposition. Atmospheric Environment, 34: 2261-2282.

Whipkey R. 1965. Subsurface Stormflow from Forested Slopes. Hydrological Sciences Journal, 10(2): 74-85.

Wiesmeier M, Urbanski L, Hobley E, et al. 2019. Soil organic carbon storage as a key function of soils—A review of drivers and indicators at various scales. Geoderma, 333: 149-162.

Wilcox C S, Ferguson J W, Fernandez G, et al. 2004. Fine root growth dynamics of four Mojave Desert shrubs as related to soil moisture and microsite. Journal of Arid Environments, 56(1): 129-148.

Wilkinson D, Willemsen J F. 1983. Invasion percolation: A new form of percolation theory. Journal of Physics A, 16: 3365-3376.

Williams B, Walker J, Anderson J. 2006. Spatial variability of regolith leaching and salinity in relation to whole farm planning. Australian Journal of Experimental Agriculture, 46: 1271-1277.

Williams M W, Bales R C, Brown A D, et al. 1995. Fluxes and transformations of nitrogen in a high-elevation catchment, Sierra Nevada. Biogeochemistry, 28: 1-31.

Wilson J P, Gallant J C. 2000. Secondary terrain attributes // Wilson J P, Gallant J C. Terrain Analysis. New York: John Wiley and Sons.

Wood E F, Liang X, Lohmann D, et al. 1998. The project for intercomparison of land-surface parameterization schemes (PILPS) phase-2(c) Red-Arkansas River experiment, 1, Experiment description and summary intercomparisons. Grid and Pervasive Computing, 19: 115-135.

Woods R A, Rowe L. 1996. The changing spatial variability of subsurface flow across a Hillside. Journal of hydrology.

Woodward F I. 1995. Ecophysiological controls of conifer distributions // Smith W K, Hinckley T M. Ecophysiology of Coniferous Forests. San Diego: Academic Press: 79-94.

Wösten J H M, Pachepsky Y A, Rawls W J. 2001. Pedotransfer functions: bridging the gap between available basic soil data and missing soil hydraulic characteristics. Journal of Hydrology, 251(3): 123-150.

Wu J K, Ding Y J, Wang G X, et al. 2007. Evapotranspiration of Seed Maize Field in Arid Region. Journal of Irrigation and Drainage, 26: 14-17.

Wysocki D A, Schoeneberger P J, Hirmas D R, et al. 2011. Geomorphology of soil landscapes. In: Huang, et al. (Eds.), Handbook of Soil Sciences: Properties and Processes, second ed. Boca Raton: CRC Press.

Xiao H L, Ren J, Li X R. 2009. Effects of soil-plant system change on Eco-hydrology during Revegetation for mobile dune stabilization, Chinese arid desert. Sciences in Cold and Arid Regions, 1(3): 230-237.

Xiao J, Shen Y, Tateishi R, et al. 2006. Development of topsoil grain size index for monitoring desertification in arid land using remote sensing. International Journal of Remote Sensing, 27(12): 2411-2422.

Yaeger M. 2009. Dealing with landscape heterogeneity in watershed hydrology: a review of recent progress toward new hydrological theory. Geography Compass, 3: 375-392.

Yair A, Lavee H. 1985. Runoff generation in arid and semi-arid zones // Anderson M G, Burt T P. Hydrological Forecasting. Chichester: Wiley: 183-120.

Yakir D, Sternberg L D L. 2000. The use of stable isotopes to study ecosystem gas exchange. Oecologia, 123(3): 297-311.

Yang B, Wen X, Sun X. 2015. Irrigation depth far exceeds water uptake depth in an oasis cropland in the middle reaches of Heihe River Basin. Scientific Reports, 5: 15206.

Yang L, Brus D J, Zhu A X, et al. 2018. Accounting for access costs in validation of soil maps: A comparison of designbased sampling strategies. Geoderma, 315: 160-169.

Yang X F, Liu C X, Shang J Y, et al. 2014. A unified multiscale model for pore-scaleflow simulations in soils. Soil Science Society of America Journal, 78: 108-118.

Yang Y, Donohue R J, McVicar T R. 2016. Global estimation of effective plant rooting depth: Implications for hydrological modeling. Water Resources Research, 52(10): 8260-8276.

Yang Y G, Xiao H L, Zhao L J, et al. 2011. Hydrological processes in different landscapes on Mafengou River basin. Advances in Water Science, 22(5): 624-630.

Yoo K, Mudd S M. 2008. Toward process-based modeling of geochemical soil formation across diverse landforms: a new mathematical framework. Geoderma, 146(1): 248-260.

Yoo K, Amundson R, Heimsath A, et al. 2006. Spatial patterns of soil organic carbon on hillslopes: integrating geomorphic processes and the biological C cycle. Geoderma, 130: 47-65.

Yoo K, Amundson R, Heimsath A M, et al. 2007. Integration of geochemical mass balance with sediment transport to calculate rates of soil chemical weathering and transport on hillslopes. Journal of Geophysical Research, 112: F02013.

You D B, Wang J L, Ming-Qiang L, et al. 2015. Evapotranspiration of Maize Field in Irrigation Area in Heihe Middle Reaches Using the Penman-Monteith Method. Acta Agriculturae Boreali-Sinica: 139-145.

Young I M, Crawford J W. 2004. Interactions and self-organization in the soil-microbe complex. Science, 304: 1634-1637.

Young M H, Robinson D A, Ryel R J. 2010. Introduction to coupling soil science and hydrology with ecology: toward integrating landscape processes. Vadose Zone Journal, 9(3): 515-516.

Yuan Z Y, Chen H Y H. 2012. A global analysis of fine root production as affected by soil nitrogen and phosphorus. Proceedings of the Royal Society B, 279(1743): 3796-3802.

Yue Y, Ni J R, Ciais P, et al. 2016. Lateral transport of soil carbon and land-atmosphere CO_2 flux induced by water erosion in China. Proceedings of the National Academy of Sciences of the United States of America, 113(24): 6617-6622.

Zaitchik B F, Rodell M, Olivera F. 2009. Evaluation of the global land data assimilation system using global river discharge data and a source to sink routing scheme. Water Resources Research, 46(6).

Zajicova K, Chuman T. 2019. Application of ground penetrating radar methods in soil studies: A review. Geoderma, 343: 116-129.

Zeiger E, Farquhar G D, Cowan I R, et al. 1987. Stomatal Function. Stanford, CA: Stanford University Press: 503.

Zeng W Z, Lei G Q, Zhang H Y, et al. 2017. Estimating root zone moisture from surface soil using limited data. Ecological Chemistry and Engineering S, 24(4): 501-515.

Zeraatpisheh M, Ayoubi S, Jafari A, et al. 2019. Digital mapping of soil properties using multiple machine learning in a semi-arid region, central Iran. Geoderma, 338: 445-452.

Zhang J, Lin H, Doolittle J. 2014. Soil layering and preferential flow impacts on seasonal changes of GPR signals in two contrasting soils. Geoderma, 213: 560-569.

Zhao L, Ji X. 2010. Quantification of Transpiration and Evaporation over Agricultural Field Using the FAO-56 Dual Crop Coefficient Approach—A Case Study of the Maize Field in an Oasis in the Middlestream of the Heihe River Basin in Northwest China. Scientia Agricultura Sinica, 43: 4016-4026.

Zhao L, Ping C L, Yang D Q, et al. 2004. Changes of climate and seasonally frozen ground over the past 30 years in Qinghai-Xizang (Tibetan) Plateau, China. Global and Planetary Change, 43: 19-31.

Zhao L, Zhao W, Ji X. 2015. Division between transpiration and evaporation, and crop water consumption over farmland within oases of the middlestream of Heihe River basin, Northwestern China. Acta Ecologica Sinica, 35: 1114-1123.

Zhao W, Liu B, Zhang Z. 2010. Water requirements of maize in the middle Heihe River basin, China. Agricultural Water Management, 97: 215-223.

Zhao Y D, Hu X, Li X Y. 2020. Analysis of the intra-aggregate pore structures in three soil types using X-ray computed tomography. Catena, 193: 104622.

Zhao Y D, Hu X, Li X Y, et al. 2021. Evaluation of the impact of freeze-thaw cycles on the soil pore structure of alpine meadows using X-ray computed tomography. Soil Science Society of America Journal, 85(4): 1060-1072.

Zheng J L, Peng C G, Li H, et al. 2018. The role of non-rainfall water on physiological activation in desert biological soil crusts. Journal of Hydrology, 556: 790-799.

Zhou H, Peng X H, Perfect E, et al. 2013. Effect of organic and inorganic fertilization on soil aggregation in an Ultisol as characterized by synchrotron based X-ray micro-computed tomography. Geoderma, 195: 23-30.

Zhu A X. 2000. Mapping soil landscape as spatial continua: the neural network approach. Water Resources Research, 36: 663-677.

Zhu A X. 2006. Fuzzy logic models // Grunwald S. Environmental Soil-Landscape Modeling—Geographic Information Technologies and Pedometrics. Boca Raton: CRC: 215-239.

Zhu A X, Band L E. 1994. A knowledge-based approach to data integration for soil mapping. Canadian Journal of Remote Sensing, 20: 408-418.

Zhu A X, Band L E, Vertessy R, et al. 1997. Derivation of soil properties using a soil land inference model (SoLIM). Soil Science Society of America Journal, 61: 523-533.

Zuo Q, Zhang R, et al. 2002. Estimating root-water-uptake using an inverse method. Soil Science, 167: 561-571.